KB057089

대학 기초수학

Fundamentals of College Mathematics

조경희 지음

머리말

이 책은 미적분학을 바로 학습하기에 어려움이 있는 대학 신입생들을 대상으로 하는 한 학기용 수학 교재이다. 교양필수 교과목인 미적분학을 학습함에 무리가 없도록 필수적인 수학 기초 개념을 준비시키는데 그 목적을 두고 있다. 7개의 장으로 구성되어 있으며, 각 장의 내용은 다음과 같다.

제1장에서는 방정식과 부등식의 기본적인 성질을 학습한다.

제2장에서는 중·고등학교에서 배운 가장 기본적인 함수인 다항함수, 유리함수, 무리함수를 다시 소개하고 있다.

제3장에서는 미적분학의 핵심 요소인 무한과 극한의 개념을 수열과 급수에 대하여 먼저 학습한다.

제4장에서는 극한의 개념을 함수에 대하여 다루며 미적분학의 핵심 철학에 본격적으로 진입한다.

제5장에서는 함수의 연속성 개념을 수학적으로 엄밀하게 극한을 이용하여 파악한다.

제6장에서는 직각삼각형에 대한 삼각비의 확장된 개념인 삼각함수의 정의를 이해하고, 덧셈정리 등 삼각함수의 여러 중요한 성질을 학습한다.

제7장에서는 자연현상 및 사회현상을 기술하고 문제를 해결하는데 많이 사용되는 지수함수와 로그함수의 정의와 기본 성질을 학습한다.

미적분학에서는 극한의 개념을 이용하여 미분과 적분을 학습하게 된다. 다양한 함수에 대하여 미분과 적분을 수행하게 되는데, 대부분 이 교재에서 학습한 함수들의 조합일 뿐이다. 그러므로 이 교재의 내용을 충분히 학습한 후에 미적분학을 수강한다면 큰 어려움 없이 학업을 이어갈 수 있을 것이다.

2021년 12월

조경희

차 례

CHAPTER

01

방정식과 부등식

1.1 인수분해

방정식 중에서 가장 간단한 방정식은 $x^2+2x-3=0$과 같이

$$p(x)=0,\ p(x)\text{는 다항식}$$

의 형태이다. 특히 $p(x)$의 **차수(degree)**가 k일 때, 즉 $p(x)$가 **k차다항식**일 때, $p(x)=0$을 **k차방정식**이라고 한다. 이러한 다항방정식의 해를 구하는 가장 기본적인 방법은 주어진 방정식을 단항식 또는 다항식의 곱으로 표현하는 것이다. 이러한 과정을 **인수분해**한다고 한다. 다음은 잘 알려진 인수분해 공식이다.

정리 1.1 다항식의 인수분해

(1) $ma+mb+mc=m(a+b+c)$

(2) $x^2+(a+b)x+ab=(x+a)(x+b)$

(3) $acx^2+(ad+bc)x+bd=(ax+b)(cx+d)$

(4) $a^2\pm 2ab+b^2=(a\pm b)^2$

(5) $a^2-b^2=(a+b)(a-b)$

(6) $a^3\pm 3a^2b+3ab^2\pm b^3=(a\pm b)^3$

(7) $(a^3\pm b^3)=(a\pm b)(a^2\mp ab+b^2)$

(8) $a^2+b^2+c^2+2ab+2bc+2ca=(a+b+c)^2$

(9) $a^4+a^2b^2+b^4=(a^2+ab+b^2)(a^2-ab+b^2)$

(10) $a^3+b^3+c^3-3abc=(a+b+c)(a^2+b^2+c^2-ab-bc-ca)$

증명 각 우변의 다항식을 전개하면 좌변의 다항식이 나온다는 것을 쉽게 확인할 수 있다. ■

예제 1.1.1

다음 다항식을 인수분해하여라.

(1) x^2-9

(2) x^2+6x+9

(3) x^2y-xy^2

(4) $\frac{1}{2}x^2-3x+\frac{9}{2}$

풀이 (1) $x^2-9=(x-3)(x+3)$ ([정리 1.1]의 (5) 이용)

(2) $x^2+6x+9=x^2+2\cdot x\cdot 3+3^2=(x+3)^2$ ([정리 1.1]의 (4) 이용)

(3) $x^2y-xy^2=xy(x-y)$ ([정리 1.1]의 (1) 이용)

(4) $\frac{1}{2}x^2-3x+\frac{9}{2}=\frac{1}{2}(x^2-6x+9)=\frac{1}{2}(x-3)^2$ ([정리 1.1]의 (1)과 (4) 이용)

■

예제 1.1.2

다음 다항식을 인수분해하여라.

(1) $x^2+7x+10$
(2) $3x^2+11x+10$
(3) x^3+8
(4) x^4+x^2+1

풀이 [정리 1.1]을 이용하면 (1)~(4)는 모두 다음과 같이 인수분해된다.

(1) $x^2+7x+10=x^2+(2+5)x+2\cdot 5=(x+2)(x+5)$

(2) $3x^2+11x+10=(3\cdot 1)x^2+(3\cdot 2+5\cdot 1)x+(5\cdot 2)$
$=(3x+5)(x+2)$

(3) $x^3+8=x^3+2^3=(x-2)(x^2+2x+4)$

(4) $x^4+x^2+1=(x^2+x+1)(x^2-x+1)$

■

다항식의 나눗셈은 숫자들 사이의 나눗셈과 같은 방법으로 계산할 수 있다. 즉, 다항식 $A(x)$와 $B(x)$에 대하여, $A(x)$의 차수가 $B(x)$의 차수보다 크거나 같으면 $A(x)$를 $B(x)$로 나눌 수 있으며, 그 때의 몫과 나머지를 각각 다항식 $Q(x)$, $R(x)$라 하면 다음 식이 성립한다.

$$A(x)=B(x)Q(x)+R(x)$$

여기에서 $R(x)$의 차수는 당연히 $B(x)$의 차수보다 낮다.

예를 들어 다항식 x^3+x^2+5x-6을 $x-2$로 나눈 몫과 나머지를 구해보자. 다음과 같이 나눗셈을 직접 해서 몫과 나머지 다항식을 구할 수 있다.

$$
\begin{array}{r|l}
 & x^2+3x+11 \quad \cdots\cdots\cdots \text{몫} \\
\hline
x-2 & x^3+x^2+5x-6 \\
 & x^3-2x^2 \\
\hline
 & 3x^2+5x \\
 & 3x^2-6x \\
\hline
 & 11x-6 \\
 & 11x-22 \\
\hline
 & 16 \quad \cdots\cdots\cdots \text{나머지}
\end{array}
$$

즉,

$$\frac{x^3+x^2+5x-6}{x-2}=x^2+3x+11+\frac{16}{x-2}$$

또는

$$x^3+x^2+5x-6=(x-2)(x^2+3x+11)+16 \tag{1.1}$$

로 나타낼 수 있다. 이로부터 다항식 x^3+x^2+5x-6을 $x-2$로 나눈 몫과 나머지는 각각 $x^2+3x+11$과 16이다.

예제 1.1.3

다항식 $f(x)=x^3+x^2+5x-6$을 $x-3$와 x^2-2로 나눈 나머지를 각각 구하시오.

풀이

$$f(x)=x^3+x^2+5x-6=(x-3)(x^2+4x+17)+45 \tag{1.2}$$

이고

$$f(x)=x^3+x^2+5x-6=(x^2-2)(x+1)+7x-4$$

이므로 $f(x)$를 $x-3$와 x^2-2로 나눈 나머지는 각각 45와 $7x-4$이다. ■

식 (1.1)로부터 다항식 $f(x)=x^3+x^2+5x-6$를 1차식 $x-2$로 나눈 나머지 16은 $f(2)$와 같음을 관찰할 수 있다. 그리고 식 (1.2)로부터 $f(x)$를 $x-3$으로 나눈 나머지 45는 $f(3)$과 같음을 알 수 있다. 일반적으로 다항식 $f(x)$를 1차식 $x-a$로 나눈 몫을 다항식 $Q(x)$, 나머지를 R이라 하면,

$$f(x) = (x-a)Q(x) + R$$

이므로 $f(a) = R$이 항상 성립한다. 이러한 성질이 다음 나머지 정리이다.

정리 1.2 나머지 정리

(1) 다항식 $f(x)$를 일차식 $x-a$로 나눈 나머지는 $f(a)$이다.

(2) 다항식 $f(x)$를 일차식 $ax+b$로 나눈 나머지는 $f(-\frac{b}{a})$이다.

증명 (1)은 (2)의 특별한 경우이므로 (2)만 증명하면 된다. $f(x)$를 $ax+b$로 나눈 몫을 $p(x)$, 나머지를 r이라 두면 다음과 같이 표현된다.

$$f(x) = p(x)(ax+b) + r$$

이 등식의 양변에 $x = -\frac{b}{a}$를 대입하면, $f(-\frac{b}{a}) = r$이므로 (2)가 증명되었다. ■

다항식 $f(x) = (x-2)(x-3)+5$는 $x-2$와 $x-3$으로 나눈 나머지가 모두 5로 같으며, $f(2) = f(3) = 5$이다. 일반적으로 다항식 $f(x)$가 다음과 같은 모양이면 그러한 성질을 갖는다.

$$f(x) = (x-2)(x-3)p(x) + r$$

즉, $f(x)$를 $x-2$로 나누면 몫은 $(x-3)p(x)$, 나머지는 r이고, $f(x)$를 $x-3$으로 나누면 몫은 $(x-2)p(x)$, 나머지는 r이다. 다음 예제를 풀어 보자.

예제 1.1.4

다항식 $f(x) = x^3 + ax^2 + 5x - 6$을 $x-2$로 나눈 나머지가 $x-3$으로 나눈 나머지와 같을 때, a의 값을 구하여라.

풀이 [정리 1.2]에 의하여 $f(x)$를 $x-2$와 $x-3$으로 나눈 나머지는 각각 $f(2)$, $f(3)$이므로 $f(2) = f(3)$인 a의 값을 구하면 된다. 그런데

$$f(2) = 8 + 4a + 10 - 6 = 4a + 12$$

이고

$$f(3)=27+9a+15-6=9a+36$$

이므로 방정식

$$4a+12=9a+36$$

의 해 $a=-\frac{24}{5}$ 가 원하는 값이다. ■

다항식 $f(x)$를 일차식 $x-a$로 나눈 나머지가 0이라는 것은 나누어 떨어진다는 것을 의미하므로 다음 인수정리를 바로 얻을 수 있다.

정리 1.3 인수정리

다항식 $f(x)$가 일차식 $x-a$로 나누어떨어지기 위한 필요충분조건은 $f(a)=0$이다. 즉, $f(a)=0$은 $x-a$이 $f(x)$의 인수이기 위한 필요충분조건이다.

예제 1.1.5

다항식 $f(x)=x^3-x^2+x-1$에 대하여 $f(1)=0$이 성립한다. 그러므로 다항식 $f(x)$는 $x-1$을 인수로 가지고 있으며, 실제로 다음과 같이 인수분해된다.

$$f(x)=x^3-x^2+x-1=x^2(x-1)+(x-1)=(x-1)(x^2+1)$$ ■

예제 1.1.6

다항식 $f(x)=x^4+x^3-7x^2-x+6$에 대하여 $f(1)=f(-1)=f(2)=f(-3)=0$이 성립한다. 인수정리([정리 1.3])를 이용하여 $f(x)$를 인수분해하여라.

풀이 인수정리에 의하여 $f(x)$는 $x-1$, $x+1$, $x-2$, $x+3$을 각각 인수로 갖는다. 그러므로 $f(x)$는 $(x-1)(x+1)(x-2)(x+3)$을 인수로 갖는다. 그런데 $f(x)$와 $(x-1)(x+1)(x-2)(x+3)$는 모두 4차식이므로 다음이 성립한다.

$$f(x)=A(x-1)(x+1)(x-2)(x+3)$$

그런데 $f(x)$의 최고차항의 계수가 1이므로 $A=1$이 되어

$$f(x)=(x-1)(x+1)(x-2)(x+3)$$

이다. ■

예제 1.1.7

최고차항의 계수가 2이고, $1, -1, 5$를 근으로 가지는 3차다항식 $f(x)$를 구하여라.

풀이 $f(1) = f(-1) = f(5) = 0$이므로 인수정리에 의하여 $f(x)$는 $(x-1)(x+1)(x-5)$를 인수로 갖는다. 즉, $f(x)$는 $(x-1)(x+1)(x-5)$로 나누어 떨어진다. 그리고 최고차항의 계수가 2이므로 $f(x)$를 $(x-1)(x+1)(x-5)$로 나눈 몫은 2가 되어야 한다. 따라서

$$f(x) = 2(x-1)(x+1)(x-5) = 2x^3 - 10x^2 - 2x + 10$$

이다. ■

정리 1.4 정수 계수 다항식의 인수정리

정수 계수의 다항식 $f(x) = a_n x^n + a_{n-1} x^{n-1} + \cdots + a_1 x + a_0$, $a_0 \neq 0$에 대하여 $f(x) = 0$의 모든 유리수 근 μ는 다음과 같이 표현된다.

$$\mu = \frac{A}{B}, \quad A \mid a_0, \quad B \mid a_n, \quad (A, B) = 1$$

여기에서 $C \mid D$는 C가 D의 약수임을 나타내며, $(C, D) = 1$은 C와 D가 서로소임을 의미한다.

예제 1.1.8

[정수 계수 다항식의 인수정리]를 이용하여 다항식

$$f(x) = x^4 - 2x^3 - 9x^2 + 2x + 8$$

를 인수분해하여라.

풀이 정리에 의하여 $f(x) = 0$의 근이 될 수 있는 유리수는 $\pm 1, \pm 2, \pm 4, \pm 8$ 이다. 먼저 $f(1) = 0, f(-1) = 0$이므로 $f(x)$는 $(x-1)(x+1)$로 나누어떨어진다. 나눗셈에 의하여

$$f(x) = (x-1)(x+1)(x^2 - 2x - 8)$$

임을 알 수 있고,

$$x^2 - 2x - 8 = (x-4)(x+2)$$

이므로, 다음과 같은 인수분해를 얻는다.

$$f(x) = (x-1)(x+1)(x-4)(x+2)$$ ■

예제 1.1.9

[정수 계수 다항식의 인수정리]를 이용하여 다항식

$$f(x) = 2x^3 + x^2 - 2x + 1$$

를 인수분해하여라.

풀이 정리에 의하여 $f(x)=0$의 근이 될 수 있는 유리수는 $\pm 1, \pm \frac{1}{2}$이다. $f(1)=0$, $f(-1)=0$이므로 $f(x)$는 $(x-1)(x+1)$로 나누어떨어진다. 나눗셈에 의하여

$$f(x) = (x-1)(x+1)(2x+1)$$

임을 알 수 있다. ■

예제 1.1.10

다항식 $f(x) = 4x^3 + 8x^2 - 15x - 9$를 인수분해하여라.

풀이 [정수 계수 다항식의 인수정리]에 의하여 $f(x)=0$의 근이 될 수 있는 유리수는

$$\pm 1,\ \pm 3,\ \pm 9,\ \pm \frac{1}{4},\ \pm \frac{3}{4},\ \pm \frac{9}{4},\ \pm \frac{1}{2},\ \pm \frac{3}{2},\ \pm \frac{9}{2} \tag{1.3}$$

이다. $f(-3)=0$이므로 $f(x)$는 $(x+3)$으로 나누어떨어진다. 나눗셈에 의하여

$$f(x) = (x+3)(4x^2 - 4x - 3)$$

임을 알 수 있다. 그런데 $4x^2 - 4x - 3 = (2x+1)(2x-3)$이므로 $f(x)$는 다음과 같이 인수분해된다.

$$f(x) = (x+3)(2x+1)(2x-3)$$

$f(x)$의 인수분해를 다음과 같이 구할 수도 있다: (1.3)의 유리수 중 $-3, -\frac{1}{2}, \frac{3}{2}$이 $f(x)=0$의 근임을 먼저 확인하여, 즉 $f(-3) = f(-\frac{1}{2}) = f(\frac{3}{2}) = 0$이므로, $f(x)$가

$$(x+3)(2x+1)(2x-3)$$

로 나누어떨어진다는 사실을 알 수 있으므로

$$f(x)=A(x+3)(2x+1)(2x-3),\ A\text{는 정수}$$

이다. 그런데 양변의 최고차항의 계수를 비교해보면 $A=1$이므로
$f(x)=(x+3)(2x+1)(2x-3)$을 얻는다. ■

예제 1.1.11

$x+y=5$이고 $xy=1$일 때 다음 식의 값을 구하여라.

(1) xy^2+x^2y (2) x^2+y^2

풀이 (1) xy^2+x^2y를 인수분해하여 다음과 같이 구할 수 있다.

$$xy^2+x^2y=xy(x+y)=5\cdot 1=5$$

(2) $(x+y)^2=x^2+2xy+y^2$을 이용하여 다음과 같이 구할 수 있다.

$$x^2+y^2=(x+y)^2-2xy=5^2-2\cdot 1=25-2=23$$

■

참고 [예제 1.1.11]에서 $x+y=5$이고 $xy=1$인 x, y를 직접 구하여 계산할 수도 있다. 하지만 이 방법은 위의 방법 보다 훨씬 복잡하다. 이를 확인해 보자: $x+y=5$로부터 $y=5-x$이므로, $xy=1$에 대입하면 $x(5-x)=1$이므로 x, y는 다음 2차방정식의 해이다.

$$x^2-5x+1=0$$

이 방정식의 해는 $x=\frac{5\pm\sqrt{21}}{2}$, $y=\frac{5\mp\sqrt{21}}{2}$로 두 개가 있다.(이 해를 구하는 방법은 다음 단원에서 배우게 될 것이다.) 이 두 해에 대하여 xy^2+x^2y과 x^2+y^2을 계산하면 모두 5와 23이 각각 나온다는 것을 확인할 수 있다.

■

1.1 연습문제

01 $x+y=3$이고 $xy=2$일 때 다음 식의 값을 구하여라.

(1) xy^2+x^2y　　(2) x^2+y^2

(3) x^3+y^3　　(4) x^4+y^4

(5) x^5+y^5　　(6) x^6+y^6

02 다음 다항식들을 $x-2$로 나누었을 때의 나머지를 각각 구하시오.

(1) $f(x)=3x-5$　　(2) $g(x)=x^2+1$

(3) $h(x)=x^3+x^2-x+1$

03 다음 다항식들을 $2x-1$로 나누었을 때의 나머지를 각각 구하시오.

(1) $f(x)=3x-5$　　(2) $g(x)=x^2+1$

(3) $h(x)=x^3+x^2-x+1$

04 다항식 $f(x)=x^5+x^4+x^3+x^2+x+1$에 대하여 다음 물음에 답하시오.

(1) $f(x)$를 $x+1$로 나누었을 때의 나머지를 구하시오.

(2) 인수정리를 이용하여 $f(x)$를 인수분해하시오.

05 다항식 $f(x)=2x^4+5x^3-5x-2$를 인수분해하시오.

06 다항식 $f(x)=6x^3+13x^2-4$를 인수분해하시오.

1.2 방정식

$2x+3=7$을 만족하는 실수 x는 2이고, 2이외의 모든 실수는 이 식을 만족시키지 않는다. 우리는 방정식 $2x+3=7$의 해가 2라고 말한다. 이렇게 방정식의 해를 구하는 것은 수학의 가장 기본적인 활동으로 오랜 역사를 가지고 있으며 사실 일상생활에서도 필요한 경우가 많다. 이 단원에서는 간단한 방정식의 해를 구해보고 항등식의 의미를 생각해 보자.

예제 1.2.1

다음 방정식의 해를 구하여라.

(1) $3x^2-27=0$ (2) $3x^2-7x+2=0$

(3) $x^2-4x+2=-1$ (4) $|x-1|=2-3x$

풀이 (1) $3x^2-27=3(x^2-9)=3(x-3)(x+3)$이므로, 주어진 방정식의 해는 $x=-3$ 또는 $x=3$이다.

(2) $3x^2-7x+2=(3x-1)(x-2)$이므로, 주어진 방정식의 해는 $x=\frac{1}{3}$ 또는 $x=2$이다.

(3) $x^2-4x+3=(x-1)(x-3)$이므로, 주어진 방정식의 해는 $x=1$ 또는 $x=3$이다.

(4) $x\ge 1$과 $x<1$로 나누어 각각 해를 구해 보자.

(i) $x\ge 1$인 경우에는 $|x-1|=x-1$이므로 주어진 방정식은

$$x-1=2-3x$$

이고, 이는 $x=\frac{3}{4}$이지만 $\frac{3}{4}<1$이므로 $x\ge 1$인 해는 없다.

(ii) $x<1$인 경우에는 $|x-1|=-x+1$ 이므로 주어진 방정식은

$$-x+1=2-3x$$

이고, 이 방정식의 해 $x=\frac{1}{2}$은 1보다 작으므로 주어진 방정식의 해가 된다.

(i)과 (ii)로부터, 주어진 방정식 $|x-1|=2-3x$의 해는 $x=\frac{1}{2}$이다. ■

[예제 1.2.1]의 (1), (2), (3)에서는 인수분해를 이용하여 해를 구하였다. 이제 다른 방법을 이용하여 구해보자.

예제 1.2.2

다음 방정식을 풀어라.

(1) $x^2+2x-3=0$ (2) $x^2+2x-1=0$

풀이 (1) 방정식 $x^2+2x-3=0$은 $x^2+2x+1=4$와 같고, 이는 $(x+1)^2=4$이므로 $x+1=\pm 2$이다. 따라서 주어진 방정식의 근은 $x=1$ 또는 $x=-3$이다.
(이 경우도 인수분해 $x^2+2x-3=(x-1)(x+3)$을 이용하여 해를 구할 수 있다.)

(2) 방정식 $x^2+2x-1=0$은 $x^2+2x+1=2$와 같고, 이는 $(x+1)^2=2$이므로 $x+1=\pm\sqrt{2}$이다. 즉, $x^2+2x-1=0$의 근은 $x=-1\pm\sqrt{2}$이다. ■

[예제 1.2.2]에서 우리는 2차방정식을 완전제곱꼴로 변형하여 해를 구해 보았다. 그 과정은 다음 공식으로 요약된다. 이 공식은 정수 계수로 인수분해가 되지 않는 2차방정식의 해를 구하는 경우에 매우 유용하다.

정리 1.5 2차방정식의 근의 공식

2차방정식 $ax^2+bx+c=0$의 해(근)는 다음과 같다.

$$x=\frac{-b\pm\sqrt{b^2-4ac}}{2a}$$

증명 $ax^2+bx+c=0$은 2차방정식이므로 $a\neq 0$이다. 그러므로 양변을 a로 나누면

$$x^2+\frac{b}{a}x-\frac{c}{a}=0$$

이다. 양변에 $\frac{c}{a}$를 더해 주면

$$x^2+\frac{b}{a}x=\frac{c}{a}$$

이고, 다시 양변에 $(\frac{b}{2a})^2$을 더하면 좌변이 다음과 같이 완전제곱꼴로 표현된다.

$$(x+\frac{b}{2a})^2=\frac{b^2-4ac}{4a^2}$$

이는

$$x+\frac{b}{2a}=\pm\sqrt{\frac{b^2-4ac}{4a^2}}$$

이므로, 주어진 2차방정식은 다음과 같은 해를 갖는다.

$$x=-\frac{b}{2a}\pm\sqrt{\frac{b^2-4ac}{4a^2}}$$

참고로, 위 식에서 b^2-4ac이 음수인 경우에는 구한 해는 실수가 아니고, $b^2-4ac=0$인 경우에는 주어진 방정식은 하나의 해 $x=-\frac{b}{2a}$를 갖는다. ■

[정리 1.5]의 증명에서 알 수 있듯이 이차방정식 $ax^2+bx+c=0$의 실근(실수해)의 개수는 판별식

$$D=b^2-4ac$$

의 값의 부호에 따라 결정된다. $D>0$인 경우 2개의 실근을 가지며, $D=0$인 경우는 하나이고 $D<0$인 경우에는 실근이 존재하지 않는다.

이 경우 방정식의 근 $x=-\frac{b}{2a}\pm\sqrt{\frac{b^2-4ac}{4a^2}}$은 두 개의 복소수로 서로 공액인 수이다. 위와 같은 이유로 보통 D는 이차방정식의 **판별식**이라 불린다.

예제 1.2.3

근의 공식을 이용하여 다음 방정식을 다시 풀어라.

(1) $x^2+2x-3=0$　　(2) $x^2+2x-1=0$

풀이 (1) 근의 공식에 $a=1, b=2, c=-3$을 대입하면

$$x=\frac{-2\pm\sqrt{4+12}}{2}=\frac{-2\pm4}{2}=1 \text{ or } -3$$

이므로, 방정식 $x^2+2x-3=0$은 두 실근 -1과 3을 갖는다.

(2) 근의 공식에 $a=1, b=2, c=-1$을 대입하면

$$x=\frac{-2\pm\sqrt{4+4}}{2}=\frac{-2\pm 2\sqrt{2}}{2}=-1\pm\sqrt{2}$$

이므로, 방정식 $x^2+2x-1=0$은 두 실근 $-1+\sqrt{2}$와 $-1+\sqrt{2}$를 갖는다.

■

예제 1.2.4

방정식 $x^2-2x+2=0$의 근을 구하시오.

풀이 주어진 방정식은 판별식이 음수인 경우로 실근을 가지지 않는다. 즉, $D=4-8=-4<0$이다. 다음 두 가지 방법으로 근을 직접 구해 보자.

(1) 먼저 방정식을 완전제곱꼴로 바꾸어 보면

$$(x-1)^2=-1$$

이다. 이 식은 $x-1=\pm i$이므로, 방정식의 해는 복소수근 $1\pm i$이다.[1]

(2) 근의 공식에 $a=1,\ b=-2,\ c=2$을 대입하면

$$x=\frac{2\pm\sqrt{4-8}}{2}=\frac{2\pm\sqrt{-4}}{2}=\frac{2\pm 2i}{2}=1\pm i$$

이므로, 방정식 $x^2-2x+2=0$은 복소수근 $1\pm i$를 갖는다. ■

이제 변수 x에 어떤 실수를 대입하여도 항상 참이 되는 등식을 지칭하는 **항등식**에 대하여 알아보자.

예제 1.2.5

다음 등식이 항등식이 되기 위한 조건을 구하여라.

(1) $x-2a=bx+4$ (2) $x^2+ax+b-3=cx^2+1$

---

1) 여기서 i는 제곱해서 -1이 나오는 수로 실수가 아니라 복소수이다. 임의의 실수는 이러한 복소수의 제곱으로 표현된다. 예를 들어 $-4=(2i)^2$이고 $-29=(\sqrt{29}\,i)^2$이다.

풀이 (1) 주어진 등식이 항등식이라면 x에 어떤 실숫값을 대입해도 성립해야 한다. $x=0$일 때 $-2a=4$이므로 $a=-2$ 이어야 하므로 a에 -2를 대입하면 주어진 항등식은

$$x+4=bx+4$$

이다. 여기에 $x=1$을 대입하면 $b=1$을 얻는다. 따라서 $a=-2$, $b=1$일 때 주어진 등식은 항등식이 된다.

(2) 주어진 등식에 $x=0$을 대입하면 $b-3=1$이므로 $b=4$를 얻는다. 그러므로 주어진 등식이 항등식이라면 $b=4$이고 등식은 $x^2+ax=cx^2$이 된다. 이는

$$x(x+a)=cx^2 \tag{1.4}$$

이므로 여기에 $x=-a$를 대입하면 $ca^2=0$을 얻는다. 그러므로 주어진 등식이 항등식이라면 $c=0$ 또는 $a=0$이 성립한다.
$a=0$이라면 식 (1.4)는 $x^2=cx^2$이므로 여기에 $x=1$을 대입하면 $c=1$을 얻는다. 그런데 $c=0$이라면 식 (1.4)는 $x(x+a)=0$이 되고, 이는 어떤 a에 대해서도 항등식이 될 수 없다.(예를 들어 $x=1$을 대입하면 $a+1=0$이지만, $x=-1$을 대입하면 $-a+1=0$이므로, $x=1$과 $x=-1$이 동시에 식 (1.4)를 만족시킬 수는 없다.)
그러므로 $a=0$, $b=4$, $c=1$일 때 주어진 등식은 항등식이 된다. ■

[예제 1.2.5]의 예에서 보듯이 등식

$$a_nx^n+a_{n-1}x^{n-1}+\cdots+a_1x+a_0=0$$

이 항등식일 필요충분조건은

$$a_0=a_1=a_2=\cdots=a_n=0$$

이다.

1.2 연습문제

01 다음 방정식을 풀어라.

(1) $|x-3|=2x-1$

(2) $x^2+x=2$

(3) $x^2+4x-3=0$

(4) $4x^2-8x+5=0$

02 다음 중 항등식을 모두 고르시오.

(1) $|x|^2=x^2$

(2) $\sqrt{x^2+2x+1}=x+1$

(3) $\dfrac{x}{|x|}=1$

(4) $x^4+2x^2y+y^2=(x^2+y)^2$

03 방정식 $|x+3|+|x-2|=10$을 풀어라.

1.3 부등식

부등식을 풀기 위해서는 부등식의 양변에 적당한 식을 더하거나 곱해서 식을 간단하게 변환시킨 후 해를 구하는 경우가 많다. 이러한 과정에서 부등호는 때로 바뀌기도 하므로 조심해야 한다. 우선 부등식의 양변에 같은 실수를 더하거나 빼도 부등호는 변하지 않는다. 그리고 양의 실수를 양변에 곱해도 부등호는 변하지 않는다. 그렇지만 양변에 음수를 곱하는 경우에는 부등호가 바뀐다. 예를 들어, $2<3$의 양변에 5를 곱하면 $10<15$로 부등호가 변하지 않지만, 양변에 -5를 곱하면 $-10>-15$ 으로 부등호가 반대로 된다. 이러한 성질을 이용하여 다음 부등식들을 풀어 보자.

예제 1.3.1

다음 부등식의 해를 구하여라.

(1) $2x+3<x-7$　　(2) $-3x+1>4$

(3) $|x-1|\ge 2-3x$

풀이 (1) 부등식 $2x+3<x-7$의 양변에 -3을 더하면 $2x<x-10$이고, 다시 양변에 $-x$를 더하면 $x<-10$ 이므로, 주어진 부등식의 해는 $x<-10$ 이다.

(2) 부등식 $-3x+1>4$의 양변에 -1을 더하면 $-3x>3$이고, 다시 양변에 $-\frac{1}{3}$을 곱하면 $x<-1$ 이므로, 주어진 부등식의 해는 $x<-1$ 이다.

(3) $x\ge 1$과 $x<1$로 나누어 각각 해를 구해 보자.

(i) $x\ge 1$인 경우에는 $|x-1|=x-1$이므로 주어진 부등식은

$$x-1\ge 2-3x$$

이고, 이 부등식의 해는 $x\ge \frac{3}{4}$이므로 $x\ge 1$인 x는 모두 해가 된다.

(ii) $x<1$인 경우에는 $|x-1|=-x+1$ 이므로 주어진 부등식은

$$-x+1\ge 2-3x$$

이고, 이 부등식의 해는 $x\ge\frac{1}{2}$이므로, $\frac{1}{2}\le x<1$은 주어진 부등식의 해가 된다.

(i), (ii)로부터 주어진 부등식의 해는 $x\ge\frac{1}{2}$이다. ■

예제 1.3.2

다음 부등식의 해를 구하여라.

(1) $3x^2 - 27 < 0$ (2) $3x^2 - 7x + 2 > 0$

(3) $x^2 - 4x + 2 < -1$

풀이 (1) $3x^2 - 27 = 3(x^2 - 9) = 3(x-3)(x+3)$이므로, 주어진 부등식은

$$3(x-3)(x+3) < 0$$

이다. 그런데 $(x-3)(x+3)$은 $-3 < x < 3$일 때만 음수이므로 주어진 부등식의 해는 $-3 < x < 3$이다.([그림 1.1] 참조)

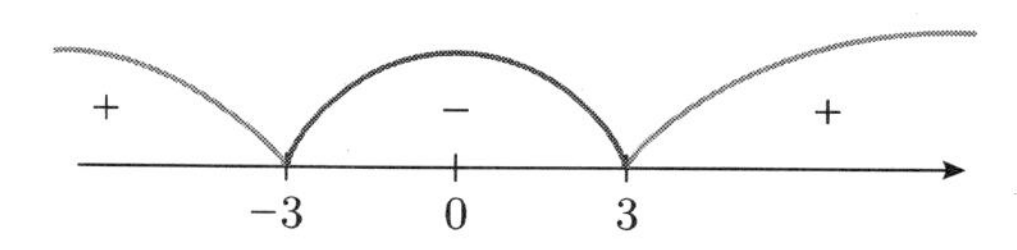

그림 1.1 $(x-3)(x+3)$ 값의 부호

(2) $3x^2 - 7x + 2 = (3x-1)(x-2)$이고, $(3x-1)(x-2)$은 $x < \frac{1}{3}$ 또는 $x > 2$일 때만 양수이므로, 주어진 부등식의 해는 $x < \frac{1}{3}$ 또는 $x > 2$이다.

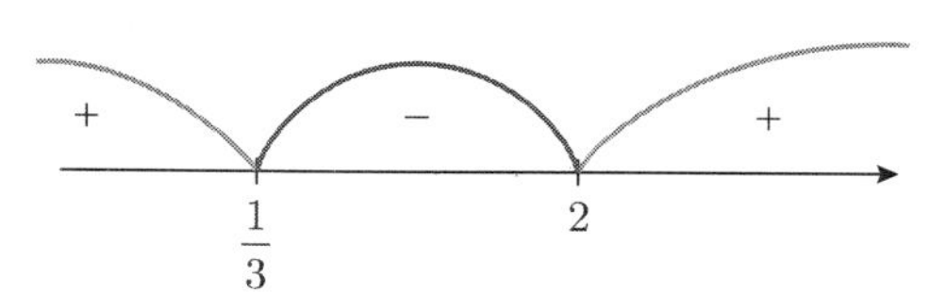

그림 1.2 $(3x-1)(x-2)$ 값의 부호

(3) $x^2 - 4x + 3 = (x-1)(x-3)$이므로, 주어진 부등식은

$$(x-1)(x-3) < 0$$

이다. 그러므로 주어진 부등식의 해는 $1 < x < 3$이다.

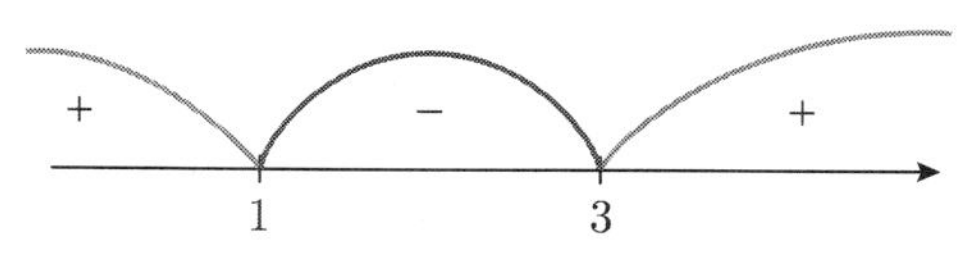

그림 1.3 $(x-1)(x-3)$ 값의 부호

■

변수에 어떤 실수를 대입하여도 항상 참이 되는 부등식을 **절대부등식**이라고 한다.

예제 1.3.3

다음 부등식이 절대부등식임을 증명하여라.

$$x^2+x+1 \geq \frac{3}{4}$$

풀이 임의의 실수 x에 대하여

$$x^2+x+1=(x^2+x+(\frac{1}{2})^2)+\frac{3}{4}=(x+\frac{1}{2})^2+\frac{3}{4}$$

이고

$$(x+\frac{1}{2})^2 \geq 0$$

이므로

$$x^2+x+1=(x+\frac{1}{2})^2+\frac{3}{4}\geq 0+\frac{3}{4}=\frac{3}{4}$$

이다. ■

예제 1.3.4

다음 부등식이 절대부등식임을 증명하여라.

$$x^2+xy+y^2 \geq 0$$

풀이 임의의 실수 x, y에 대하여

$$x^2+xy+y^2=(x^2+xy+(\frac{1}{2}y)^2)+\frac{3}{4}y^2=(x+\frac{y}{2})^2+\frac{3}{4}y^2$$

이고

$$(x+\frac{y}{2})^2 \geq 0,\ \frac{3}{4}y^2 \geq 0$$

이므로

$$x^2+xy+y^2=(x+\frac{y}{2})^2+\frac{3}{4}y^2 \geq 0+0=0$$

이다. ■

1.3 연습문제

01 다음 부등식을 풀어라.

(1) $2x+1>0$

(2) $x^2+2x+1>0$

(3) $x^2+2x+1\geq 0$

(4) $x^2+2x+1\leq 0$

02 다음 부등식을 풀어라.

(1) $|x-1|<3$

(2) $|2-3x|\geq 3$

(3) $|\frac{x}{3}-1|\leq 2$

(4) $|2x+3|>3$

03 부등식 $|x+3|+|x-2|\leq 10$을 풀어라.

04 다음 중 절대부등식을 모두 고르시오.

(1) $x^2+4x+5>0$

(2) $|2x|>0$

(3) $|x|\geq x$

(4) $|x|+\frac{1}{|x|+1}\geq 1$

1.4 산술평균과 기하평균

평균을 내는 방법에는 여러 가지 방법이 있다. 임의의 두 양수 a, b에 대하여 $\frac{a+b}{2}$를 a와 b의 **산술평균**(arithmetic mean), $\sqrt{ab}$를 a와 b의 **기하평균**(geometric mean)이라 한다.

> **정리 1.6 산술평균과 기하평균**
>
> 임의의 두 실수 $a, b \geq 0$에 대하여 두 수의 산술평균은 기하평균 보다 크거나 같다. 즉, 다음 부등식이 성립한다.
>
> $$\frac{a+b}{2} \geq \sqrt{ab}$$
>
> 특히, 등호는 $a=b$일 때만 성립한다. 즉, $a=b$이면 $\frac{a+b}{2}=\sqrt{ab}$이고, $a \neq b$이면 $\frac{a+b}{2} > \sqrt{ab}$이다.

증명

$$\frac{a+b}{2} - \sqrt{ab} = \frac{a+b-2\sqrt{ab}}{2} = \frac{(\sqrt{a}-\sqrt{b})^2}{2} \geq 0$$

이므로 $\frac{a+b}{2} \geq \sqrt{ab}$이다.

그리고 $a=b$이면 $\frac{a+b}{2}=\frac{2a}{2}=a$이고 $\sqrt{ab}=\sqrt{a^2}=a$이므로 $\frac{a+b}{2}=\sqrt{ab}$이다. 또한 $a \neq b$이면 $\sqrt{a}-\sqrt{b} \neq 0$ 이므로 $\frac{(\sqrt{a}-\sqrt{b})^2}{2} > 0$이 성립하고, 이는 $\frac{a+b}{2}-\sqrt{ab}=\frac{(\sqrt{a}-\sqrt{b})^2}{2} > 0$이다. ■

두 양수 a, b $(a<b)$에 대하여 $a+b$를 지름으로 하는 반원을 이용하면 $\frac{a+b}{2} \geq \sqrt{ab}$이 성립함을 기하학적으로 볼 수 있다. [그림 1.4]에서

$$\overline{OH} = \overline{OA} - \overline{HA} = \frac{a+b}{2} - a = \frac{b-a}{2}$$

이고, 삼각형 OHC가 직각삼각형이므로

$$\overline{HC} = \sqrt{(\overline{OC})^2 - (\overline{OH})^2} = \sqrt{(\frac{a+b}{2})^2 - (\frac{b-a}{2})^2} = \sqrt{ab}$$

이다. 그러므로

$$\frac{a+b}{2} = \overline{OD} > \overline{HC} = \sqrt{ab}$$

이다.

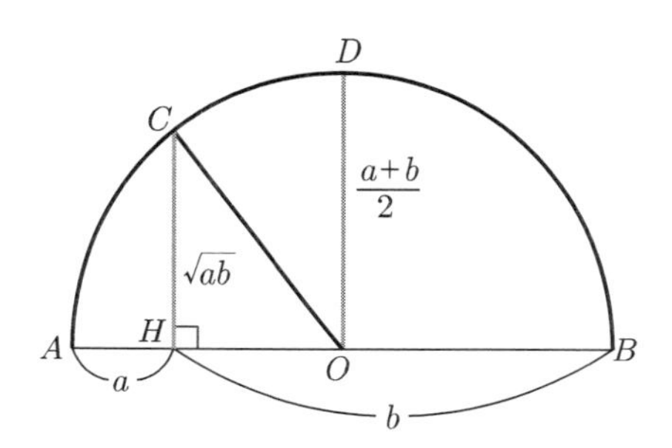

그림 1.4 산술평균과 기하평균

예제 1.4.1

$x > 0$일 때 $x + \frac{9}{x}$의 최솟값을 구하여라.

풀이 [정리 1.6]에 의하여

$$x + \frac{9}{x} \geq 2\sqrt{x \cdot \frac{9}{x}} = 2\sqrt{9} = 2 \times 3 = 6$$

이므로 $x + \frac{9}{x}$의 최솟값은 6이다. 그리고 최솟값을 갖는 x는 $x = \frac{9}{x}$일 때이므로 $x = 3$이다. ■

1.4 연습문제

01 다음 부등식이 성립함을 보여라.

(1) $x > 0$일 때 $x + \frac{1}{x} \geq 2$

(2) $x > 0, y > 0$일 때 $\frac{y}{x} + \frac{x}{y} \geq 2$

(3) $x > 0, y > 0$일 때 $(x+y)(\frac{1}{x} + \frac{1}{y}) \geq 4$

02 $x > 0, y > 0$이고 $2x + 3y = 10$일 때, $\sqrt{6xy}$의 최댓값을 구하여라.

03 $x > 0, y > 0$이고 $2x + 3y = 10$일 때, xy의 최댓값을 구하여라.

CHAPTER

02

함수

2.1 함수의 기본 개념

이 단원에서는 함수의 정의부터 시작하여 함수의 그래프, 합성함수, 역함수, 함수들 사이의 연산 등 가장 기본적인 수학 개념에 대해서 학습한다.

(1) 함수의 정의

집합 X에서 Y로의 **함수** $f: X \to Y$ 는 X의 각 원소 x에 대하여 집합 Y의 오직 하나의 원소 y를 대응시키는 것으로, 이 대응관계를

$$y = f(x), \ \ x \in X$$

라 표현한다. 이 때 집합 X를 함수 f의 **정의역**, 집합 Y를 함수 f의 **공역**이라 하고, $f(x)$를 x에서의 f의 **값** 또는 **상**이라고 한다. 또한 Y의 부분집합

$$\{f(x) \mid x \in X\} = f(X)$$

를 함수 f의 **치역**이라고 한다.

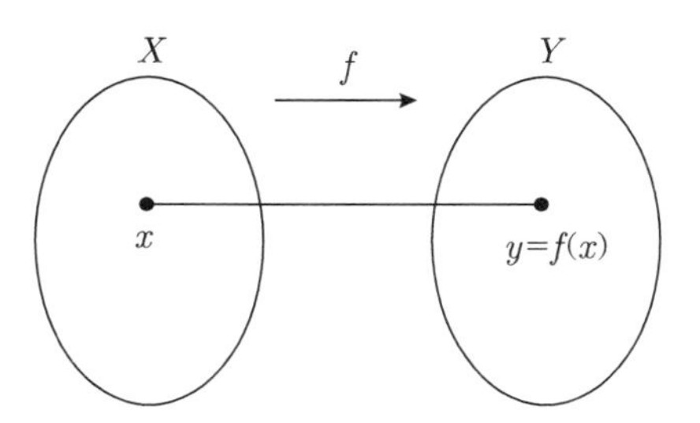

그림 2.1 함수의 정의

정리 2.1　함수의 연산

두 함수 f, g와 실수 α에 대하여 합 $f+g$, 차 $f-g$, 곱 fg, 몫 $\frac{f}{g}$, 실수곱 αf는 다음과 같이 정의된다.

$$(f+g)(x)=f(x)+g(x) \qquad (f-g)(x)=f(x)-g(x)$$

$$(fg)(x)=f(x)g(x) \qquad \frac{f}{g}(x)=\frac{f(x)}{g(x)}$$

$$(\alpha f)(x)=\alpha f(x)$$

일반적으로 두 함수 f, g로부터 정의된 새로운 함수들 $f+g$, $f-g$, fg, $\frac{f}{g}$의 정의역은 f의 정의역 또는 g의 정의역 보다 작아질 수 있다. 왜냐하면 이 함수들은 두 함수가 모두 정의된 경우에만 정의되기 때문이다. 정확하게는, 이들 함수의 정의역은 f의 정의역과 g의 정의역의 교집합이고, 특히 $\frac{f}{g}$의 정의역은 $g(x)=0$인 x도 포함하지 않는다.

예제 2.1.1

$f(x)=2x$, $g(x)=x-1$일 때 다음을 구하여라.

(a) $f+g$　(b) $f-g$　(c) fg　(d) $\frac{f}{g}$　(e) $3g$

풀이 (a) $(f+g)(x)=f(x)+g(x)=2x+(x-1)=3x-1$

(b) $(f-g)(x)=f(x)-g(x)=2x-(x-1)=x+1$

(c) $(fg)(x)=f(x)g(x)=2x(x-1)=2x^2-2x$

(d) $(\frac{f}{g})(x)=\frac{f(x)}{g(x)}=\frac{2x}{x-1}$ (단, $x\neq 1$)

(e) $(3g)(x)=3g(x)=3(x-1)=3x-3$ ■

예제 2.1.2

$f(x)=2x$, $\alpha=3.5$일 때 αf를 구하여라.

풀이

$$(\alpha f)(x)=\alpha f(x)=3.5\cdot 2x=7x$$ ■

예제 2.1.3

$h(x) = x + 4, f(x) = 2x$, $g(x) = x - 1$일 때 $h(x)$를 $f(x)$와 $g(x)$의 일차결합으로 나타내어라. 여기서 $h(x)$가 $f(x)$와 $g(x)$의 일차결합이라 함은 $h = af + bg$인 실수 a와 b가 있다는 뜻이다.

풀이 모든 x에 대하여 $h(x) = af(x) + bg(x)$이 되는 실수 a와 b를 찾아야 한다. 그런데

$$\begin{aligned} x + 4 &= a(2x) + b(x - 1) \\ &= 2ax + bx - b \\ &= (2a + b)x - b \end{aligned}$$

이므로 $2a + b = 1$, $-b = 4$를 얻는다. 따라서 $b = -4$, $a = \frac{5}{2}$이므로 $h(x)$는 다음과 같이 $f(x)$와 $g(x)$의 일차결합으로 표현된다.

$$h = \frac{5}{2}f + (-4)g$$

■

(2) 그래프의 정의

함수 f의 그래프는 $X \times Y$의 부분집합으로 순서쌍의 집합

$$\{(x, f(x)) \in X \times Y \mid x \in X\}$$

으로 정의한다. 정의역이 $\mathbb{R}$인 실함수의 그래프는 $\mathbb{R}^2$의 부분집합으로 좌표평면에서 곡선[2]으로 나타난다. 모든 곡선이 함수의 그래프인 것은 아니며, [그림 2.2]에서 보듯이 함수의 그래프는 y축에 평행한 임의의 수직선과 만나지 않거나 한 점에서만 만난다. 이는 정의역의 원소 x에 대해서 함숫값 $f(x)$가 정확하게 하나씩 대응되기 때문이다.

역으로, $\mathbb{R}^2$의 임의의 수직선과 두 번 이상 만나지 않는 곡선은 어떤 함수의 그래프가 된다. 즉, [그림 2.3]의 왼쪽 곡선에서 보듯이 정의역의 원소 a에 대하여 수직선 $x = a$와 만나는 점 (a,b)의 y좌표를 함숫값 $f(a)$로 정의하면 된다. [그림 2.3]의 오른쪽 곡선은 $x = a$와 만나는 점이 (a,b)와 (a,c)로 두 개이므로 함숫값 $f(a)$를 정할 수가 없다.

---

2) 여기에서 곡선은 끊어지거나 꺾인 선을 포함하는 개념이다. 다시 말해서, 직관적으로 생각되는 원이나 포물선, 직선처럼 매끄러운 선만을 뜻하는 것은 아니라는 의미이다.

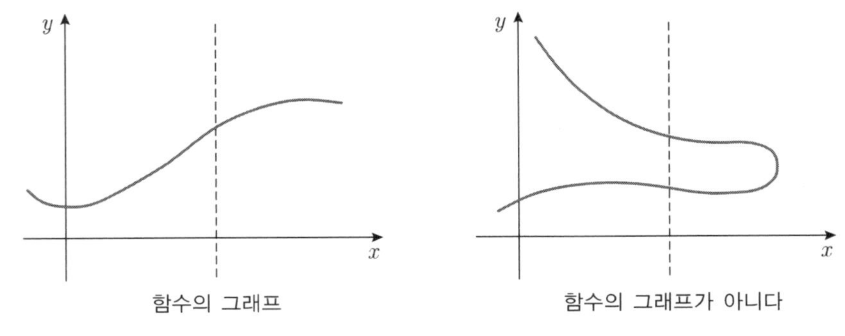

그림 2.2

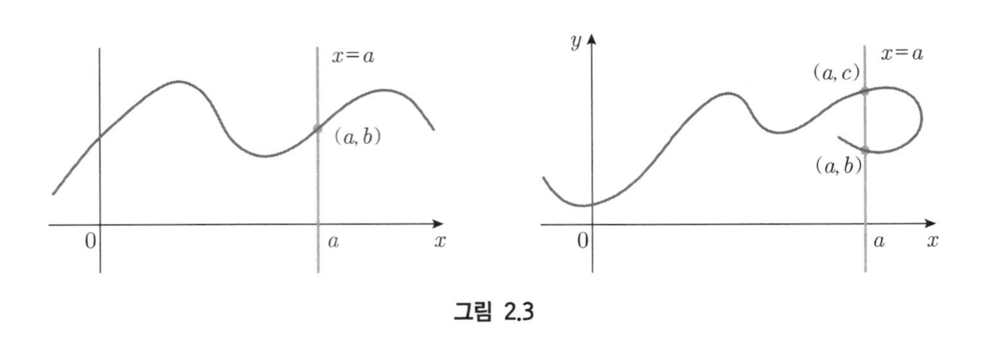

그림 2.3

수직선과는 반대로 수평선은 함수의 그래프와 두 개 이상의 점에서 만날 수 있다. [그림 2.4]에서 수평선 $y=b$는 곡선과 네 점에서 만난다. 이것은 a를 포함하여 정의역의 4개의 원소가 같은 함숫값 b를 갖는 경우로 해석할 수 있다.

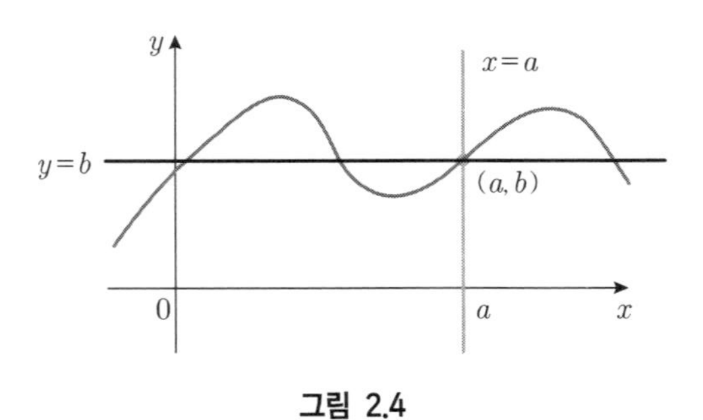

그림 2.4

예제 2.1.4

함수 $f(x) = x + 2$ 의 그래프를 그려라.

풀이 x에 적당한 값을 대입하여 표와 그래프로 나타내면 다음과 같다.

x	$f(x)$	$(x, f(x))$
$\cdots$	$\cdots$	$\cdots$
-2	0	$(-2, 0)$
-1	1	$(-1, 1)$
0	2	$(0, 2)$
1	3	$(1, 3)$
2	4	$(2, 4)$
$\cdots$	$\cdots$	$\cdots$

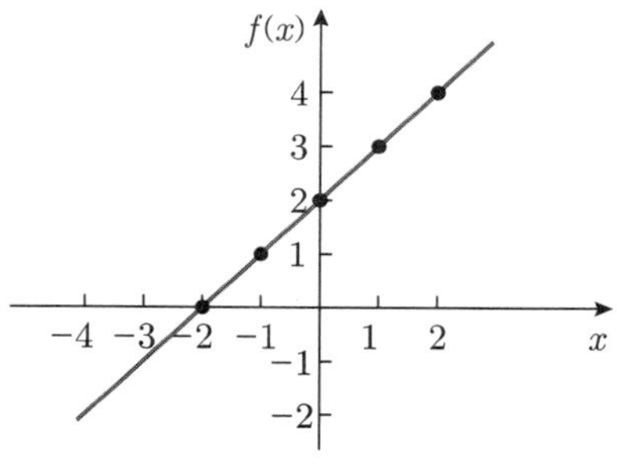

함수 $f(x) = x + 2$ 의 그래프

예제 2.1.5

다음 함수들의 정의역을 구하고 그래프를 그려라.

(a) $f(x) = x^2$

(b) $f(x) = x^3$

(c) $f(x) = \dfrac{1}{x}$

(d) $f(x) = \sqrt{x}$

(e) $f(x) = |x|$

(f) $f(x) = [x]$

여기서 $[x]$는 x를 넘지 않는 최대 정수를 의미한다. 예를 들어, $[2.34] = 2$이고 $[-1.25] = -2$이다.

풀이 (a), (b), (e), (f)의 함수는 모든 실수에 대하여 잘 정의되며, (c)의 함수는 x가 0인 경우에 정의되지 않는다. 그리고 (d)의 함수는 x가 음수인 경우에 정의되지 않는다. 즉, 정의역은 차례로 다음과 같다.

(a) $\mathbb{R}$

(b) $\mathbb{R}$

(c) $\mathbb{R} - \{0\}$

(d) $\{x \in \mathbb{R} \mid x \geq 0\}$

(e) $\mathbb{R}$

(f) $\mathbb{R}$

[예제 2.1.4]에서와 같이 x에 적당한 값을 대입하여 그래프를 그려보면 차례로 다음과 같음을 알 수 있다.

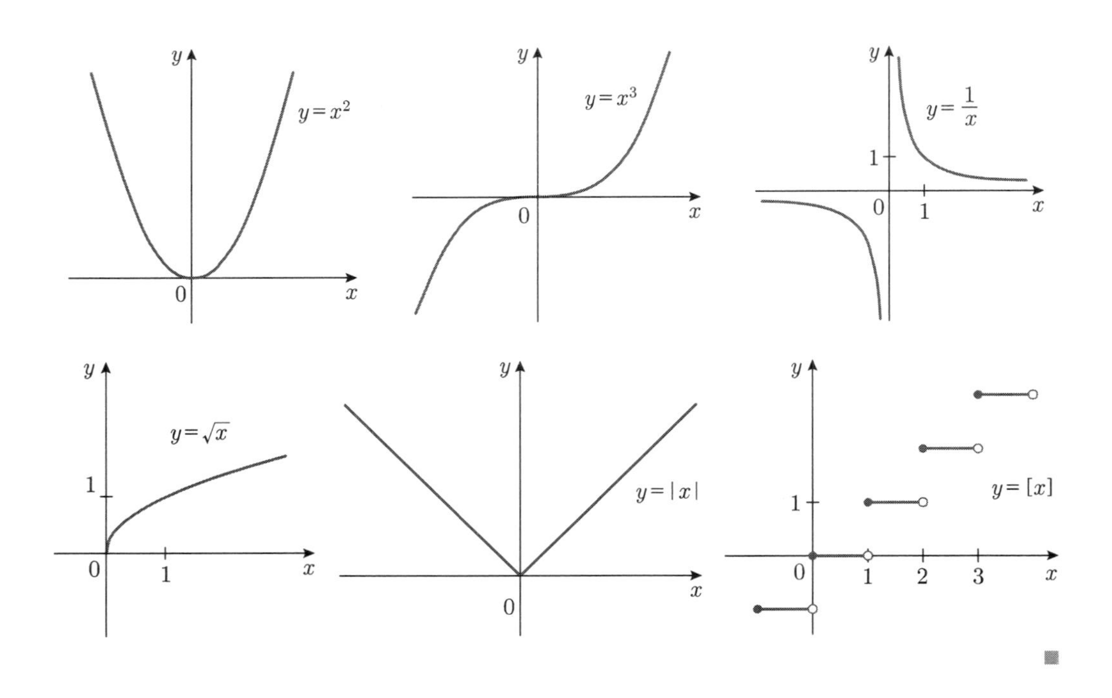

(3) 합성함수

함수 f 의 치역이 함수 g 의 정의역에 포함되면 f 의 정의역의 원소 x 를 $g(f(x))$ 에 대응시키는 함수를 얻는데 이를 함수 f 와 함수 g 의 **합성함수**라 하고 그 합성함수를 $g \circ f$ 로 나타낸다. 즉

$$(g \circ f)(x) = g(f(x))$$

이다.

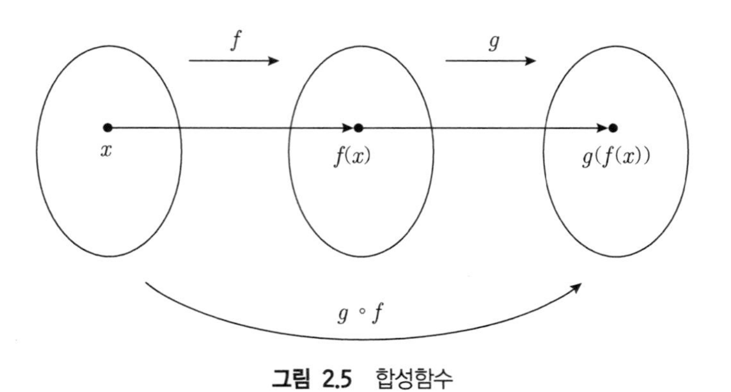

그림 2.5 합성함수

예제 2.1.6

$f(x)=2x, g(x)=x-1$에 대하여 합성함수 $g \circ f$와 $f \circ g$를 구하여라.

풀이 합성함수의 정의에 의하여

$$(g \circ f)(x)=g(f(x))=g(2x)=2x-1$$

이고

$$(f \circ g)(x)=f(g(x))=f(x-1)=2(x-1)=2x-2$$

이다. ■

예제 2.1.7

$f(x)=x^2,\ g(x)=\sqrt{x}$에 대하여 합성함수 $g \circ f$를 구하여라.

풀이 합성함수의 정의에 의하여

$$(g \circ f)(x)=g(f(x))=g(x^2)=\sqrt{x^2}$$

이다. (이 함수 $\sqrt{x^2}=|x|$임에 유의하자.) ■

예제 2.1.8

$f(x)=x+1, g(x)=x^3$에 대하여 합성함수 $g \circ f, f \circ g, f \circ f, g \circ g, (g \circ f) \circ g$, $(f \circ g) \circ f$를 각각 구하여라.

풀이 (1) $(g \circ f)(x)=g(f(x))=g(x+1)=(x+1)^3$

(2) $(f \circ g)(x)=f(g(x))=f(x^3)=x^3+1$

(3) $(f \circ f)(x)=f(f(x))=f(x+1)=(x+1)+1=x+2$

(4) $(g \circ g)(x)=g(g(x))=g(x^3)=(x^3)^3=x^9$

(5) $(g \circ f)(x)=(x+1)^3$이므로 $(g \circ f) \circ g$는 다음과 같다.

$$((g \circ f) \circ g)(x)=(g \circ f)(g(x))=(g \circ f)(x^3)=(x^3+1)^3$$

(6) $(f \circ g)(x)=x^3+1$ 이므로 $(f \circ g) \circ f$ 는 다음과 같다.

$$((f \circ g) \circ f)(x)=(f \circ g)(f(x))=(f \circ g)(x+1)=(x+1)^3+1$$ ■

(4) 역함수

함수 $f: X \to Y$ 에 대하여 함수 $g: Y \to X$ 가 존재하여

$$f \circ g = I_Y, \; g \circ f = I_X$$

를 만족시킬 때, g를 함수 f의 **역함수**라 하고 f^{-1}로 표현한다. 여기서 I_X와 I_Y는 각각 X에서의 항등함수와 Y에서의 항등함수를 의미한다.[3)]

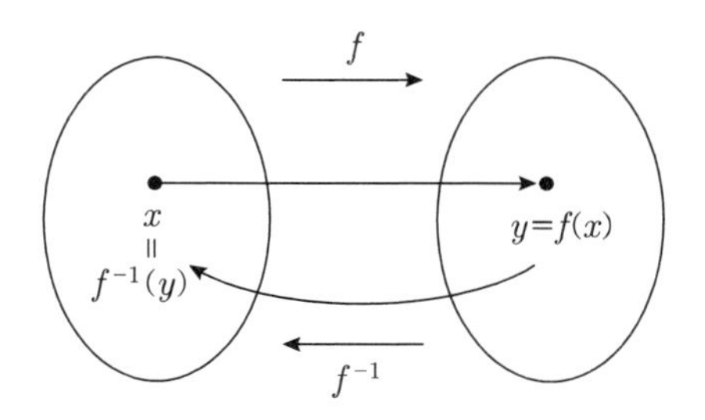

그림 2.6 역함수의 정의

임의의 함수가 항상 역함수를 갖는 것은 아니다. 함수 f의 역함수 f^{-1}가 존재하기 위해서는 f가 다음과 같은 특별한 성질을 가지고 있어야 한다.

$$f(x_1) = f(x_2)\text{이면 } x_1 = x_2\text{이다.}$$

이러한 함수를 **일대일 함수**라고 하는데, 함수 f가 일대일 함수이면 f의 치역 $f(X)$를 정의역으로 하는 함수 f^{-1}가 존재한다.

함수의 그래프를 이용하면 주어진 함수가 일대일 함수인지, 아닌지를 쉽게 판정할 수 있다. x축에 평행한 직선을 그어서 그래프와 두 점 이상에서 만나면, 그 함수는 일대일 함수가 아니다.

---

3) 항등함수는 정의역의 임의의 원소의 함숫값이 자기 자신이라는 뜻이다. 즉, $I_X(x) = x$, $I_Y(y) = y$ 이다.

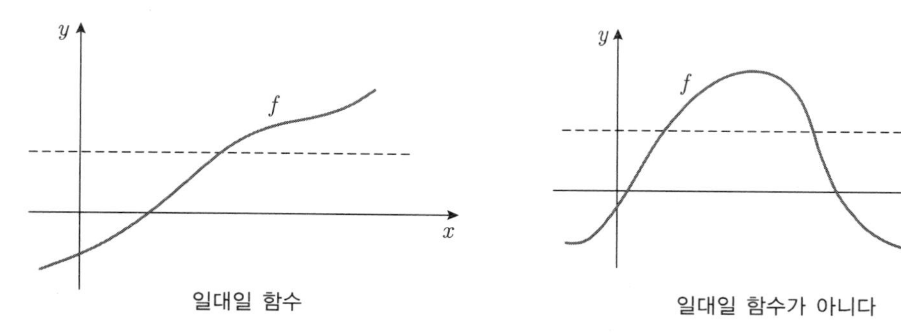

그림 2.7 일대일 함수

예제 2.1.9

다음 함수가 일대일 함수인지 아닌지 판정하여라.

(a) $f(x) = x^5$ (b) $f(x) = x^2 - 1$

풀이 (a) $f(x_1) = f(x_2)$라 하면,

$$x_1^5 = x_2^5 \tag{2.1}$$

이다. 만약 $x_1 > x_2$이면 $x_1^5 > x_2^5$이고, 거꾸로 $x_1 < x_2$이면 $x_1^5 < x_2^5$이다. 어느 것이나 식 (2.1)에 위배되므로 $x_1 = x_2$이다. 따라서 f는 일대일 함수이다.

(b) $-3 \neq 3$이지만 $f(-3) = 8 = f(3)$이다. 즉, 정의역에 속하는 서로 다른 원소에 대하여 같은 함숫값이 나온다. 따라서 $f(x)$는 일대일 함수가 아니다. ■

함수 $y = f(x)$의 그래프와 그의 역함수 $y = f^{-1}(x)$의 그래프는 어떤 관계에 있는지 알아보자. 함수 $y = f(x)$의 그래프 위의 임의의 점 $(a,\ b)$는 관계식 $b = f(a)$를 만족한다. 이는 $a = f^{-1}(b)$를 의미하므로, $(b,\ a) = (b,\ f^{-1}(b))$는 $y = f^{-1}(x)$의 그래프 위에 있게 된다. 즉, $y = f(x)$의 그래프 위의 임의의 점 $(a,\ b)$에 대하여 직선 $y = x$에 대한 대칭점 $(b,\ a)$는 $y = f^{-1}(x)$의 그래프 위에 항상 있음을 알 수 있다. 그러므로 함수 f와 역함수 f^{-1}의 그래프는 직선 $y = x$에 대하여 대칭이 된다.

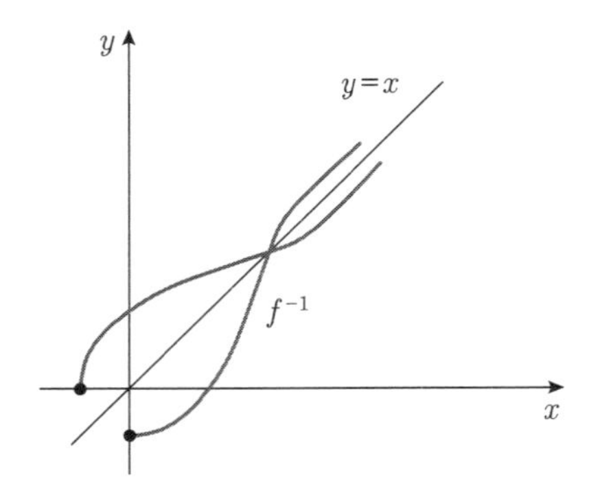

그림 2.8 f와 f^{-1}의 그래프

예제 2.1.10

함수 $f(x)=3x+2$의 그 역함수를 구하여라.

풀이 $f(x)=3x+2$는 일대일 함수이므로 역함수가 존재한다. $x=(f\circ f^{-1})(x)$이므로

$$x=f(f^{-1}(x))=3f^{-1}(x)+2$$

이고, $f^{-1}=(x-2)/3$이다. ■

이제 더 많은 함수들의 역함수를 구해 보자. 나머지 예제들은 2차 이상의 다항함수, 유리함수, 무리함수들에 대해서 다루고 있다. 이 함수들이 어렵게 느껴지는 학생들은 일단 넘어가고 다음 단원을 학습한 후에 다시 돌아와서 이 예제들을 학습해도 된다.(연습문제 2.1의 문제 중에서도 어렵게 느껴지는 함수는 그렇게 하기 바란다.)

예제 2.1.11

$f(x)=x^3$은 일대일 함수이므로 역함수가 존재한다. 이 함수의 역함수를 구하고, $y=f(x)$와 $y=f^{-1}(x)$의 그래프를 그려라.

풀이 역함수의 정의에 의하여 $x=(f\circ f^{-1})(x)$이므로

$$x=f(f^{-1}(x))=(f^{-1}(x))^3$$

이다. 그러므로 $f^{-1}(x)=\sqrt[3]{x}$이다. $y=f^{-1}(x)$ 그래프는 $y=f(x)$와 $y=x$에 대하여 대칭이므로 다음과 같다.

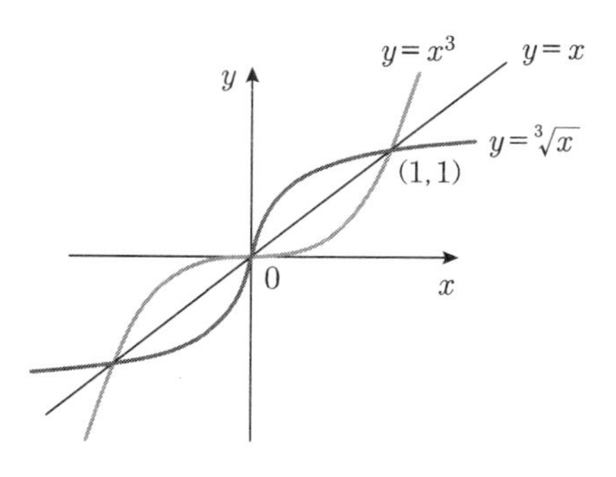

그림 2.9 $y = x^3$ 의 역함수

■

예제 2.1.12

다음 함수들 중 역함수가 존재하면 그 역함수를 구하여라.

(a) $f(x) = x^3 - 4$ (b) $f(x) = x^2$

(c) $f(x) = x^2$(단, f의 정의역은 $[0, \infty)$)

풀이 (a), (c)의 함수는 일대일 함수이므로 역함수가 존재하고, (b)의 함수는 일대일 함수가 아니므로 역함수가 존재하지 않는다. 이제 (a), (c) 함수의 역함수를 각각 구해보자.

(a) $x = (f^{-1}(x))^3 - 4$로부터 $(f^{-1}(x))^3 = x + 4$이므로 $f^{-1}(x) = \sqrt[3]{x+4}$를 얻는다.

(c) 정의에 의하여 $x = (f \circ f^{-1})(x) = f(f^{-1}(x)) = (f^{-1}(x))^2$이다. $f^{-1}(x)$는 f의 정의역의 원소이므로 $f^{-1}(x) \in [0, \infty)$이다. 즉, $f^{-1}(x) \geq 0$이다. 따라서 $f^{-1}(x) = \sqrt{x}$이다. ([그림 2.10] 참조)

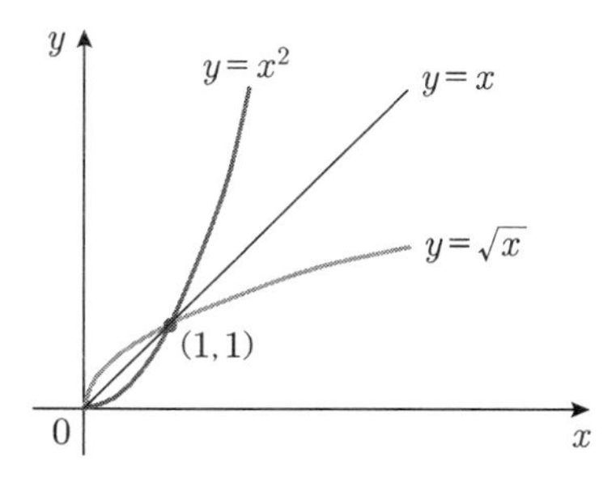

그림 2.10 $y = x^2 (x \geq 0)$의 역함수

■

예제 2.1.13

함수 $f(x)=x^2-1\,(x\geq 0)$는 일대일 함수이므로 역함수가 존재한다. 이 함수에 대하여 다음 물음에 답시오.

(1) f의 역함수를 구하여라.

(2) f^{-1}의 정의역을 구하여라.

(3) f와 그 역함수의 그래프를 같이 그려라.

풀이 (1) $x=(f\circ f^{-1})(x)$이므로

$$x=f(f^{-1}(x))=(f^{-1}(x))^2-1$$

이다. 그러므로 $f^{-1}(x)=\sqrt{x+1}$를 얻는다.

(2) $x\geq 0$이면 $x^2-1\geq -1$ 이므로, $f(x)=x^2-1\,(x\geq 0)$의 치역은 $x\geq -1$이다. 따라서 f^{-1}의 정의역은 $x\geq -1$이다.

(3) $y=f^{-1}(x)$ 그래프는 $y=f(x)$와 $y=x$에 대하여 대칭이므로 다음 그래프를 얻는다.

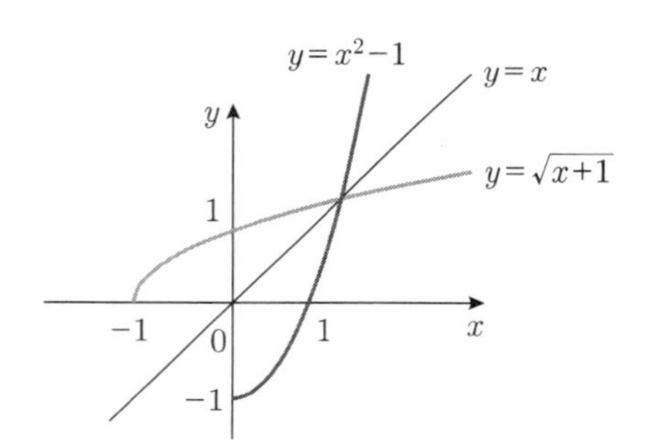

그림 2.11 $y=x^2-1\,(x\geq 0)$의 역함수

2.1 연습문제

01 다음 각 함수가 정의되는 최대집합을 구하여라.

(1) $f_1(x) = x$

(2) $f_2(x) = 3$

(3) $f_3(x) = \dfrac{4}{x-3}$

(4) $f_4(x) = \sqrt{\dfrac{4}{x-3}}$

(5) $f_5 = \dfrac{2}{3-\sqrt{x}}$

(6) $f_6(x) = \sqrt{x^2-4}$

02 다음 각 함수의 그래프를 그려라.

(1) $f(x) = x^2,\ x \in [-1, 3]$

(2) $f(x) = x^2 - 2x - 1$

03 $f(x) = 1 - x, g(x) = \dfrac{1}{x^2+1}$일 때 다음을 구하여라.

(1) $f + g$

(2) $f - g$

(3) fg

(4) $f \circ g$

(5) $g \circ f$

(6) $f \circ f$

04 함수 $f(x) = \dfrac{1}{3}x^3 + 2$에 대하여 물음에 답하시오.

(1) 방정식 $f(x) = 0$의 해를 구하시오.

(2) f의 정의역과 치역을 구하여라.

05 다음 각 함수가 일대일 함수인지 아닌지 판정하여라.

(1) $f(x) = 2x - 5$

(2) $f(x) = x^4$

(3) $f(x) = -(x+1)^3$

06 함수 f의 정의역의 부분집합 S_f를 $\{x | f(x) \neq 0\}$라 정의할 때, 다음 각 함수에 대하여 S_f를 구하여라.

(1) $f(x) = \dfrac{x-1}{x}$

(2) $f(x) = |x|$

07 다음 각 함수의 역함수를 구하여라.

(1) $f(x)=x+2$

(2) $f(x)=x^3-2$

(3) $f(x)=\dfrac{x+1}{x-1}$

(4) $f(x)=\sqrt{x+1}$

08 정의역의 임의의 점 x에 대하여 $f(-x)=f(x)$를 만족하는 함수 f는 우함수(even function)라고 불리며, $f(-x)=-f(x)$을 만족하는 함수 f는 기함수(odd function)라고 불린다. 다음 각 함수가 우함수인지 기함수인지 판정하라.

(1) $f(x)=x^2$

(2) $f(x)=x^3$

(3) $f(x)=x|x|$

(4) $f(x)=x^2+x^3$

09 함수 f, g, h가

$$f(x)=2x^2-x+8,\quad g(x)=\frac{2x-1}{x+3},\quad h(x)=[2x]$$

로 정의될 때 다음 값을 구하여라.

(1) $f(1)$

(2) $g(k+1)$

(3) $h(0.49)$

(4) $f(f(2))$

(5) $g(h(2))$

(6) $h(g(2))$

2.2 다항 함수

(1) 다항함수의 정의

함수 $y=f(x)$에서 $f(x)$가

$$x-1,\ 3x^2+2x-1,\ x^3-2x-3$$

등과 같이 x에 대한 다항식일 때, 이 함수를 **다항함수**라고 한다. 또, $f(x)$가 일차, 이차, 삼차, …의 다항식일 때, 그 다항함수를 각각 **일차함수**, **이차함수**, **삼차함수**, …라고 한다. 즉,

$$y=x-1,\ \ y=3x^2+2x-1,\ \ y=x^3-2x-3$$

는 각각 일차함수, 이차함수, 삼차함수이다. 또 이들은 모두 다항함수이다.

일반적으로, 다항함수 $P(x)$가 n차함수인 경우 P의 **차수(degree)**는 n이고 $\deg(P)=n$이라고 표현한다.

예제 2.2.1

다음 중에서 다항함수를 모두 찾아라.

(1) $y=3x+2$

(2) $y=\dfrac{x-2}{x+1}$

(3) $y=2x^3+3x^2-x+5$

(4) $y=\sqrt{x+1}$

풀이 (1) $y=3x+2$는 일차인 다항함수이다. 즉, 일차함수이다.

(2) $y=\dfrac{x-2}{x+1}$는 다항함수가 아니다.

(3) $y=2x^3+3x^2-x+5$는 삼차인 다항함수이다. 즉, 삼차함수이다.

(4) $y=\sqrt{x+1}$은 다항함수가 아니다. ■

[그림 2.12]에서 보듯이 이차함수 $y=x^2$의 그래프는 y축에 대하여 대칭이고 아래로 볼록한 포물선이다. 이차함수 $y=x^2+1$의 그래프는 $y=x^2$의 그래프를 y축으로 1만큼 평행이동한 것이다. 따라서, 꼭짓점의 좌표는 $(0,1)$이다. 이차함수 $y=(x-2)^2$의 그래

프는 $y=x^2$의 그래프를 x축으로 2만큼 평행이동한 것이다. 따라서, 꼭짓점의 좌표는 $(2, 0)$이다.

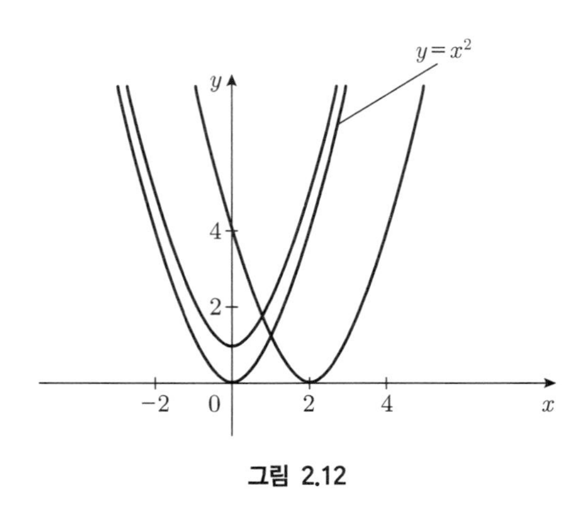

그림 2.12

예제 2.2.2

두 이차함수 $y=x^2$과 $y=(x-2)^2+1$의 그래프 사이의 관계를 설명하여라.

풀이 $y=(x-2)^2+1$의 그래프는 $y=x^2$의 그래프를 x축으로 2만큼 y축으로 1만큼 평행이동한 것이다. ([그림 2.13] 참조)

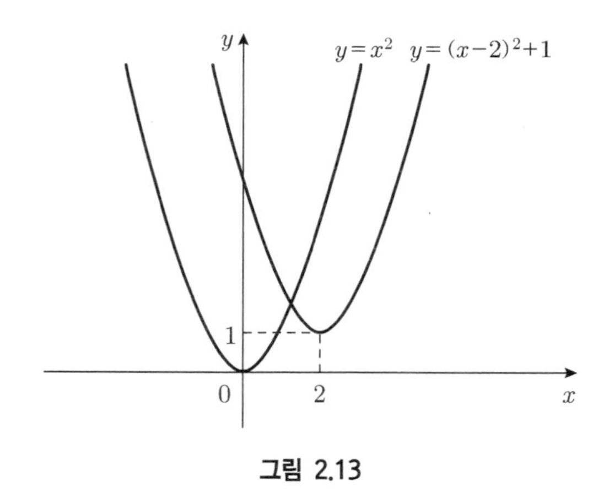

그림 2.13

일반적으로 $y=ax^2+bx+c$의 그래프를 그리려면 이차함수를 $y=a(x-p)^2+q$의 형태로 바꾼 다음 $y=ax^2$의 그래프를 x축으로 p만큼, y축으로 q만큼 평행이동하면 된다.

이차함수의 그래프를 이용하면 이차함수의 최댓값, 최솟값을 구할 수 있다. 정의역의 모든 원소에 대한 함숫값 중 가장 큰 값을 그 함수의 **최댓값**, 가장 작은 값을 그 함수의 **최솟값**이라고 한다.

예제 2.2.3

다음 이차함수의 최댓값과 최솟값을 구하여라.

(1) $y=x^2+4x+5$　　　　(2) $y=-2x^2+4x+3$

풀이 (1) $y=x^2+4x+5=(x+2)^2+1$이므로 그래프는 [그림 2.14]와 같다. 모든 x에 대하여 $y\geq 1$이므로, $x=-2$일 때 최솟값 1을 갖고 최댓값은 없다.

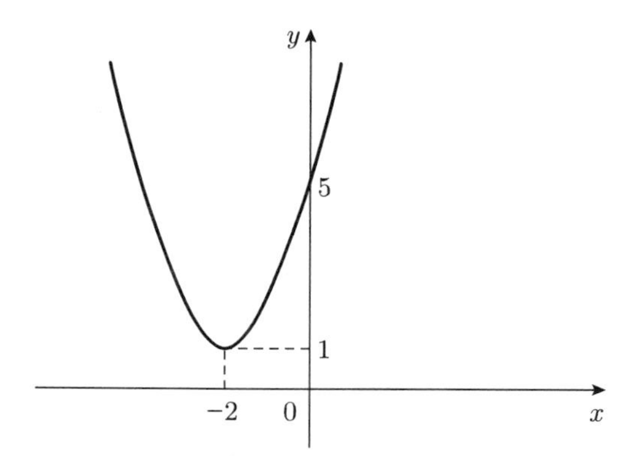

그림 2.14

(2) $y=-2x^2+4x+3=-2(x-1)^2+5$이므로 [그림 2.15]의 그래프와 같다. 모든 x에 대하여 $y\leq 5$이므로, $x=1$일 때 최댓값 5를 갖고 최솟값은 없다.

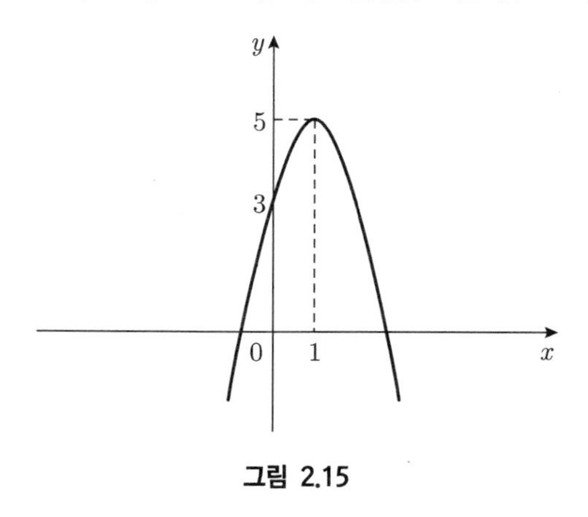

그림 2.15

■

한편, 닫힌 구간에서 이차함수 $y=f(x)$는 최댓값과 최솟값을 모두 갖는다. 즉, $s \le x \le t$인 범위에서 이차함수

$$f(x)=a(x-p)^2+q$$

의 최댓값과 최솟값은 다음과 같다.

(1) $s \le p \le t$이면, 이 범위의 양 끝값, s, t와 p에서의 함숫값 $f(s), f(t), f(p)$ 중에서 최댓값과 최솟값을 갖는다.

(2) $p < s$ 또는 $p > t$이면, 함숫값 $f(s), f(t)$중에서 최댓값과 최솟값을 갖는다.

예제 2.2.4

다음 주어진 구간에서 정의된 함수의 최댓값과 최솟값을 구하여라.

(1) $f(x)=-x^2+2x\ (0 \le x \le 3)$

(2) $f(x)=x^2+2x+2\ (0 \le x \le 1)$

풀이 (1) $f(x)=-x^2+2x=-(x-1)^2+1$에서 그래프의 꼭지점의 x좌표 1은 $0 \le x \le 3$ 안에 있으므로 $f(0)$, $f(1)$, $f(3)$을 비교한다.

$$f(0)=0,\ f(1)=1,\ f(3)=-3$$

이므로 최댓값은 1, 최솟값은 -3이다. ([그림 2.16] 참조)

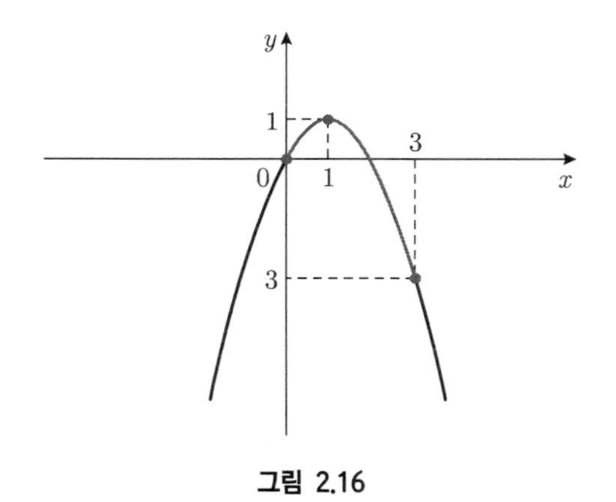

그림 2.16

(2) $f(x)=x^2+2x+2=(x+1)^2+1$에서 그래프의 꼭지점의 x좌표 -1은 $0 \le x \le 1$ 밖에 있으므로 $f(0)$, $f(1)$을 비교한다.

$f(0)=2$, $f(1)=5$이므로 최댓값은 5, 최솟값은 2이다. ([그림 2.17] 참조)

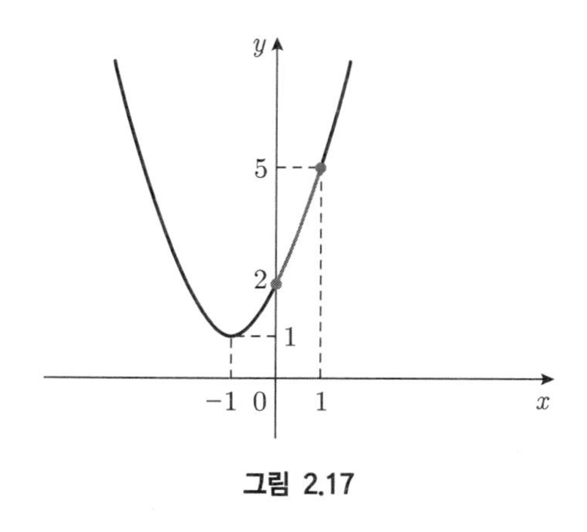

그림 2.17

■

예제 2.2.5

차가 10이면서 곱이 최소로 되는 두 수를 구하여라.

풀이 한 수를 x라고 하면 다른 한 수는 $x+10$이 된다. 곱을 y라고 하면

$$y = x(x+10) = x^2 + 10x = (x+5)^2 - 25$$

따라서, $x = -5$일 때 최솟값 -25를 갖는다. 따라서 구하는 두 수는 -5, 5이다.

■

(2) 이차방정식의 판별식

$ax^2+bx+c = a(x+\frac{b}{2a})^2 - \frac{b^2-4ac}{4a}$이므로, 이차방정식 $ax^2+bx+c=0$의 실근의 개수는 판별식

$$D = b^2 - 4ac$$

의 부호에 따라 결정됨을 1장에서 보았다. 따라서, 이차함수의 그래프와 x축과의 교점의 개수는 이차방정식의 판별식의 부호에 따라 결정되며, 이들 사이에는 다음과 같은 관계가 성립한다.

정리 2.1 이차함수의 그래프와 x축과의 교점

이차함수 $y = ax^2 + bx + c$의 그래프는

(1) $b^2 - 4ac > 0 \Leftrightarrow$ x축과 서로 다른 두 점에서 만난다.

(2) $b^2 - 4ac = 0 \Leftrightarrow$ x축과 한 점에서 만난다.(접한다.)

(3) $b^2 - 4ac < 0 \Leftrightarrow$ x축과 만나지 않는다.

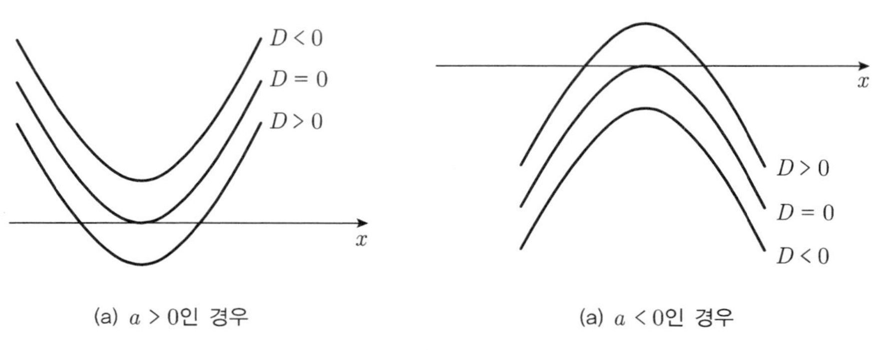

(a) $a > 0$인 경우　　(a) $a < 0$인 경우

그림 2.18

예제 2.2.6

이차함수 $y = x^2 - 2kx + 4$의 그래프가 x축과 서로 다른 두 점에서 만나도록 k의 범위를 정하여라.

풀이 주어진 이차함수의 그래프가 x축과 서로 다른 두 점에서 만나기 위한 필요충분조건은

$$D = b^2 - 4ac > 0$$

이므로

$$D = (-2k)^2 - 4 \cdot 1 \cdot 4 = 4k^2 - 16 = 4(k^2 - 4) > 0$$

이다. 이 부등식은

$$4(k+2)(k-2) > 0$$

이므로

$$k < -2 \text{ 또는 } k > 2$$

이다. ■

(3) 이차부등식의 해

이차함수의 그래프를 활용하여 이차부등식의 해를 구해보자. 이차부등식

$$ax^2 + bx + c > 0$$

의 해는 이차함수 $y = ax^2 + bx + c$의 그래프에서 $y > 0$인 x값의 범위, 즉 이 함수의 그래프가 x축 위쪽에 있는 x의 값의 범위와 같다.
같은 방법으로, 이차부등식

$$ax^2 + bx + c < 0$$

의 해는 이차함수 $y = ax^2 + bx + c$의 그래프에서 $y < 0$인 x의 값의 범위, 즉 이 함수의 그래프에서 x축 아래쪽에 있는 x값의 범위와 같다.

예제 2.2.7

그래프를 이용하여 다음 이차부등식을 풀어라.

(1) $x^2 + x - 6 < 0$　　　　(2) $x^2 - 4x + 4 > 0$

풀이 (1) $y = x^2 + x - 6$으로 놓으면 [그림 2.19]의 왼쪽이 이 함수의 그래프이다. 이 그래프가 x축 아래쪽에 위치하는 x의 값의 범위가 주어진 부등식의 해이므로

$$-3 < x < 2$$

(2) $y = x^2 - 4x + 4$로 놓으면 [그림 2.19]의 오른쪽이 이 함수의 그래프이다. 이 그래프가 x축 위쪽에 위치하는 x의 값의 범위가 주어진 부등식의 해이므로 $x \neq 2$인 모든 실수이다.

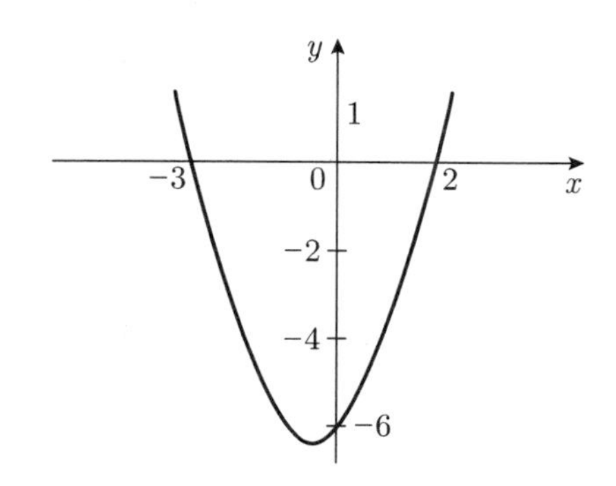

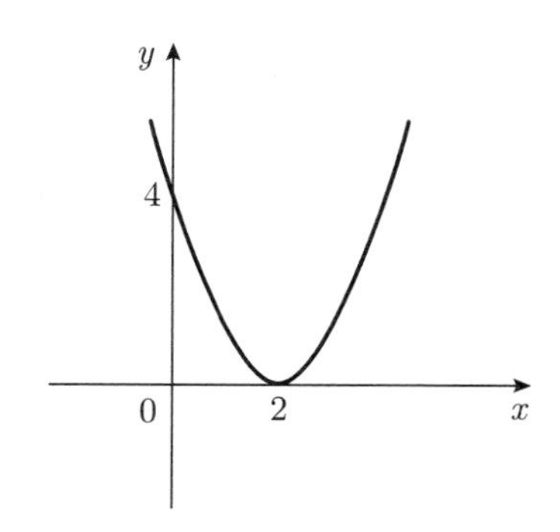

그림 2.19

■

일반적으로, 이차방정식 $ax^2+bx+c=0$의 판별식을 $D=b^2-4ac$라 하고, 두 실근을 갖는 경우 그것을 α, $\beta(\alpha \le \beta)$라고 하면, 이차부등식의 해와 이차함수의 그래프 사이에는 다음과 같은 관계가 있다. 먼저 $a>0$인 경우부터 보자.

	$D>0$	$D=0$	$D<0$
$y=ax^2+bx+c=0$ 의 그래프$(a>0)$	α β x	$\alpha=\beta$ x	x
$ax^2+bx+c>0$ 의 해	$x<\alpha$ 또는 $x>\beta$	$x \ne \alpha$인 모든 실수	모든 실수
$ax^2+bx+c<0$ 의 해	$\alpha<x<\beta$	없음	없음
$ax^2+bx+c \ge 0$ 의 해	$x \le \alpha$ 또는 $x \ge \beta$	모든 실수	모든 실수
$ax^2+bx+c \le 0$ 의 해	$\alpha \le x \le \beta$	$x=\alpha$	없음

$a<0$인 경우는 다음과 같다.

	$D>0$	$D=0$	$D<0$
$y=ax^2+bx+c=0$ 의 그래프$(a<0)$	α β x	$\alpha=\beta$ x	x
$ax^2+bx+c>0$ 의 해	$\alpha<x<\beta$	없음	없음
$ax^2+bx+c<0$ 의 해	$x<\alpha$ 또는 $x>\beta$	$x \ne \alpha$인 모든 실수	모든 실수
$ax^2+bx+c \ge 0$ 의 해	$\alpha \le x \le \beta$	$x=\alpha$	없음
$ax^2+bx+c \le 0$ 의 해	$x \le \alpha$ 또는 $x \ge \beta$	모든 실수	모든 실수

예제 2.2.8

모든 실수 x에 대하여 이차부등식 $x^2 - x + k > 0$이 성립하도록 상수 k의 값의 범위를 정하여라.

풀이 $y = x^2 - x + k$로 놓으면 이 함수의 그래프는 항상 x축 위쪽에 있어야 한다. 따라서 이차방정식 $x^2 - x + k = 0$의 판별식 D는 다음을 만족한다.

$$D = 1^2 - 4 \cdot 1 \cdot k < 0 \text{이고 } k > \frac{1}{4}$$

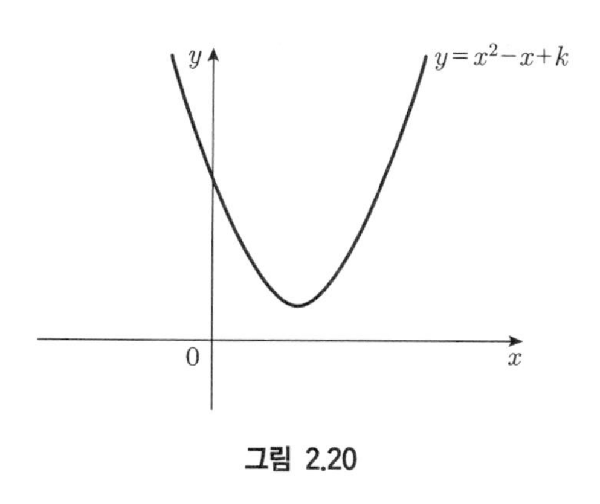

그림 2.20

■

(4) 이차함수의 그래프와 직선

이차함수 $y = ax^2 + bx + c$의 그래프와 직선 $y = mx + n$은 아래 그림과 같이 서로 다른 두 점에서 만나거나, 접하거나 또는 만나지 않는다.

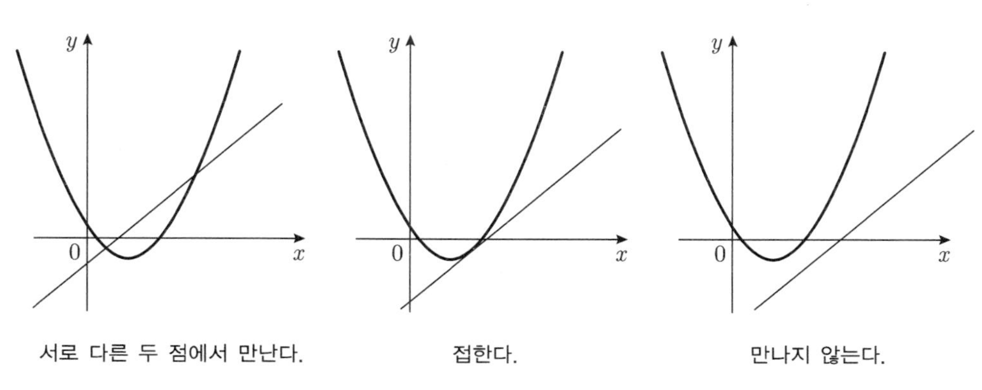

그림 2.21

이차함수 $y=ax^2+bx+c$의 그래프와 직선 $y=mx+n$의 교점의 개수는 방정식 $ax^2+(b-m)x+c-n=0$의 근의 개수와 같으므로, [정리 2.1]을 이용하여 다음과 같이 그래프를 그리지 않고 교점의 개수를 알 수 있다.

정리 2.2 이차함수의 그래프와 직선의 위치 관계

이차함수 $y=ax^2+bx+c$의 그래프와 직선 $y=mx+n$의 위치관계는 이차방정식 $ax^2+(b-m)x+c-n=0$의 판별식을 D라 할 때

(1) $D>0 \Leftrightarrow$ 서로 다른 두 점에서 만난다.

(2) $D=0 \Leftrightarrow$ 한 점에서 만난다.(접한다.)

(3) $D<0 \Leftrightarrow$ 만나지 않는다.

예제 2.2.9

포물선 $y=x^2$이 다음 직선과 만나는 교점의 개수를 구하여라.

(1) $y=-x+1$ (2) $y=-2x-2$

풀이 (1) $y=x^2$과 $y=-x+1$에 대하여 y를 소거하면

$$x^2+x-1=0$$

이고, 이 이차방정식의 판별식은

$$D=1^2-4\cdot1\cdot(-1)=5>0$$

이다. 따라서 포물선 $y=x^2$과 직선 $y=-x+1$은 서로 다른 두 점에서 만난다.

(2) $y=x^2$, $y=-2x-2$에 대하여 y를 소거하면

$$x^2+2x+2=0$$

이고, 이 이차방정식의 판별식은

$$D=2^2-4\cdot1\cdot2=-4<0$$

이다. 따라서 포물선 $y=x^2$과 직선 $y=-2x-2$는 만나지 않는다. ■

2.2 연습문제

01 다음 이차함수의 최댓값과 최솟값을 구하여라.

(1) $y=x^2+2x-3$

(2) $y=-x^2+2x+5$

(3) $y=x^2-x+1$

(4) $y=2x^2-3x+4$

02 다음 주어진 구간에서 정의된 함수의 최댓값과 최솟값을 구하여라.

(1) $y=x^2-6x+4 \quad (0 \le x \le 4)$

(2) $y=-2x^2+4 \quad (1 \le x \le 2)$

(3) $y=-x^2+10x+1 \ (4 \le x \le 7)$

(4) $y=2x^2-3x+4 \quad (0 \le x \le 4)$

03 다음 이차함수의 그래프와 x축과의 교점의 개수를 조사하여라.

(1) $y=3x^2-2x+2$

(2) $y=2x^2-x-2$

(3) $y=-x^2+3x+1$

(4) $y=-x^2+6x-9$

04 다음 이차부등식을 풀어라.

(1) $2x^2-x-1>0$

(2) $-x^2+2x+3>0$

(3) $x^2-4x+3 \le 0$

(4) $-x^2+2x+8 \le 0$

05 모든 실수 x에 대하여 이차부등식 $x^2-2kx+4 \ge 0$이 성립하도록 상수 k의 값의 범위를 정하여라.

06 이차함수 $y=x^2-2mx+m$의 그래프와 x축과의 교점의 개수는 m의 값에 따라 어떻게 변화하는지 조사하여라.

2.3 유리함수

식 $f(x)$가 x에 관한 다항식일 때, 함수 f를 **다항함수**라 하였다. 더 넓게 $f(x)$가 유리식일 때 f를 **유리함수**라 하는데, 특히 다항함수가 아닌 유리함수를 **분수함수**라 한다. 이를테면 $f(x)=3x^2+7$, $f(x)=\dfrac{2x+5}{x^2+3x+1}$, $f(x)=\dfrac{3}{7x+1}$은 모두 유리함수이다. 이 중에서 $f(x)=3x^2+7$은 다항함수이고, $f(x)=\dfrac{2x+5}{x^2+3x+1}$과 $f(x)=\dfrac{3}{7x+1}$은 분수함수이다.

분수함수는 분모를 0으로 하는 값을 제외한 실수 전체의 집합에서 잘 정의된다. 따라서 함수 $f(x)=\dfrac{x+4}{2x-1}$의 정의역은 $x\neq\dfrac{1}{2}$인 모든 실수이다.

예제 2.3.1

함수 $f(x)=\dfrac{x^3+2x^2+x-3}{x^2-1}$은 $x\neq\pm1$에서 정의된 유리함수이다. ■

(1) 분수함수의 그래프

분수함수 중에서 $f(x)=\dfrac{ax+b}{cx+d}$ $(ad-bc\neq0,\ c\neq0)$꼴의 함수에 대하여 먼저 알아보자. 가장 간단한 분수함수 $y=\dfrac{1}{x}$의 그래프 위의 점은 x의 절댓값이 커질수록 x축에

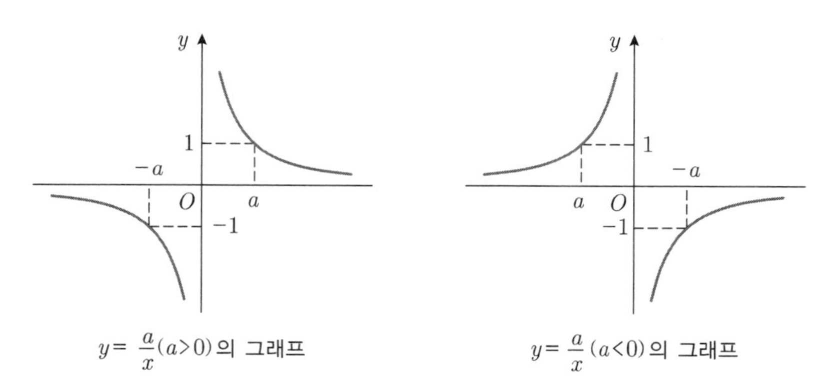

$y=\dfrac{a}{x}(a>0)$의 그래프 $y=\dfrac{a}{x}(a<0)$의 그래프

그림 2.22

가까워지고, x 의 절댓값이 작아질수록 y 축에 가까워진다. 이 때 x축, y축과 같이 곡선 위의 점이 한없이 가까워지는 직선을 그 곡선의 **점근선**이라고 한다. 일반적으로 분수함수 $y=\frac{a}{x}$ 의 그래프는 [그림 2.22]와 같은 쌍곡선이다.

분수함수 $y=\frac{a}{x-p}+q$ 의 그래프는 $y=\frac{a}{x}$ 의 그래프를 x 축의 양의 방향으로 p 만큼, y 축의 양의 방향으로 q 만큼 평행이동하여 얻는다. 나아가 함수 $y=\frac{ax+b}{cx+d}$ $(ad-bc\neq 0,$ $c\neq 0)$의 그래프는 $y=\frac{a}{x-p}+q$ 의 모양으로 바꾸어 그릴 수 있다.

예제 2.3.2

분수함수 $y=\frac{3x-5}{x-2}$ 의 그래프를 그리고 그 점근선을 구하여라.

풀이 주어진 식을 변형하면 $y=\frac{1}{x-2}+3$ 이므로 $y=\frac{1}{x}$ 의 그래프를 x축의 양의 방향으로 2, y축의 양의 방향으로 3만큼 평행이동한 쌍곡선이며 점근선은 두 직선 $x=2$, $y=3$ 이다.

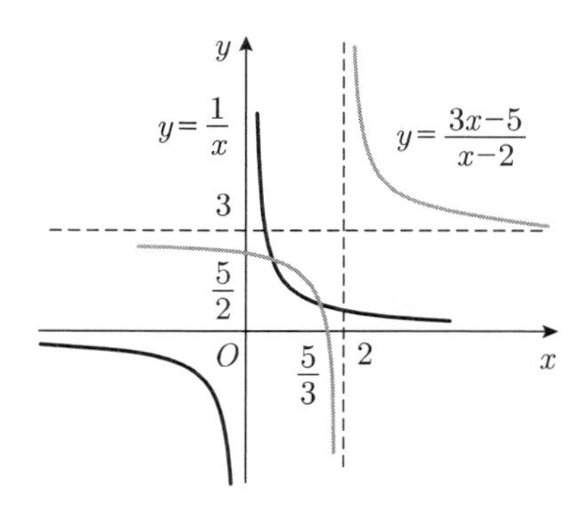

그림 2.23 $y=\frac{3x-5}{x-2}$ 의 그래프

■

예제 2.3.3

함수 $f(x)=\frac{-x+3}{3x-2}$ 의 역함수를 구하여라. 또, f 와 그 역함수의 그래프를 같이 그려라.

풀이 $y=\dfrac{-x+3}{3x-2}$를 x에 대하여 풀면 $x=\dfrac{2y+3}{3y+1}$이므로, $f^{-1}(x)=\dfrac{2x+3}{3x+1}$이다. 그래프는 아래와 같다.

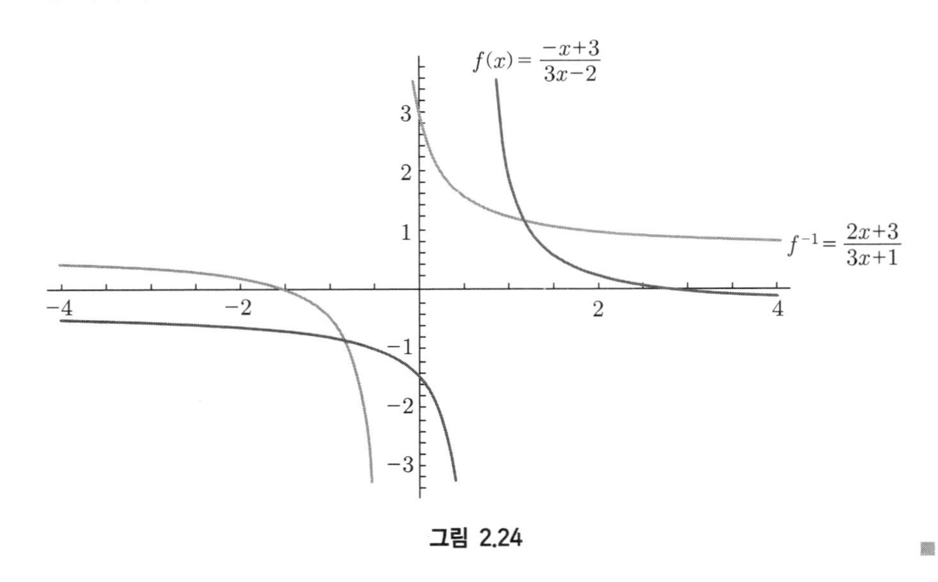

그림 2.24

분수함수 $f(x)=\dfrac{P(x)}{Q(x)}$의 분모 함수 $Q(x)$가 1차함수가 아닌 경우의 그래프는 쉽지 않으므로, 미적분학 교과목에서 미분을 학습한 이후에 학습하게 될 것이다.

(2) 분수함수를 부분분수로 분해하기

분수함수 $f(x)=\dfrac{P(x)}{Q(x)}$의 $Q(x)$가 1차함수가 아닌 경우에는 더 간단한 분수함수로 분해하여 보는 것이 큰 도움이 된다. 예를 들어, [예제 2.3.1]의 분수함수 $f(x)=\dfrac{x^3+2x^2+x-3}{x^2-1}$는 다음과 같이 분해된다.

$$f(x)=\frac{x^3+2x^2+x-3}{x^2-1}=x+2+\frac{2x-1}{x^2-1}=x+2+\frac{\frac{1}{2}}{x-1}+\frac{\frac{3}{2}}{x+1}$$

이 절에서는 임의의 분수함수를 위와 같이 다루기 쉬운 간단한 분수함수들의 합으로 나타내는 방법을 알아본다.

먼저 다음 등식을 살펴보자.

$$\frac{2}{x-1}-\frac{1}{x+2}=\frac{2(x+2)-(x-1)}{(x-1)(x+2)}=\frac{x+5}{x^2+x-2} \tag{2.2}$$

분수함수 $\frac{2}{x-1}$와 $-\frac{1}{x+2}$를 더하면 분수함수 $\frac{x+5}{x^2+x-2}$임을 알 수 있다. $\frac{2}{x-1}$와 $-\frac{1}{x+2}$는 우리가 잘 아는 함수이므로 $\frac{x+5}{x^2+x-2}$를 $\frac{2}{x-1}-\frac{1}{x+2}$로 표현하는 것이 편리하다. 이때 $\frac{2}{x-1}$와 $-\frac{1}{x+2}$를 $\frac{x+5}{x^2+x-2}$의 **부분분수**라 한다. 이와 같이 식 (2.2)의 역과정을 통하여 복잡한 유리함수를 부분분수의 합으로 표현하는 것은 매우 유용하다. 예를 들어 $\frac{x^6+x^2}{x^2-1}$는 다음과 같이 먼저 분해된다.

$$\frac{x^6+x^2}{x^2-1}=x^4+x^2+2+\frac{2}{x^2-1}$$

이제 다항함수 x^4+x^2+2를 제외하면 유리함수 $\frac{2}{x^2-1}$이 남는데 이 유리함수는 다시 다음과 같이 분해된다.

$$\frac{2}{x^2-1}=\frac{1}{x-1}-\frac{1}{x+1}$$

그러므로 $\frac{x^6+x^2}{x^2-1}$은 다음과 같이 분해된다.

$$\frac{x^6+x^2}{x^2-1}=x^4+x^2+2+\frac{1}{x-1}-\frac{1}{x+1}$$

분수함수의 부분분수를 찾는 일반적인 방법을 알아보기 위하여 다항함수 $P(x)$와 $Q(x)$에 대하여 유리함수 $f(x)=\frac{P(x)}{Q(x)}$를 생각하자.

(i) $f(x)=\frac{P(x)}{Q(x)}$가 가분수인 경우, 즉 P의 차수가 Q의 차수보다 높거나 같으면 $(\deg(P)\geq\deg(Q))$, f를 다항함수와 진분수의 합으로 나타낼 수 있다. 예를 들어

유리함수 $\dfrac{x^3+x}{x-1}$는 다음과 같이 분해된다.

$$\frac{x^3+x}{x-1}=x^2+x+2+\frac{2}{x-1}$$

(ii) $f(x)=\dfrac{P(x)}{Q(x)}$가 진분수인 경우, 즉 P의 차수가 Q의 차수보다 낮은 경우 ($\deg(P)<\deg(Q)$), 다음과 같은 간단한 분수들의 합으로 나타낼 수 있다.

$$\frac{A}{(ax+b)^k} \text{ 또는 } \frac{Ax+B}{(ax^2+bx+c)^k} \quad (A,\ B,\ a,\ b,\ c\text{는 상수})$$

주어진 유리함수가 가분수인 경우 먼저 (i)의 단계를 거치면 우리는 항상 주어진 함수가 진분수라고 가정할 수 있다. 그러므로 (ii)의 경우 어떻게 부분분수를 찾아내는지만 알면 된다. 일반적으로 다음 두 정리에 의해서 부분분수를 찾을 수 있다.

정리 2.3

진분수함수 $\dfrac{P(x)}{Q(x)}$의 분모 $Q(x)$가 다음과 같이 서로소인 두 다항식의 곱으로 나타날 때,

$$Q(x)=Q_1(x)Q_2(x),\quad \gcd(Q_1(x),\ Q_2(x))=1$$

즉, $\dfrac{P(x)}{Q(x)}=\dfrac{P(x)}{Q_1(x)Q_2(x)}$일 때, $f(x)$는 다음과 같이 더 간단한 두 유리함수의 합으로 표현된다.

$$\frac{P(x)}{Q(x)}=\frac{P(x)}{Q_1(x)Q_2(x)}=\frac{P_1(x)}{Q_1(x)}+\frac{P_2(x)}{Q_2(x)}$$

위 식에서 $\deg(P_1)<\deg(Q_1)$이고 $\deg(P_2)<\deg(Q_2)$이다.

정리 2.4

진분수함수 $\frac{P(x)}{Q(x)^n}$는 다음과 더 간단한 두 유리함수의 합으로 표현된다.

$$\frac{P(x)}{Q(x)^n} = \frac{P_1(x)}{Q(x)} + \frac{P_2(x)}{Q(x)^2} + \cdots + \frac{P_n(x)}{Q(x)^n} \tag{2.3}$$

위 식에서 모든 $1 \le i \le n$에 대하여 $\deg(P_i) < \deg(Q)$이다.

참고 [정리 2.4]에서 식 (2.3)의 우변이 더 복잡해 보이지만, 사실 $\deg(P_i) < \deg(Q)$이므로 분자의 함수의 차수가 $P(x)$의 차수보다 훨씬 작아지므로 더 간단한 분수함수이다. 예를 들어, $\frac{x^2-x+1}{(x-1)^3} = \frac{1}{x-1} + \frac{1}{(x-1)^2} + \frac{1}{(x-1)^3}$에서 보듯이 우변 $\frac{1}{x-1} + \frac{1}{(x-1)^2} + \frac{1}{(x-1)^3}$의 각 항의 분자는 상수함수이므로 다루기가 매우 용이한 간단한 함수들이다. ■

실제로 두 정리를 적용하기 위하여 다음 네 가지 유형의 진분수함수를 부분분수로 분해해보자.

- 경우 1: 분모 $Q(x)$가 다음과 같이 서로 다른 1차함수의 곱인 경우

$$Q(x) = (a_1x+b_1)(a_2x+b_2)\cdots(a_kx+b_k)$$

이 경우에는 다음을 만족시키는 상수 A_1, A_2, $\cdots$, A_k가 존재한다.

$$f(x) = \frac{P(x)}{Q(x)} = \frac{A_1}{a_1x+b_1} + \frac{A_2}{a_2x+b_2} + \cdots + \frac{A_k}{a_kx+b_k}$$

예제 2.3.4

유리함수 $\frac{1}{x^2-4}$를 부분분수로 분해하여라.

풀이 $\frac{1}{x^2-4}$의 분모는 $x^2-4=(x-2)(x+2)$이므로,

$$\frac{1}{x^2-4}=\frac{A}{x-2}+\frac{B}{x+2}$$

을 만족하는 상수 A, B가 존재한다. 양변에 x^2-4를 곱하면

$$1=A(x+2)+B(x-2)=(A+B)x+2(A-B)$$

을 얻는다. 이 식은 항등식이므로 A, B는 다음 1차연립방정식의 해가 되어야 한다.

$$\begin{cases} A+B=0 \\ 2(A-B)=1 \end{cases}$$

그러므로 $A=\frac{1}{4}$, $B=-\frac{1}{4}$이다. 즉, $\frac{1}{x^2-4}$는 다음과 같이 부분분수 분해를 갖는다.

$$\frac{1}{x^2-4}=\frac{1}{4}\left(\frac{1}{x-2}+\frac{1}{x+2}\right)$$

■

예제 2.3.5

유리함수 $\frac{x^2+2x-1}{2x^3+3x^2-2x}$를 부분분수로 분해하여라.

풀이 우선 $\frac{x^2+2x-1}{2x^3+3x^2-2x}$의 분모는 다음과 같이 서로 다른 1차함수의 곱으로 인수분해된다.

$$2x^3+3x^2-2x=x(2x^2+3x-2)=x(2x-1)(x+2)$$

그러므로 $\frac{x^2+2x-1}{2x^3+3x^2-2x}$는 다음과 같이 분해된다.

$$\frac{x^2+2x-1}{2x^3+3x^2-2x}=\frac{A}{x}+\frac{B}{2x-1}+\frac{C}{x+2}$$

상수 A, B, C 값을 결정하기 위하여 우변의 분모를 통분하면

$$\frac{A}{x}+\frac{B}{2x-1}+\frac{C}{x+2}=\frac{A(2x-1)(x+2)+Bx(x+2)+Cx(2x-1)}{2x^3+3x^2-2x}$$

$$=\frac{(2A+B+2C)x^2+(3A+2B-C)x-2A}{2x^3+3x^2-2x}$$

이므로

$$x^2+2x-1=(2A+B+2C)x^2+(3A+2B-C)x-2A$$

을 얻는다. 이는 항등식으로 좌변과 우변에 있는 다항식의 각 계수들이 서로 같아야 하므로 A, B, C는 다음 1차연립방정식의 해가 되어야 한다.

$$\begin{cases} 2A+B+2C=1 \\ 3A+2B-C=2 \\ -2A=-1 \end{cases}$$

그러므로 $A=\frac{1}{2}$, $B=\frac{1}{5}$, $C=-\frac{1}{10}$ 를 얻는다. 따라서 $\frac{x^2+2x-1}{2x^3+3x^2-2x}$는 다음과 같이 부분분수 분해를 갖는다.

$$\frac{x^2+2x-1}{2x^3+3x^2-2x}=\frac{\frac{1}{2}}{x}+\frac{\frac{1}{5}}{2x-1}-\frac{\frac{1}{10}}{x+2}$$

■

- 경우 2: 분모 $Q(x)$가 1차함수의 거듭제곱인 경우, 즉 $Q(x)=(ax+b)^r$인 경우

이 경우에는 다음을 만족시키는 상수 A_1, A_2, $\cdots$, A_r가 존재한다.

$$f(x)=\frac{P(x)}{Q(x)}=\frac{P(x)}{(ax+b)^r}=\frac{A_1}{ax+b}+\frac{A_2}{(ax+b)^2}+\cdots+\frac{A_r}{(ax+b)^r}$$

예를 들어 $f(x)=\frac{x^2+1}{(x+1)^3}$은 다음과 같은 형태로 부분분수 분해된다.

$$f(x)=\frac{x^2+1}{(x+1)^3}=\frac{A}{x+1}+\frac{B}{(x+1)^2}+\frac{C}{(x+1)^3}$$

- 경우 3: 분모 $Q(x)$가 다음과 같이 서로 기약인 2차 함수들의 곱인 경우

$$Q(x)=(a_1x^2+b_1x+c)(a_2x^2+b_2x+c_2)\cdots(a_kx^2+b_kx+c_k)$$

이 경우에는 다음을 만족시키는 상수 A_1, A_2, $\cdots$, A_k과 B_1, B_2, $\cdots$, B_k가 존재한다.

$$f(x)=\frac{P(x)}{Q(x)}=\frac{A_1x+B_1}{a_1x^2+b_1x+c_1}+\frac{A_2x+B_2}{a_2x^2+b_2x+c_2}+\cdots+\frac{A_kx+B_k}{a_kx^2+b_kx+c_k}$$

예를 들어 $f(x) = \dfrac{x}{(x^2+1)(x^2+4)}$는 다음과 같은 형태로 부분분수 분해된다.

$$f(x) = \frac{A_1x+B_1}{x^2+1} + \frac{A_2x+B_2}{x^2+4}$$

- 경우 4: 분모 $Q(x)$가 2차함수의 거듭제곱인 경우, 즉 $Q(x) = (ax^2+bx+c)^r$인 경우

  이 경우에는 다음을 만족시키는 상수 A_1, A_2, $\cdots$, A_r과 B_1, B_2, $\cdots$, B_r가 존재한다.

$$f(x) = \frac{P(x)}{(ax^2+bx+c)^r} = \frac{A_1x+B_1}{ax^2+bx+c} + \frac{A_2x+B_2}{(ax^2+bx+c)^2} + \cdots + \frac{A_rx+B_r}{(ax^2+bx+c)^r}$$

예를 들어, $f(x) = \dfrac{x^5+1}{(x^2+x+1)^3}$은 다음과 같은 형태로 부분분수 분해된다.

$$f(x) = \frac{x^5+1}{(x^2+x+1)^3} = \frac{A_1x+B_1}{x^2+x+1} + \frac{A_2x+B_2}{(x^2+x+1)^2} + \cdots + \frac{A_rx+B_r}{(x^2+x+1)^r}$$

예제 2.3.6

유리함수 $\dfrac{-x^3+2x^2-x+1}{x(x^2+1)^2}$를 부분분수 분해하여라.

풀이 [정리 2.3]과 [정리 2.4]에 의하여 $\dfrac{-x^3+2x^2-x+1}{x(x^2+1)^2}$는 다음과 같이 부분분수 분해된다.

$$\frac{-x^3+2x^2-x+1}{x(x^2+1)^2} = \frac{A}{x} + \frac{Bx^3+Cx^2+Dx+E}{(x^2+1)^2} \qquad \text{(정리 2.3)}$$

$$= \frac{A}{x} + \frac{A_1x+B_1}{x^2+1} + \frac{A_2x+B_2}{(x^2+1)^2} \qquad \text{(정리 2.4)}$$

A, A_1, B_1, A_2, B_2를 구하기 위하여 양변에 $x(x^2+1)^2$을 곱하면 다음을 얻는다.

$$-x^3+2x^2-x+1 = (A+B)x^4 + Cx^3 + (2A+B+D)x^2 + (C+E)x + A$$

좌변과 우변에 있는 다항식의 각 계수들이 서로 같아야 하므로 다음 1차연립방정식을 얻는다.

$$\begin{cases} A + A_{!} = 0 \\ B_1 = -1 \\ 2A + A_1 + A_2 = 2 \\ B_1 + B_2 = -1 \\ \quad A = 1 \end{cases}$$

이 연립방정식의 해는 $A = 1,\ A_1 = -1,\ B_1 = -1,\ A_2 = 1,\ B_2 = 0$이므로

$$\frac{-x^3 + 2x^2 - x + 1}{x(x^2+1)^2} = \frac{1}{x} - \frac{x+1}{x^2+1} + \frac{x}{(x^2+1)^2}$$

■

2.3 연습문제

01 다음 함수의 정의되는 최대 구간과 그 때의 치역을 구하여라.

(1) $f(x) = \dfrac{x-12}{2x+1}$ (2) $f(x) = 3 - \dfrac{1}{2x}$

02 분수함수 $y = \dfrac{1}{x-1} - 2$의 그래프를 그려라. 그리고 이 그래프의 점근선의 방정식을 구하여라.

03 분수함수 $f(x) = \dfrac{ax+b}{x+2}$에 대하여 다음 물음에 답하시오.

(1) $f(x)$의 역함수를 구하시오.

(2) $f(x)$의 그래프가 점 $(1, 1)$을 지나고 $f^{-1}(x) = f(x)$일 때, 상수 a, b의 값을 정하여라.

04 다음 함수를 구하여라.

(1) $f(x) = \dfrac{1}{x}$, $g(x) = 1 - x$일 때 $f \circ g - g \circ f$

(2) $f(x) = \dfrac{x-1}{x+1}$, $g(x) = \dfrac{1}{x}$일 때 $f \circ g \circ f$

05 다음 유리함수를 부분분수 분해의 형태로 나타내어라. 단, 계수의 값은 결정하지 않는다.

(1) $\dfrac{2}{x(x-3)}$ (2) $\dfrac{6x+1}{8x^2+14x-15}$ (3) $\dfrac{10}{5x^2-2x^3}$

(4) $\dfrac{x^4+1}{x^5+4x^3}$ (5) $\dfrac{1}{(x^2-9)^2}$ (6) $\dfrac{x^6}{x^2-4}$

(7) $\dfrac{1}{(x^2-x+1)(x^2+2)^2}$ (8) $\dfrac{x^3+1}{x(x+1)}$

06 다음 유리함수를 부분분수로 분해하여라.

(1) $\dfrac{4x^2-7x-12}{x(x+2)(x-3)}$ (2) $\dfrac{2x+3}{x^2-3x}$ (3) $\dfrac{10}{(x-1)(x^2+9)}$

(4) $\dfrac{x^3-2x^2-4}{x^3-2x^2}$ (5) $\dfrac{x^3+4}{x^2+4}$ (6) $\dfrac{1}{x(x^2+4)^2}$

2.4 무리함수

함수 $y=f(x)$에서 $f(x)$가 x에 관한 무리식일 때 f를 **무리함수**라 한다. 이를테면 $y=\sqrt{x}$, $y=\sqrt{x^3+2}+3$, $y=\sqrt{2x+5}-1$은 모두 무리함수이다. 무리함수의 정의역은 근호 안이 음이 아닌 모든 실수의 집합이 된다.

먼저 근호 안이 일차식으로 되어 있는 $y=\sqrt{ax+b}+c\ (a\neq 0)$ 꼴의 무리함수에 대해서 알아보자. 무리함수 $y=\sqrt{x}$ 는 정의역과 치역이 각각 $\{x|x\geq 0\}$, $\{y|y\geq 0\}$ 이다. 또 $y=\sqrt{x}$ 의 역함수를 구하면 $y=x^2\ (x\geq 0)$ 이다. 따라서 $y=\sqrt{x}$ 의 그래프는 그 역함수 $y=x^2\ (x\geq 0)$ 의 그래프를 $y=x$ 에 대하여 대칭이동하여 얻는다.

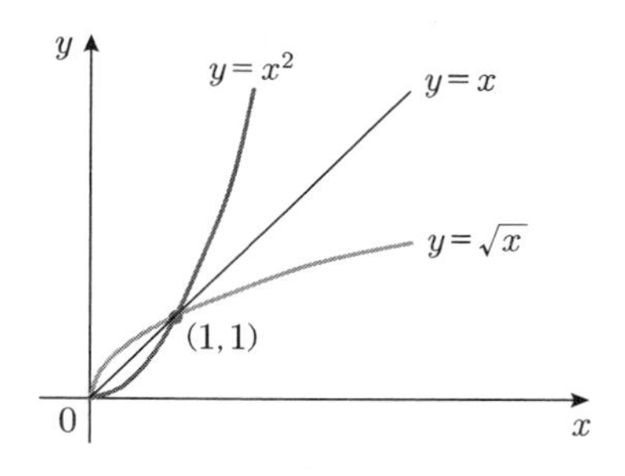

그림 2.25 $y=\sqrt{x}$ 의 그래프

$y=\sqrt{-x}$ 는 정의역이 $\{x|x\leq 0\}$이다. 그리고 $\sqrt{-x}=\sqrt{|x|}$ 이므로 $y=\sqrt{-x}$ 의 그래프는 $y=\sqrt{x}$ 의 그래프를 y축에 대칭이동하여 얻어진다. 마찬가지로 $y=-\sqrt{x}$ 는 $y=\sqrt{x}$ 의 그래프를 x축에 대칭이동하여 얻을 수 있고, $y=-\sqrt{-x}$ 는 $y=\sqrt{x}$ 의 그래프를 원점에 대칭이동하여 그래프를 얻을 수 있다. 다음은 네 함수 $y=\sqrt{x}$, $y=-\sqrt{x}$, $y=\sqrt{-x}$, $y=-\sqrt{-x}$ 의 그래프를 비교한 것이다.

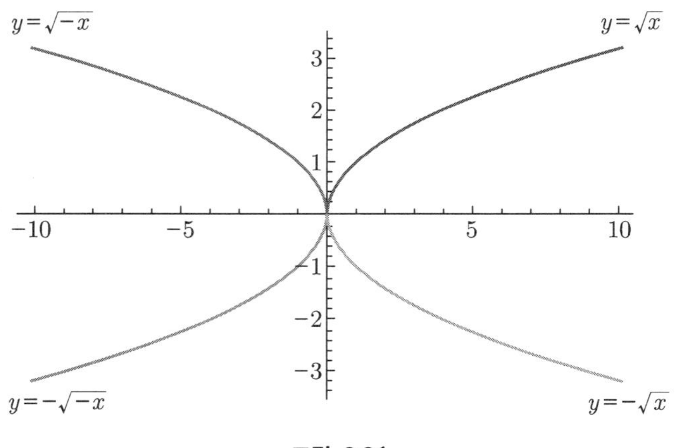

그림 2.26

예제 2.4.1

다음 함수의 그래프를 그려라.

(a) $y = \sqrt{3x}$ (b) $y = \sqrt{-3x}$

풀이 (a) $y = \sqrt{3x}$ 는 $y = \sqrt{3}\sqrt{x}$ 이므로 $y = \sqrt{x}$ 의 개형과 같은 개형의 그래프를 갖는다.

(b) $y = \sqrt{-3x}$ 는 $y = \sqrt{3}\sqrt{-x}$ 이므로, $y = \sqrt{-x}$ 의 개형과 같은 개형의 그래프를 갖는다.

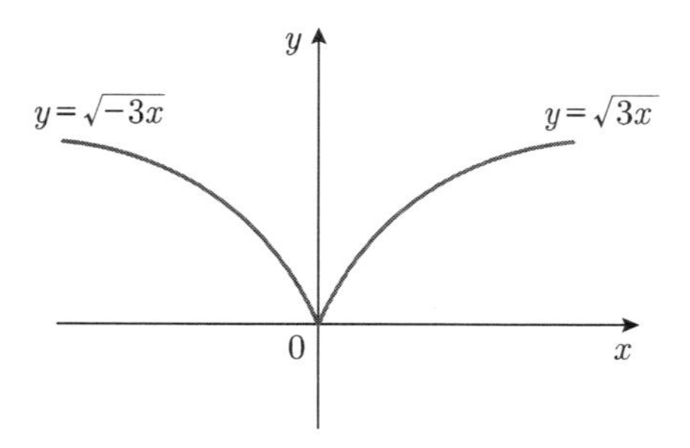

그림 2.27 $y = \sqrt{3x}$ 와 $y = \sqrt{-3x}$ 의 그래프

예제 2.4.2

다음 세 함수의 그래프를 그리고 비교하여라.

$$y = \sqrt{x},\ y = \sqrt{2x},\ y = \sqrt{3x}$$

풀이 임의의 양수 k에 대하여 $y=\sqrt{kx}$는 $y=\sqrt{k}\sqrt{x}$이므로 $y=\sqrt{x}$의 개형과 같은 개형의 그래프를 갖는다. 또한 임의의 양수 x에 대하여

$$\sqrt{x}<\sqrt{2x}<\sqrt{3x}$$

이므로, 그래프는 다음과 같다.

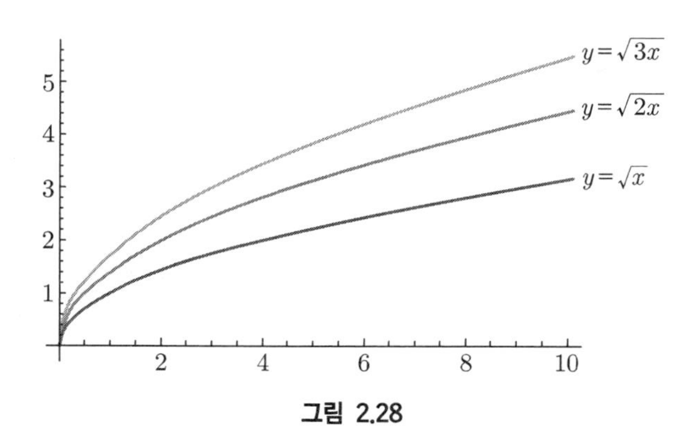

그림 2.28

$y=\sqrt{x}$ 의 그래프를 평행이동 하여 $y=\sqrt{x+a}$, $y=\sqrt{x}+b$등의 그래프를 그릴 수 있다. $y=\sqrt{x+a}$ 의 그래프는 $y=\sqrt{x}$ 의 그래프를 x축의 양의 방향으로 $-a$만큼 평행이동하여 얻을 수 있고, $y=\sqrt{x}+b$의 그래프는 $y=\sqrt{x}$ 의 그래프를 y축의 양의 방향으로 b만큼 평행평행이동하여 얻을 수 있다.
다음은 $y=\sqrt{x-2}$, $y=\sqrt{x}+4$의 그래프를 그린 것이다.

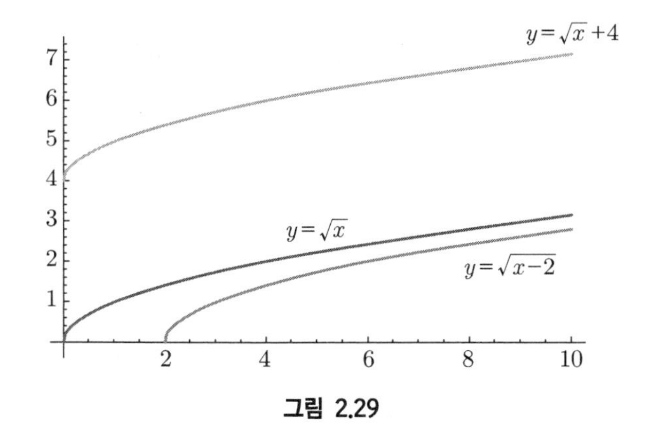

그림 2.29

■

예제 2.4.3

다음 함수의 그래프를 그려라.

(a) $y = \sqrt{3x+6}$ (b) $y = \sqrt{4-2x}+1$

풀이 (a) 주어진 식을 변형하면 $y = \sqrt{3(x+2)}$ 를 얻는다. $y = \sqrt{3x}$ 의 그래프를 x축의 양의 방향으로 -2만큼 평행 이동한 그래프이다.

(b) 주어진 식을 변형하면 $y = \sqrt{-2(x-2)}+1$이다. 이 함수의 그래프는 $y = \sqrt{-2x}$ 의 그래프를 x축의 양의 방향으로 2만큼 y축의 양의 방향으로 1만큼 평행이동하여 얻을 수 있다.

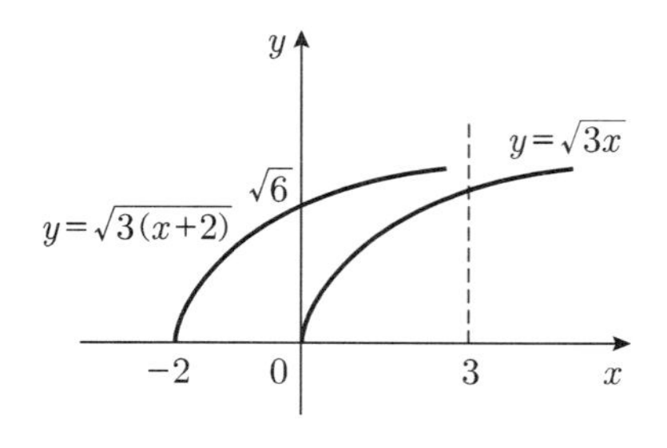

$y=\sqrt{3(x+2)}$의 그래프

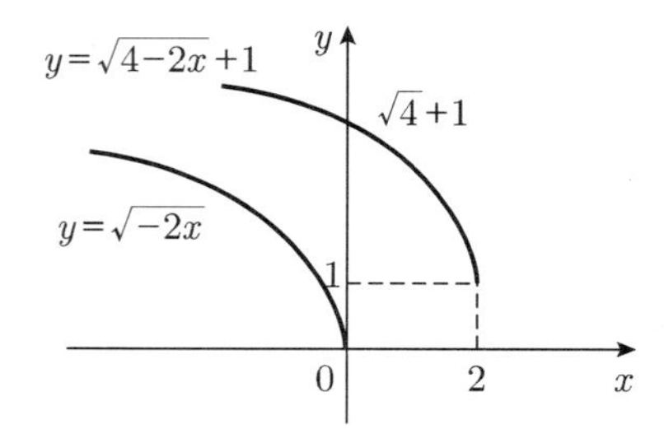

$y=\sqrt{4-2x}+1$의 그래프

그림 2.30

예제 2.4.4

다음 세 함수의 그래프를 그리고 그 모양을 비교하여라.

(a) $y = \sqrt{x}$ (b) $y = \sqrt[3]{x}$ (c) $y = \sqrt[4]{x}$

풀이 $y = \sqrt{x}$, $y = \sqrt[3]{x}$, $y = \sqrt[4]{x}$ 의 개형은 같고,

$$\sqrt{x} < \sqrt[3]{x} < \sqrt[4]{x}\,,\ 0 < x < 1$$

$$\sqrt{x} = \sqrt[3]{x} = \sqrt[4]{x}\,,\ x = 1$$

$$\sqrt{x} > \sqrt[3]{x} > \sqrt[4]{x}\,,\ x > 1$$

이므로, 그래프는 다음과 같다.

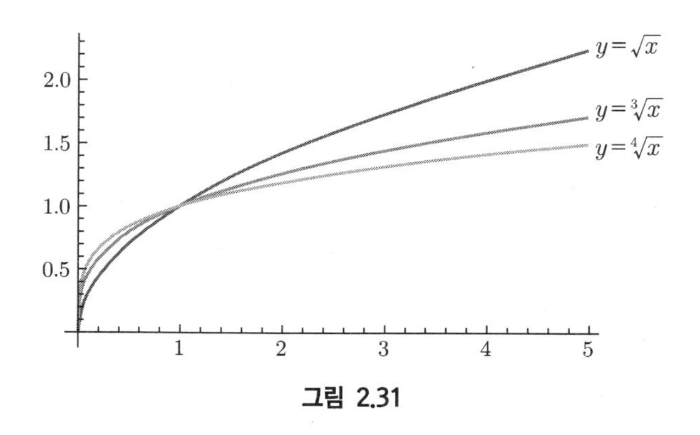

그림 2.31

근호 안이 이차식 이상인 무리함수의 그래프는 간단하지 않다.

예를 들어 $f(x)=(x^2+4)^{\frac{1}{3}}=\sqrt[3]{x^2+4}$ 의 그래프를 살펴보자. 이 그래프는 $x=0$ 주변만 보았을 때와 매우 큰 범위에 대해서 그래프를 그렸을 때 많은 차이를 나타낸다. [그림 2.32]에서 보듯이 $-0.1<x<0.1$에 대해서 그린 윗줄 왼쪽 첫 번째 그래프와 $-10^4<x<10^4$에 대해서 그린 아랫줄 오른쪽 첫 번째 그래프는 상당히 달라 보인다.

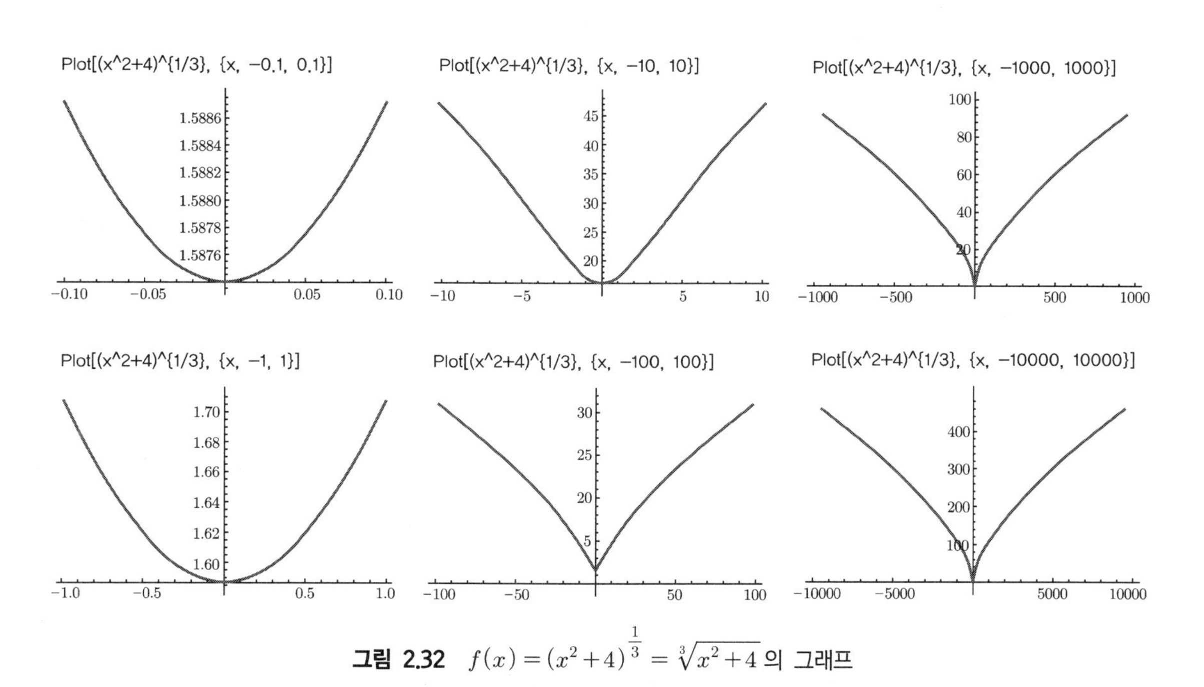

그림 2.32 $f(x)=(x^2+4)^{\frac{1}{3}}=\sqrt[3]{x^2+4}$ 의 그래프

왜 이러한 결과가 나오는지에 대해서는 미적분학에서 학습하게 될 것이다.4)

함수 $f(x)=(x^2+4)^{\frac{1}{3}}$의 지수 $\dfrac{1}{3}$을 $\dfrac{1}{2}$로 바꾸어 생각해 보자.

함수 $f(x)=(x^2+4)^{\frac{1}{2}}=\sqrt{x^2+4}$는 아래 [그림 2.33]에서 보듯이 x가 무한히 커짐에 따라 그 그래프가 점점 더 직선처럼 보인다. 이는 4장에서 곧 학습하게 될 다음 극한식에 비추어 보면 쉽게 이해할 수 있을 것이다.([예제 4.2.3] 참조)

$$\lim_{x\to\infty}\frac{\sqrt{x^2+1}}{x}=1=\lim_{x\to\infty}\frac{\sqrt{x^2+1}}{x+1}$$

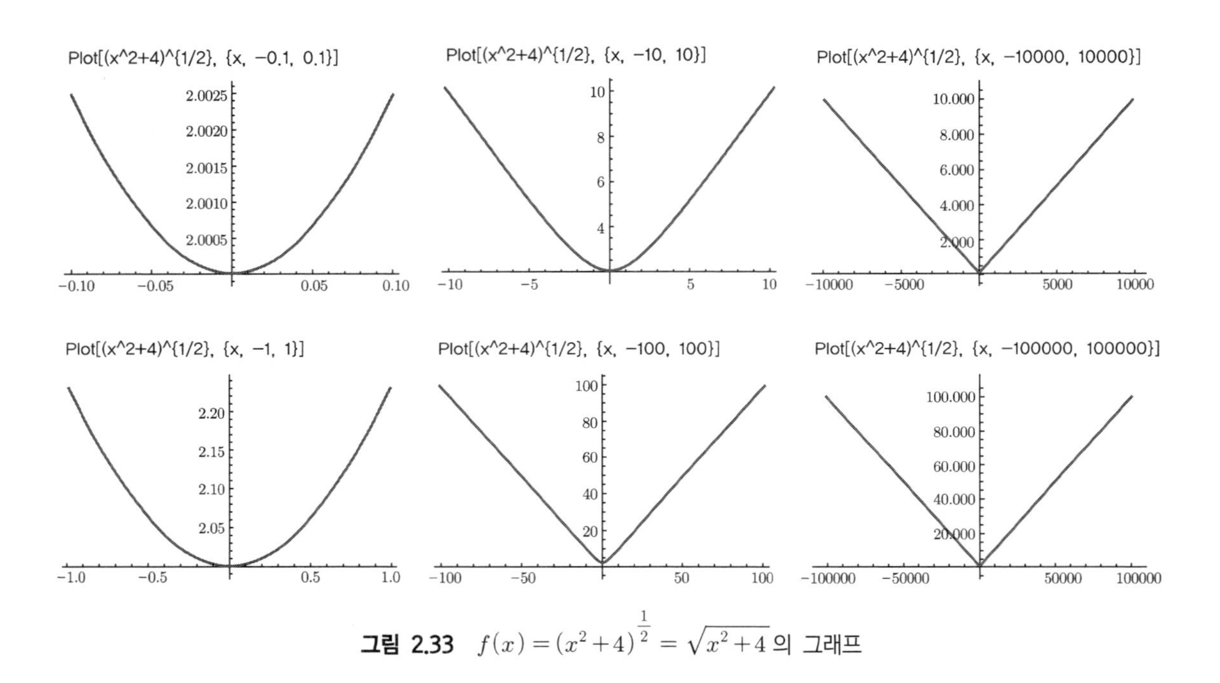

그림 2.33 $f(x)=(x^2+4)^{\frac{1}{2}}=\sqrt{x^2+4}$의 그래프

4) 4장에서 학습할 식 (4.2)로부터도 $f(x)=(x^2+4)^{\frac{1}{3}}$의 그래프와 $y=x^{\frac{2}{3}}$의 그래프의 관계를 유추해 볼 수 있다.

2.4 연습문제

01 다음 함수의 정의되는 최대 구간과 그때의 치역을 구하여라.

(1) $f(x)=\sqrt{2x-3}$　　(2) $y=-\sqrt{x+3}$

(3) $y=-\sqrt{x+1}+2$　　(4) $f(x)=(x^2+4)^{\frac{1}{3}}+5$

02 무리함수 $y=\sqrt{x+1}$ 의 그래프와 일차함수 $y=\frac{1}{2}x+\frac{1}{2}$의 그래프의 교점의 개수를 구하여라.

03 $\{x|\,0\le x\le 3\}$을 정의역으로 하는 함수 $y=-\sqrt{6-2x}$ 의 그래프를 그려라.

04 함수 $f(x)=\sqrt{-2x+4}+5$의 그래프가 함수 $g(x)=\sqrt{-2x}$의 그래프를 x축의 양의 방향으로 m만큼, y축의 양의 방향으로 n만큼 평행이동한 그래프일 때 $m+n$의 값을 구하여라.

05 함수 $f(x)=a\sqrt{x+b}+c$의 그래프가 아래 그림과 같을 때, $a,\ b,\ c$를 구하여라.

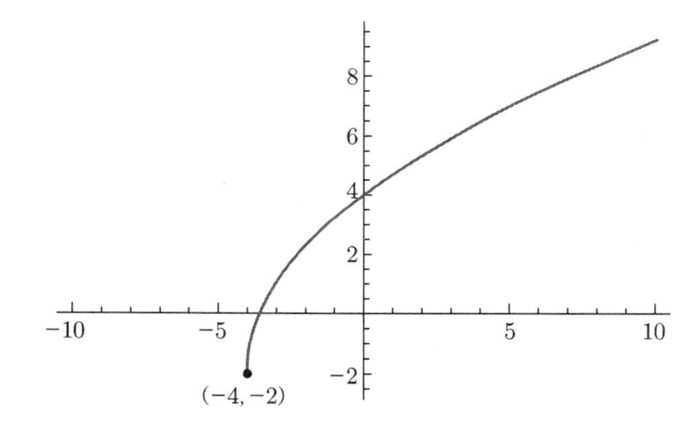

2.5 대수함수와 초월함수

다항함수들의 가감승제 및 그 근호를 취한 함수를 **대수함수**(algebraic function)라 한다. 이에 반하여 대수함수가 아닌 함수를 **초월함수**(transcendental function)라 하며, 삼각함수, 지수함수, 로그함수 등이 초월함수에 해당한다.

예제 2.5.1

$f(x)=\dfrac{\sqrt{x-1}}{x^{\frac{5}{2}}+\sqrt{x-5}+1}$ 는 대수함수이다. ■

예제 2.5.2

$f(x)=3^{x}-3^{-x}$, $g(x)=1+\cos(x^2)$, $h(x)=\dfrac{1+x}{\log_3 x}$ 는 초월함수들이다. ■

예제 2.5.3

다음 중 대수함수를 모두 고르시오.

(1) $2x^2+5x-7$

(2) $\dfrac{3x+1}{x^2-7}$

(3) $\dfrac{\sqrt{x+1}-x^2}{x^3+5}$

(4) $\dfrac{x^2+2^x}{x+1}$

(5) $\sin\dfrac{1}{x^2+1}$

(6) $\sqrt{\dfrac{1}{x^2+1}}$

풀이 (1), (2), (3), (6)은 모두 다항함수들의 가감승제 및 근호를 취한 함수이므로 대수함수이다. 그렇지만 (4)는 지수함수 2^x 가 분자에 있으므로 대수함수가 아니라 초월함수이다. 그리고 (5)는 대수함수에 삼각함수를 합성한 것이므로 대수함수가 아니라 초월함수이다. ■

2.5 연습문제

01 다음 함수가 대수함수인지 초월함수인지 설명하시오.

(1) $x^3 + \dfrac{1}{x} - 1$

(2) $\dfrac{x+1}{\sqrt{x^2+1}}$

(3) $(2x-1)\cos(x^3+5)$

(4) $\dfrac{x^2+2}{x+1} + 5^3$

(5) $\dfrac{\log_3 x}{x^2+1}$

(6) $\sqrt{1+\sqrt{x^2+\sqrt{3x^4+2}}}$

CHAPTER

03

수열의 극한과 무한급수

3.1 여러 가지 수열

수열은 자연수의 부분집합에서 정의된 함수, 즉 정의역이 자연수의 부분집합인 함수라고 생각할 수 있다. 보통은 그 함수의 상으로 얻어진 원소들을 차례로 나열한 것을 **수열**이라 한다.[5] 정의역이 자연수 전체인 경우, 즉 함수 $a: \mathbb{N} \rightarrow \mathbb{R}$ 또는 치역의 원소를 순서대로 늘어놓은

$$a(1),\ a(2),\ a(3),\ a(4),\ a(5),\ \cdots$$

를 **무한수열**이라 한다. 수열의 항의 개수가 유한개인 경우, 즉 정의역이 유한개의 자연수인 경우에는 **유한수열**이라 한다. 이렇게 수열은 정의역이 자연수로 제한되어 있으므로 함숫값 $a(n)$을 a_n으로 주로 쓰고,

$$a_1,\ a_2,\ a_3,\ a_4,\ a_5,\ \cdots$$

과 같이 수열을 나타내며 제1항, 제2항, $\cdots$이라 부른다. 제1항을 **초항**, 제n항을 보통 **일반항**이라고 하는데, 일반항을 알 경우에는 수열을 간단히 $\{a_n\}$으로 나타내기도 한다.

예제 3.1.1

다음 수열의 일반항을 구하여라.

(1) $1,\ 3,\ 5,\ 7,\ 9,\ \cdots$

(2) $1,\ 4,\ 9,\ 16,\ 25,\ \cdots$

(3) $1,\ 2,\ 4,\ 8,\ 16,\ 32,\ \cdots$

(4) $4, 7, 10, 13, 16, \cdots$

풀이 (1) 주어진 수열의 규칙은 홀수이고 다음을 만족한다.

$$a_1 = 1 = (2 \times 1) - 1$$
$$a_2 = 3 = (2 \times 2) - 1$$
$$a_3 = 5 = (2 \times 3) - 1$$
$$a_4 = 7 = (2 \times 4) - 1$$
$$a_5 = 9 = (2 \times 5) - 1$$
$$\cdots\cdots$$

---

5) 공역이 실수 집합 $\mathbb{R}$인 함수 $a: \mathbb{N} \rightarrow \mathbb{R}$을 특히 **실수열**이라 한다.

그러므로 일반항은 2에 n을 곱한 후 1을 빼는 것이다. 즉, 다음과 같다.

$$a_n = (2 \times n) - 1 = 2n - 1$$

(2) 주어진 수열의 규칙은 1^2, 2^2, 3^2, 4^2, 5^2, $\cdots$ 이므로 일반항은 다음과 같다.

$$a_n = n^2$$

(3) 주어진 수열의 규칙은 2^0, 2^1, 2^2, 2^3, 2^4, 2^5, $\cdots$ 이므로 일반항은 다음과 같다.

$$a_n = 2^{n-1}$$

(4) 주어진 수열의 규칙은

$$(3 \times 1) + 1,\ (3 \times 2) + 1,\ (3 \times 3) + 1,\ (3 \times 4) + 1,\ (3 \times 5) + 1,\ \cdots$$

이므로 일반항은 다음과 같다.

$$a_n = 3n + 1$$

■

이제 가장 기본적인 몇 가지 종류의 수열을 알아보자.

(1) 등차수열

정의 3.1 등차수열

앞 항에 일정한 수를 더해서 다음 항이 얻어지는 수열을 **등차수열**이라 한다. 이때 더해지는 일정한 수를 **공차**라고 한다.

예를 들어, 수열 1, 2, 3, 4, 5, $\cdots$ 는 제1항이 1이고 공차가 1인 등차수열로 일반항이 n이다. 이 수열은

$$a_1 = 1$$

$$a_2 = a_1 + 1 = 1 + 1 = 2$$

$$a_3 = a_2 + 1 = (a_1 + 1) + 1 = a_1 + 2 = 1 + 2 = 3$$

$$a_4 = a_3 + 1 = ((a_1 + 1) + 1) + 1 = a_1 + 3 = 1 + 3 = 4$$

$$\cdots\cdots$$

$$a_n = a_{n-1} + 1 = (\cdots((a_1 + 1) + 1) + \cdots + 1) + 1 = a_1 + (n-1)$$

인 것처럼, 일반적으로 제1항이 a이고 공차가 d인 등차수열은

$$a_1 = a$$

$$a_2 = a_1 + d = a + d$$

$$a_3 = a_2 + d = (a+d) + d = a + 2d$$

$$a_4 = a_3 + d = ((a+d)+d) + d = a + 3d$$

$$\cdots\cdots$$

$$a_n = a_{n-1} + d = (\cdots((a_1 + d) + d) + \cdots + d) + d = a + (n-1)d$$

이므로, 일반항 a_n은

$$a_n = a + (n-1)d$$

이다.

정리 3.1 등차수열의 일반항

초항이 a이고 공차가 d인 등차수열의 일반항 a_n은 다음과 같다.

$$a_n = a + (n-1)d$$

예제 3.1.2

제1항이 3, 공차가 5인 등차수열의 일반항을 구하여라.

풀이 제1항이 3이고 공차가 5이므로 이 등차수열의 일반항은 다음과 같다.

$$a_n = 3 + (n-1)5 = 5n - 2$$

■

예제 3.1.3

제1항이 3, 공차가 5인 등차수열에서 처음으로 31을 넘는 항은 몇 번째 항인가?

풀이 이 등차수열의 일반항은 $a_n = 5n - 2$이고 부등식

$$5n - 2 > 31$$

의 해는 $n > \frac{33}{5} = 6.6$이므로, 제7항부터 31을 넘는다. 확인해보면, $a_6 = 28$이고 $a_7 = 33$이다. ■

예제 3.1.4

제1항이 20, 공차가 $-\frac{5}{3}$인 등차수열에서 처음으로 음수가 되는 항은 몇 번째 항인가?

풀이 먼저 이 등차수열의 일반항은

$$a_n = 20 - \frac{5}{3}(n-1) = -\frac{5}{3}(n-13)$$

이고 부등식

$$-\frac{5}{3}(n-13) < 0$$

의 해는 $n > 13$이므로, 제14항부터 음수이다. 실제로

$$a_{12} = \frac{5}{3},\ a_{13} = 0,\ a_{14} = -\frac{5}{3}$$

임을 확인할 수 있다. ■

수열 $\{a_n\}$의 첫째항부터 제n항까지의 합

$$S_n = a_1 + a_2 + a_3 + \cdots + a_n = \sum_{k=1}^{n} a_k$$

을 이 수열의 제n항까지의 **부분합**이라고 한다. 등차수열의 경우 부분합을 다음과 같이 구할 수 있다.

정리 3.2 등차수열의 합

초항이 a이고 공차가 d인 등차수열의 제n항까지의 부분합 S_n은 다음과 같다.

$$S_n = \frac{n}{2}(2a + (n-1)d)$$

증명

$$S_n = a_1 + a_2 + a_3 + \cdots + a_n$$

이므로 다음과 같이 증명된다.

$$\begin{aligned} S_n &= a + (a+d) + (a+2d) + \cdots + (a + (n-1)d) \\ &= na + (1 + 2 + 3 + \cdots + (n-1))d \\ &= na + \frac{n(n-1)}{2}d = \frac{n}{2}(2a + (n-1)d) \end{aligned}$$

■

초항이 a이고 공차가 d인 등차수열의 제n항은 $a_n = a + (n-1)d$이므로 등차수열의 처음 n개의 항의 합은 다음과 같이 초항과 제n항으로도 다시 표현할 수 있다.

$$S_n = \frac{n}{2}(2a + (n-1)d) = \frac{n}{2}(a + a + (n-1)d) = \frac{n}{2}(a + a_n)$$

정리 3.3 등차수열의 합*

공차가 d인 등차수열의 제n항까지의 부분합 S_n은 다음과 같다.

$$S_n = \frac{n}{2}(a_1 + a_n)$$

(2) 등비수열

정의 3.2 등비수열

앞 항에 일정한 수를 곱해서 다음 항이 얻어지는 수열을 **등비수열**이라 한다. 이때 곱해지는 일정한 수를 **공비**라고 한다.

예제 3.1.5

다음 등비수열의 공비를 구하여라.

$$8,\ 4,\ 2,\ 1,\ \cdots$$

풀이 이웃하는 두 항의 비를 구해 보면 다음과 같다.

$$\frac{4}{8}=\frac{2}{4}=\frac{1}{2}=\cdots=\frac{1}{2}$$

그러므로 주어진 등비수열의 공비는 $\frac{1}{2}$이다. ■

초항이 a이고 공비가 r인 등비수열은

$$a_1 = a$$

$$a_2 = a_1 r = ar$$

$$a_3 = a_2 r = (ar)r = ar^2$$

$$a_4 = a_3 r = (ar^2)r = ar^3$$

$$\cdots\cdots$$

$$a_n = a_{n-1} r = (\cdots((ar)r)\cdots r)r = ar^n$$

이므로, 일반항 a_n은

$$a_n = ar^{n-1}$$

이다.

정리 3.4 등비수열의 일반항

초항이 a이고 공비가 r인 등비수열의 일반항 a_n은 다음과 같다.

$$a_n = ar^{n-1}$$

예제 3.1.6

제1항이 3이고 공비가 4인 등비수열의 일반항을 구하여라.

풀이 [정리 3.4]에 의하여 초항이 3이고 공비가 4인 등비수열의 일반항은 다음과 같다.

$$a_n = 3 \times 4^{n-1}$$

■

정리 3.5 등비수열의 합

초항이 a이고 공비가 $r \neq 1$인 등비수열의 제n항까지의 부분합 S_n은 다음과 같다.

$$S_n = \frac{a(1-r^n)}{1-r}$$

증명 이 등비수열의 일반항은 $a_n = ar^{n-1}$이고 처음 n개의 항의 합은

$$S_n = a_1 + a_2 + a_3 + \cdots + a_n = a + ar + ar^2 + \cdots + ar^{n-1}$$

이므로

$$rS_n = ar + ar^2 + ar^3 + \cdots + ar^n$$

이다. 그러므로

$$S_n - rS_n = (a + ar + ar^2 + \cdots + ar^{n-1}) - (ar + ar^2 + ar^3 + \cdots + ar^n)$$

이고, 이는

$$(1-r)S_n = a - ar^n$$

이므로 $r \neq 1$이면 다음을 얻는다.

$$S_n = \frac{a(1-r^n)}{1-r}$$

■

예제 3.1.7

제1항이 3이고 공비가 4인 등비수열의 제1항부터 제10항까지의 합을 구하여라.

풀이 [정리 3.5]에 의하여 초항이 3이고 공비가 4인 등비수열의 제10항까지의 부분합 S_{10}은 다음과 같다.

$$S_{10} = \frac{3(1-4^{10})}{1-4} = 4^{10} - 1$$

■

예제 3.1.8

다음 등비수열의 제1항부터 제20항까지의 합을 구하여라.

(1) $1, -\sqrt{2}, 2, -2\sqrt{2}, \cdots$ (2) $3, 6, 12, 24, \cdots$

풀이 [정리 3.5]에 의하여 주어진 등비수열의 제20항까지의 부분합 S_{20}은 각각 다음과 같다.

(1) $S_{20} = \dfrac{1(1-(-\sqrt{2})^{20})}{1-(-\sqrt{2})} = \dfrac{1-2^{10}}{1+\sqrt{2}}$

(2) $S_{20} = \dfrac{3(1-2^{20})}{1-2} = 3(2^{20}-1)$ ■

예제 3.1.9

제1항이 3이고 공비가 4인 등비수열의 부분합 S_n을 구하여라.

풀이 [정리 3.5]에 의하여 초항이 3이고 공비가 4인 등비수열의 부분합 S_n은 다음과 같다.

$$S_n = \frac{3(1-4^n)}{1-4} = 4^n - 1$$ ■

예제 3.1.10

연이율이 i이고 1년마다 복리로 계산하는 적금에서 매년 초에 P원씩 적립할 때, n년 말까지의 원리합계를 구하여라. (여기에서 $0 < i < 1$이다. 즉, 연이율이 i라 함은 $100i$%라는 의미이다.)

풀이 연이율이 i인 적금에서 A원을 적립하면 1년 후 원금 A원과 이자 Ai원을 합하여 $A(1+i)$원이 되므로, 첫해 초에 적립한 P원은 1년 후 $P(1+i)$원, 2년 후 $P(1+i)^2$원, $\cdots$, n년 후 $P(1+i)^n$원이 된다. 그리고 두 번째 해에 적립한 P원은 $n-1$이 경과되어 $P(1+i)^{n-1}$원이 된다. 이런 식으로 계산하면, 매년 초에 P원씩 적립할 때, n년 말까지의 원리합계는

$$S_n = P(1+i) + P(1+i)^2 + \cdots + P(1+i)^n$$

이므로 초항이 $P(1+i)$이고 공비가 $(1+i)$인 등비수열의 부분합이다. 그러므로 구하는 원리합계는 다음과 같다.

$$\begin{aligned} S_n &= P(1+i) + P(1+i)^2 + \cdots + P(1+i)^n \\ &= \frac{P(1+i)(1-(1+i)^n)}{1-(1+i)} = \frac{P(1+i)((1+i)^n - 1)}{i} \end{aligned}$$ ■

(3) 계차수열

정의 3.3 계차수열

어떤 수열 $\{a_n\}$에 대하여 각 항이 $b_n = a_{n+1} - a_n$로 주어지는 수열 $\{b_n\}$을 $\{a_n\}$의 **계차수열**이라 한다.

예제 3.1.11

다음 수열의 계차수열은 등차수열이다. 일반항을 구하여라.

$$2,\ 3,\ 6,\ 11,\ 18,\ \cdots$$

풀이 주어진 수열을 $\{a_n\}$이라 하고, $\{a_n\}$의 계차수열을 $\{b_n\}$이라 두면, $\{b_n\}$은 초항이 $b_1 = a_2 - a_1 = 3 - 2 = 1$이고 제2항은 $b_2 = a_3 - a_2 = 6 - 3 = 3$이다. $\{b_n\}$이 등차수열이고 공차는 $b_2 - b_1 = 3 - 1 = 2$이므로, $\{b_n\}$의 일반항은 다음과 같다.

$$b_n = 1 + 2(n-1) = 2n - 1$$

[정리 3.3]에 의하여 등차수열 $\{b_n\}$의 부분합 S_n은

$$S_n = \frac{n}{2}(b_1 + b_n) = \frac{n}{2}(1 + 2n - 1) = n^2$$

이므로 수열 $\{a_n\}$의 일반항은 다음과 같다.

$$\begin{aligned} a_n &= (a_n - a_{n-1}) + (a_{n-1} - a_{n-2}) + \cdots + (a_3 - a_2) + (a_2 - a_1) + a_1 \\ &= b_{n-1} + b_{n-2} + \cdots + b_2 + b_1 + a_1 = a_1 + \sum_{i=1}^{n-1} b_i \\ &= 2 + S_{n-1} = 2 + (n-1)^2 = n^2 - 2n + 3 \end{aligned}$$

■

예제 3.1.12

제1항과 제2항이 각각 1과 3인 수열 $\{a_n\}$의 계차수열은 공비가 2인 등비수열이다. 일반항을 구하여라.

풀이 주어진 수열 $\{a_n\}$의 계차수열을 $\{b_n\}$이라 두면, $\{b_n\}$은 초항이 $b_1 = a_2 - a_1 = 3 - 1 = 2$이고 공비가 2인 등비수열이다. [정리 3.5]에 의하여 등비수열 $\{b_n\}$의 부분합 S_n은

$$S_n = \frac{2(1-2^n)}{1-2} = 2(2^n - 1)$$

이다. 그러므로 수열 $\{a_n\}$의 일반항은 다음과 같다.

$$a_n = a_1 + b_1 + b_2 + \cdots + b_{n-1} = a_1 + \sum_{i=1}^{n-1} b_i$$
$$= 1 + S_{n-1} = 1 + 2(2^{n-1} - 1) = 2^n - 1$$

■

(4) 피보나치 수열

정의 3.4 피보나치 수열

수열 $\{a_n\}$이 $a_{n+1} = a_n + a_{n-1}$을 만족하면 **피보나치 수열**이라 한다.

예를 들어 첫 번째 항이 1, 두 번째 항이 1인 피보나치 수열은 다음과 같다.

$$1,\ 1,\ 2,\ 3,\ 5,\ 8,\ 13,\ 21,\ 34,\ 55,\ 89,\ \cdots$$

예제 3.1.13

제1항이 0이고 제2항이 1인 피보나치 수열을 제10항까지 구하여라.

풀이 피보나치 수열의 정의에 따라 차례로 각 항을 구해보면 다음과 같다.

$$a_1 = 0$$
$$a_2 = 1$$
$$a_3 = a_1 + a_2 = 0 + 1 = 1$$
$$a_4 = a_2 + a_3 = 1 + 1 = 2$$
$$a_5 = a_3 + a_4 = 1 + 2 = 3$$

$$a_6 = a_4 + a_5 = 2 + 3 = 5$$

$$a_7 = a_5 + a_6 = 3 + 5 = 8$$

$$a_8 = a_6 + a_7 = 5 + 8 = 13$$

$$a_9 = a_7 + a_8 = 8 + 13 = 21$$

$$a_{10} = a_8 + a_9 = 13 + 21 = 34$$

■

3.1 연습문제

01 제1항이 2이고 제3항이 8인 등차수열의 일반항을 구하여라.

02 다음을 만족하는 등비수열 $\{a_n\}$의 일반항을 구하여라.

(1) $a_1 = 2,\ a_4 = -16$

(2) $a_1 = 2,\ a_3 = 12$이고 공비가 양수이다.

03 제1항이 3, 제2항이 4이고 계차수열이 공비가 2인 등비수열의 일반항을 구하여라.

04 다음 그림과 같이 차례로 점을 찍어 나갈 때, 7번째 줄에 몇 개의 점이 있고, 7째 줄까지 총 몇 개의 점이 있는지 그 개수를 구하여라.

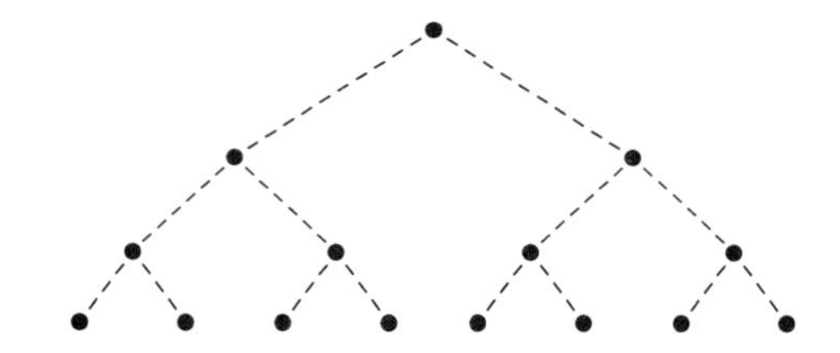

05 제1항이 3이고 공차가 -2인 등차수열의 10항까지의 부분합 S_{10}을 구하여라.

06 제1항이 3이고 공비가 -2인 등비수열의 10항까지의 부분합 S_{10}을 구하여라.

07 연이율 7%, 1년마다의 복리로 계산하는 적금에서 매년 초에 50만원씩 적립할 때, 10년 후의 원리합계를 구하여라.

08 제1항이 2이고 제2항이 3인 피보나치 수열의 제10항을 구하여라.

3.2 수열의 극한

일반적으로 무한수열 $\{a_n\}$에 대하여 n이 한없이 커짐에 따라 a_n이 일정한 값 a에 한없이 가까워 질 때, 이 수열 $\{a_n\}$은 a로 **수렴**한다고 하며 a를 수열 $\{a_n\}$의 **극한값** 또는 **극한**이라고 한다. 이것을 기호로는

$$n \to \infty \text{ 일 때 } a_n \to a$$

또는

$$\lim_{n\to\infty} a_n = a$$

와 같이 나타낸다.

예제 3.2.1

다음 극한값을 구하여라.

(1) $\lim_{n\to\infty} \frac{1}{n}$　　(2) $\lim_{n\to\infty} \frac{3}{n^2}$

(3) $\lim_{n\to\infty} \frac{1}{2n+1}$　　(4) $\lim_{n\to\infty} \frac{1}{\sqrt{n}}$

풀이 n이 한없이 커짐에 따라 $\frac{1}{n}$, $\frac{3}{n^2}$, $\frac{1}{2n+1}$, 그리고 $\frac{1}{\sqrt{n}}$ 모두 0에 가까워지므로 주어진 수열의 극한은 모두 0이다. 즉, 다음과 같다.

$$\lim_{n\to\infty} \frac{1}{n} = 0, \quad \lim_{n\to\infty} \frac{3}{n^2} = 0, \quad \lim_{n\to\infty} \frac{1}{2n+1} = 0, \quad \lim_{n\to\infty} \frac{1}{\sqrt{n}} = 0$$

■

n이 한없이 커짐에 따라 a_n이 일정한 값에 수렴하지 않는 무한수열 $\{a_n\}$이 많이 존재한다. 이러한 경우, 수열 $\{a_n\}$은 **발산**한다고 한다. 발산하는 수열에는 여러 가지가 있는데 수열 $\{a_n\}$에서 n이 한없이 커짐에 따라 a_n이 한없이 커지면, 이 수열은 **양의 무한대로 발산**한다고 하며, 이것을

$$n \to \infty \text{ 일 때 } a_n \to \infty$$

또는

$$\lim_{n\to\infty} a_n = \infty$$ [6]

로 나타낸다.

n이 한없이 커짐에 따라 a_n이 한없이 작아지면(즉, 음이면서 절댓값이 한없이 커지면), 이 수열은 **음의 무한대로 발산**한다고 하며 이것을

$$n\to\infty \text{ 일 때 } a_n\to-\infty$$

또는

$$\lim_{n\to\infty} a_n = -\infty$$

로 나타낸다.

수열의 극한에 대하여는 다음과 같은 성질이 성립한다.

정리 3.6 수열의 극한값

두 수열 $\{a_n\}$, $\{b_n\}$이 수렴하고 극한값이 다음과 같을 때, 아래 (1)~(5)이 성립한다.

$$\lim_{n\to\infty} a_n = \alpha,\ \lim_{n\to\infty} b_n = \beta$$

(1) $\lim_{n\to\infty}(a_n \pm b_n) = \alpha \pm \beta$ (복호동순)

(2) $\lim_{n\to\infty} a_n b_n = \alpha\beta$

(3) $\lim_{n\to\infty} \frac{a_n}{b_n} = \frac{\alpha}{\beta}$ $(b_n \neq 0, \beta \neq 0)$

(4) $\lim_{n\to\infty} ca_n = c\alpha$ (c는 상수)

(5) $a_n \leq b_n$일 때 $\alpha \leq \beta$

---

6) 이 경우 수열 $\{a_n\}$이 ∞로 수렴한다는 의미가 아님을 주의하자. ∞는 수가 아니라 a_n이 무한히 커지면서 발산한다는 의미를 표현하는 기호로, 수열의 발산하는 유형 중의 하나를 설명하는 기호이다.

주의 위의 극한값의 성질은 두 수열이 모두 수렴할 경우에만 성립한다. 이를테면, $a_n = n$, $b_n = \frac{1}{n}$일 때, $a_n b_n = 1$이므로 $\lim_{n\to\infty} a_n b_n = 1$ 이지만, $\lim_{n\to\infty} a_n \cdot \lim_{n\to\infty} b_n = \infty \cdot 0$은 1이라고 할 수 없다. 마찬가지로 $\frac{\infty}{\infty}$도 1이라고 할 수 없으며, $\infty - \infty$도 0이라고 할 수 없다. 예를 들어, $a_n = 2n$, $b_n = n$일 때, $a_n - b_n = n$이므로 $\lim_{n\to\infty}(a_n - b_n) = \lim_{n\to\infty} n = \infty$ 이지만, $\lim_{n\to\infty} a_n - \lim_{n\to\infty} b_n = \infty - \infty$은 0이라고 할 수 없으며, $a_n = n$, $b_n = n$일 때, $\frac{a_n}{b_n} = 1$이므로 $\lim_{n\to\infty}\frac{a_n}{b_n} = 1$이지만, $\frac{\lim_{n\to\infty} a_n}{\lim_{n\to\infty} b_n} = \frac{\infty}{\infty}$은 1이라고 할 수 없다. 그렇지만 다음은 성립한다.

$$\lim_{n\to\infty} a_n = \infty,\ \lim_{n\to\infty} b_n = \infty \Rightarrow \lim_{n\to\infty}(a_n + b_n) = \infty,\ \lim_{n\to\infty} a_n b_n = \infty$$

즉, $\infty + \infty = \infty$, $\infty \cdot \infty = \infty$라고 할 수 있다. ■

예제 3.2.2

다음 극한값을 구하여라.

(1) $\lim_{n\to\infty}\frac{3n+4}{n-1}$

(2) $\lim_{n\to\infty}\frac{3n^2-6n+7}{4n^2+2n+5}$

풀이 (1) $\lim_{n\to\infty}\frac{3n+4}{n-1} = \lim_{n\to\infty}\frac{3+\frac{4}{n}}{1-\frac{1}{n}} = \frac{\lim_{n\to\infty}(3+\frac{4}{n})}{\lim_{n\to\infty}(1-\frac{1}{n})} = \frac{3}{1} = 3$

(2) $\lim_{n\to\infty}\frac{3n^2-6n+7}{4n^2+2n+5} = \lim_{n\to\infty}\frac{3-\frac{6}{n}+\frac{7}{n^2}}{4+\frac{2}{n}+\frac{5}{n^2}} = \frac{3}{4}$ ■

n이 한없이 커지면 $\sqrt{n}$도 한없이 커지므로 $\lim_{n\to\infty}\sqrt{n} = \infty$이다. 따라서 $\lim_{n\to\infty}\frac{1}{\sqrt{n}} = 0$임을 알 수 있다. 일반적으로, 다음이 성립한다.

$$a_n \geq 0\text{이고, } \lim_{n\to\infty} a_n = \infty\text{이면 } \lim_{n\to\infty}\sqrt{a_n} = \infty$$

$$a_n \geq 0 \text{이고 } \lim_{n\to\infty} a_n = 0 \text{이면 } \lim_{n\to\infty} \sqrt{a_n} = 0$$

예제 3.2.3

극한값 $\lim_{n\to\infty}(\sqrt{n+1} - \sqrt{n})$을 구하여라.

풀이 $$\lim_{n\to\infty}(\sqrt{n+1} - \sqrt{n}) = \lim_{n\to\infty} \frac{(\sqrt{n+1} - \sqrt{n})(\sqrt{n+1} + \sqrt{n})}{\sqrt{n+1} + \sqrt{n}}$$
$$= \lim_{n\to\infty} \frac{1}{\sqrt{n+1} + \sqrt{n}} = 0$$ ■

예제 3.2.4

다음 수열의 극한값을 구하여라.

$$\frac{2 \cdot 3}{3 \cdot 5}, \frac{4 \cdot 5}{4 \cdot 6}, \frac{6 \cdot 7}{5 \cdot 7}, \cdots$$

풀이 이 수열의 일반항은 $\dfrac{2n(2n+1)}{(n+2)(n+4)}$이므로 극한값은 다음과 같이 구할 수 있다.

$$\lim_{n\to\infty} \frac{2n(2n+1)}{(n+2)(n+4)} = \lim_{n\to\infty} \frac{4n^2+2n}{n^2+6n+8} = \lim_{n\to\infty} \frac{4+\dfrac{2}{n}}{1+\dfrac{6}{n}+\dfrac{8}{n^2}} = 4$$ ■

공비가 r인 무한등비수열 $\{r^n\}$의 극한에 대하여 알아보자.

(i) $r > 1$일 때 $\{r^n\}$은 양의 무한대로 발산함을 다음과 같이 알 수 있다:
$r = 1 + h(h > 0)$라고 하면, 수학적 귀납법에 의하여 다음 부등식이 성립한다.

$$r^n = (1+h)^n \geq 1 + nh(n \geq 1)$$

그런데 $n > 0$이므로 $\lim_{n\to\infty}(1+nh) = \infty$이다. 따라서 $\lim_{n\to\infty} r^n = \infty$이다.

(ii) $r = 1$일 때는 $\{r^n\}$의 극한이 1임은 명백하다:

$$\lim_{n\to\infty} r^n = \lim_{n\to\infty} 1^n = \lim_{n\to\infty} 1 = 1$$

(iii) $-1 < r < 1$일 때 $\{r^n\}$의 극한이 0임을 다음과 같이 계산할 수 있다:

① $r = 0$이면, $\lim_{n\to\infty} r^n = \lim_{n\to\infty} 0^n = \lim_{n\to\infty} 0 = 0$이다.

② $r \neq 0$인 경우, $p = \frac{1}{|r|}$이라고 하면 $p > 1$이므로 $\lim_{n\to\infty} p^n = \infty$이다. 그러므로

$$\lim_{n\to\infty} |r^n| = \lim_{n\to\infty} \frac{1}{p^n} = 0$$

이다. 따라서 $\lim_{n\to\infty} |r^n| = 0$이다.

(iv) $r \leq -1$일 때 $\{r^n\}$이 발산함을 다음과 같이 알 수 있다:

① $r = -1$이면, $r^n = (-1)^n$이므로 이 수열은 수렴하지 않고 계속 진동한다.

② $r < -1$일 때, $p = |r|$이라고 하면 $p > 1$이므로 $\lim_{n\to\infty} p^n = \infty$이다. 따라서 r^n은 $n \to \infty$일 때 절댓값이 무한히 커지면서 진동하며 발산한다.

(i), (ii), (iii), (iv)의 결과를 정리하면 다음과 같다.

정리 3.7 무한등비수열의 극한

무한등비수열 $1, r, r^2, \cdots, r^{n-1}, \cdots$의 극한은

(1) $r > 1$이면 $\lim_{n\to\infty} r^n = \infty$

(2) $r = 1$이면 $\lim_{n\to\infty} r^n = 1$

(3) $-1 < r < 1$이면 $\lim_{n\to\infty} r^n = 0$

(4) $r \leq -1$이면 $\{r^n\}$은 진동하며 발산한다.

예제 3.2.5

수열 $\frac{2^n - 1}{3^n - 2}$의 수렴, 발산을 조사하고, 수렴하면 그 극한값을 구하여라.

풀이 수열의 일반항의 분모, 분자를 각각 3^n으로 나누면

$$\frac{2^n - 1}{3^n - 2} = \frac{(\frac{2}{3})^n - (\frac{1}{3})^n}{1 - 2 \cdot (\frac{1}{3})^n}$$

그런데 $\lim_{n \to \infty} (\frac{2}{3})^n = 0$, $\lim_{n \to \infty} (\frac{1}{3})^n = 0$이므로

$$\lim_{n \to \infty} \frac{2^n - 1}{3^n - 2} = \lim_{n \to \infty} \frac{(\frac{2}{3})^n - (\frac{1}{3})^n}{1 - 2 \cdot (\frac{1}{3})^n} = \frac{0 - 0}{1 - 0} = 0$$

이다. 그러므로 이 수열은 수렴하고, 그 극한값은 0이다. ■

수열 $\{a_n\}$이 주어져 있을 때, 모든 자연수 n에 대하여

$$a_n \leq u$$

가 성립하는 실수 u가 존재하면 수열 $\{a_n\}$을 **위로 유계**라고 말한다. 직관적으로 다음 명제는 명백하지만, 수학적으로 엄밀하게 실수를 규정할 때 필요한 공리 중의 하나로 완비성 공리라고 명명된다.

"위로 유계인 증가수열은 수렴한다."

즉, 수열 $\{a_n\}$이 위로 유계이고 모든 자연수 n에 대하여

$$a_n \leq a_{n+1}$$

이면, 극한값 $\lim_{n \to \infty} a_n$이 존재한다.

또한 수열 $\{a_n\}$이 주어져 있을 때, 모든 자연수 n에 대하여

$$l \leq a_n$$

가 성립되는 실수 l이 존재하면 수열 $\{a_n\}$을 **아래로 유계**라고 말한다. 완비성 공리는 수열 $\{-a_n\}$을 생각하면 "아래로 유계인 감소수열은 수렴한다."와 같은 공리임을 알 수 있다.

정리 3.8 완비성 공리

(i) 위로 유계인 증가수열은 수렴한다.
(ii) 아래로 유계인 감소수열은 수렴한다.

예를 들어, 일반항이 $a_n = 1 - \frac{1}{n}$인 수열은 위로 유계인 증가수열이다. 즉, 모든 n에 대하여 $1 - \frac{1}{n} < 1$이고 $1 - \frac{1}{n} < 1 - \frac{1}{n+1}$이다. 당연히 이 수열은 1에 수렴한다. 마찬가지로, 일반항이 $b_n = 1 + \frac{1}{n}$인 수열은 아래로 유계인 감소수열이다. 즉, 모든 n에 대하여 $1 + \frac{1}{n} > 1$이고 $1 + \frac{1}{n} > 1 + \frac{1}{n+1}$이다. 그리고 이 수열도 1에 수렴한다.

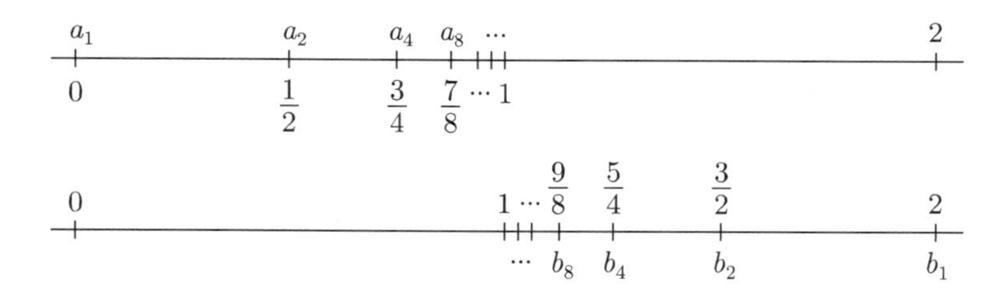

3.2 연습문제

01 다음 수열의 극한 값을 구하여라.

(1) $0,\ \frac{1}{2},\ \frac{2}{3},\ \frac{3}{4},\ \frac{4}{5},\ \cdots,\ \frac{n-1}{n},\ \cdots$

(2) $\frac{1}{1},\ \frac{2}{1+2},\ \frac{3}{1+2+3},\ \cdots,\ \frac{n}{1+2+\cdots+n},\ \cdots$

(3) $1,\ \frac{3}{4},\ \frac{5}{7},\ \frac{7}{10},\ \cdots$

02 일반항이 다음과 같은 수열의 수렴, 발산을 조사하여라.

(1) n^2-5n

(2) $(-\frac{6}{5})^n$

(3) $\sqrt{n^2-1}-n$

(4) $\frac{2n^3-4}{n^2-2n+3}$

(5) $\frac{n-3}{\sqrt{n^2+n+1}}$

(6) $\frac{0.2^n-4}{2-0.1^n}$

03 다음 극한값을 구하여라.

(1) $\lim_{n\to\infty}(\sqrt{n^2+n}-n)$

(2) $\lim_{n\to\infty}(\sqrt{n^2-n-1}-n)$

(3) $\lim_{n\to\infty}\frac{(n-3)(5n+1)}{(4n+1)(6n-5)}$

(4) $\lim_{n\to\infty}\frac{\sqrt{n+2}-\sqrt{n+1}}{\sqrt{n+1}-\sqrt{n}}$

(5) $\lim_{n\to\infty}\frac{2^n}{5^n-3}$

(6) $\lim_{n\to\infty}\frac{4^n-4}{4^{n+1}-4^n}$

04 $\lim_{n\to\infty}\frac{r^n}{1+r^n}$ $(r\neq-1)$의 값을 $|r|>1,\ r=1,\ |r|<1$인 경우로 나누어서 각각 구하여라.

05 수열 $\{a_n\}$이 수렴하면 $\lim_{n\to\infty}a_{n+1}=\lim_{n\to\infty}a_n$이 성립한다. 이것을 이용하여 $\{a_n\}$이 수렴하고 $a_n>0,\ a_{n+1}=\frac{1}{1+a_n}$일 때 $\{a_n\}$의 극한값을 구하여라.

3.3 무한급수

무한수열 $\{a_n\}$이 주어졌을 때,

$$a_1 + a_2 + a_3 + \cdots + a_n + \cdots$$

과 같이 $\{a_n\}$의 각 항을 모두 합한 식을 **무한급수**라고 한다. 이 때, 이 무한 급수를

$$\sum_{n=1}^{\infty} a_n$$

으로 나타낸다.

이 무한급수에서 첫째항부터 제n항까지의 합, 즉 수열 $\{a_n\}$의 **부분합**,

$$S_n = a_1 + a_2 + a_3 + \cdots + a_n = \sum_{k=1}^{n} a_k$$

은 다시 수열 $\{S_n\}$이 되는데, 이 수열

$$S_1,\ S_2,\ S_3,\ \cdots,\ S_n,\ \cdots$$

이 극한값 S로 수렴할 때, 즉

$$\lim_{n \to \infty} S_n = S$$

일 때 무한급수 $\sum_{n=1}^{\infty} a_n$은 S로 **수렴한다**고 한다. 이 때 S를 **무한급수의 합**이라고 하며

$$a_1 + a_2 + a_3 + \cdots + a_n + \cdots = S \text{ 또는 } \sum_{n=1}^{\infty} a_n = S$$

로 나타낸다. 또 부분합의 수열 $\{S_n\}$이 발산할 때, 이 무한급수는 **발산한다**고 한다.

예제 3.3.1

(1) 무한급수 $1+\frac{1}{2}+\frac{1}{4}+\cdots+(\frac{1}{2})^{n-1}+\cdots$ 의 부분합은

$$S_n=1+\frac{1}{2}+\frac{1}{4}+\cdots+(\frac{1}{2})^{n-1}=\frac{1-(\frac{1}{2})^n}{1-\frac{1}{2}}=2-(\frac{1}{2})^{n-1}$$

이고, $\lim_{n\to\infty}(\frac{1}{2})^n=0$ 이므로 $\lim_{n\to\infty}S_n=2$ 이다. 따라서 이 무한급수는 2로 수렴한다.

(2) 무한급수 $1+2+3+\cdots+n+\cdots$ 의 부분합은

$$S_n=1+2+3+\cdots+n=\frac{n(n+1)}{2}$$

이고

$$\lim_{n\to\infty}\frac{n(n+1)}{2}=\infty$$

이므로, 이 무한급수는 발산한다.

(3) 무한급수 $1-1+1-1+\cdots+(-1)^{n+1}+\cdots$ 의 짝수 번째 항까지의 부분합은

$$S_{2n}=(1-1)+(1-1)+\cdots+(1-1)=0$$

이고, 홀수 번째 항까지의 부분합은

$$S_{2n+1}=(1-1)+(1-1)+\cdots+(1-1)+1=1$$

이므로 이 무한급수는 (진동하며) 발산한다. ■

예제 3.3.2

무한급수 $\frac{1}{1\cdot 2}+\frac{1}{2\cdot 3}+\frac{1}{3\cdot 4}+\cdots+\frac{1}{n(n+1)}+\cdots$ 의 합을 구하여라.

풀이 주어진 무한급수의 부분합 S_n 은

$$\begin{aligned}S_n&=\frac{1}{1\cdot 2}+\frac{1}{2\cdot 3}+\frac{1}{3\cdot 4}+\cdots+\frac{1}{n(n+1)}\\&=(1-\frac{1}{2})+(\frac{1}{2}-\frac{1}{3})+(\frac{1}{3}-\frac{1}{4})+\cdots+(\frac{1}{n}-\frac{1}{n+1})\\&=1-\frac{1}{n+1}\end{aligned}$$

이고,

$$\lim_{n\to\infty}(1-\frac{1}{n+1})=1$$

이므로, 주어진 무한급수의 합은 1이다. ■

무한급수 $\sum_{n=1}^{\infty} a_n$이 수렴할 때, 이 급수의 합을 S라 하면, 제n항까지의 부분합 S_n은

$$\lim_{n\to\infty} S_n = \lim_{n\to\infty} S_{n-1} = S$$

$$S_n - S_{n-1} = a_n \ (\text{단, } n \geq 2)$$

을 만족시킨다. 그러므로 극한의 성질에 의하여

$$\lim_{n\to\infty} a_n = \lim_{n\to\infty}(S_n - S_{n-1}) = \lim_{n\to\infty} S_n - \lim_{n\to\infty} S_{n-1} = 0$$

이다. 따라서 다음을 알 수 있다.

정리 3.9

무한급수 $\sum_{n=1}^{\infty} a_n$이 수렴하면, $\lim_{n\to\infty} a_n = 0$이다.

이 정리의 대우를 취하면 다음을 알 수 있다.

정리 3.9*

$\lim_{n\to\infty} a_n \neq 0$이면, 무한급수 $\sum_{n=1}^{\infty} a_n$은 발산한다.

위 정리로부터, 수열이 발산하거나, 수렴하더라도 그 극한값이 0이 아닌 경우에는, 무한급수가 발산한다는 것을 알 수 있다. 그렇다면 수열의 극한이 0인 경우에는 무한급수가 항상 수렴할까? 그렇지 않음을 뒤에서 보게 될 것이다. ([예제 3.3.7] 참조)

예제 3.3.3

무한급수 $\frac{1}{2}+\frac{2}{3}+\frac{3}{4}+\cdots+\frac{n}{n+1}+\cdots$이 발산함을 증명하여라.

풀이 주어진 무한급수의 일반항 a_n은

$$a_n = \frac{n}{n+1}$$

이고

$$\lim_{n\to\infty} a_n = \lim_{n\to\infty}\frac{n}{n+1} = 1 \neq 0$$

이므로, 주어진 무한급수는 발산한다. ■

첫째항이 a이고 공비가 r인 등비수열 $\{ar^{n-1}\}$에서 얻어진 급수

$$a + ar + ar^2 + \cdots + ar^{n-1} + \cdots$$

을 **무한등비급수**라고 한다. $a \neq 0$일 때, 무한등비급수의 수렴, 발산을 조사하여 보자. 무한등비급수의 제n항까지의 부분합 S_n은

$$r = 1 \text{일 때 } S_n = a + a + a + \cdots + a = na$$

$$r \neq 1 \text{일 때 } S_n = \frac{a(1-r^n)}{1-r}$$

이므로 다음이 성립한다.

(i) $r=1$이면, $\lim_{n\to\infty} S_n = \lim_{n\to\infty} na = \pm\infty$ (a의 부호에 따라서)

(ii) $|r| < 1$이면, $\lim_{n\to\infty} r^n = 0$이므로

$$\begin{aligned}\lim_{n\to\infty} S_n &= \lim_{n\to\infty}\frac{a(1-r^n)}{1-r}\\ &= \frac{a}{1-r} - \frac{a}{1-r}\lim_{n\to\infty} r^n\\ &= \frac{a}{1-r}\end{aligned}$$

이다. 즉 부분합 S_n은 $\frac{a}{1-r}$로 수렴한다.

(iii) $|r|>1$이면, 수열 $\{r^n\}$은 발산하므로 S_n도 발산한다.

따라서 다음을 알 수 있다.

정리 3.10 무한등비급수의 합

첫째항이 $a(a \neq 0)$이고 공비가 r인 무한등비급수에 대해서 다음이 성립한다.

(1) $|r|<1$일 때, 무한등비급수는 수렴하고, 그 합 S는 다음과 같다.

$$S=\frac{a}{1-r}$$

(2) $|r| \geq 1$일 때, 즉, $r \leq -1$ 또는 $r \geq 1$일 때, 무한등비급수는 발산한다.

예제 3.3.4

다음 무한등비급수의 수렴, 발산을 조사하고, 수렴하면 그 합을 구하여라.

(1) $2+\sqrt{2}+1+\frac{1}{\sqrt{2}}+\cdots$ (2) $1-\frac{3}{2}+\frac{9}{4}-\frac{27}{8}+\cdots$

풀이 (1) 첫째항이 $a=2$이고 공비가 $r=\frac{\sqrt{2}}{2}(|r|<1)$이므로 주어진 무한등비급수는 수렴하고, 그 합은

$$\frac{a}{1-r}=\frac{2}{1-\frac{\sqrt{2}}{2}}=2(2+\sqrt{2})$$

이다.

(2) 공비가 $r=-\frac{3}{2}<-1$이므로 이 무한등비급수는 발산한다. ■

수렴하는 두 무한급수 $\sum_{n=1}^{\infty} a_n$, $\sum_{n=1}^{\infty} b_n$의 제 n항까지의 부분합을 각각 S_n, T_n이라고 하면, 극한의 성질에 의하여

$$\begin{aligned}\sum_{n=1}^{\infty}(a_n \pm b_n) &= \lim_{n\to\infty}(S_n \pm T_n)\\ &= \lim_{n\to\infty}S_n \pm \lim_{n\to\infty}T_n\\ &= \sum_{n=1}^{\infty}a_n \pm \sum_{n=1}^{\infty}b_n\end{aligned}$$

이다. 마찬가지로

$$\sum_{n=1}^{\infty}ca_n = \lim_{n\to\infty}cS_n = c\lim_{n\to\infty}S_n = c\sum_{n=1}^{\infty}a_n$$

이다. 그러므로 다음을 알 수 있다.

정리 3.11 무한급수의 성질

두 무한급수 $\sum_{n=1}^{\infty}a_n$, $\sum_{n=1}^{\infty}b_n$이 수렴할 때

(1) $\sum_{n=1}^{\infty}(a_n \pm b_n) = \sum_{n=1}^{\infty}a_n \pm \sum_{n=1}^{\infty}b_n$ (복호동순)

(2) $\sum_{n=1}^{\infty}ca_n = c\sum_{n=1}^{\infty}a_n$ (단, c는 상수)

예제 3.3.5

무한급수 $\sum_{n=1}^{\infty}((\frac{1}{2})^{n-1} - (\frac{1}{3})^{n-1})$의 합을 구하여라.

풀이

$$\begin{aligned}\sum_{n=1}^{\infty}((\frac{1}{2})^{n-1} - (\frac{1}{3})^{n-1}) &= \sum_{n=1}^{\infty}(\frac{1}{2})^{n-1} - \sum_{n=1}^{\infty}(\frac{1}{3})^{n-1}\\ &= \frac{1}{1-\frac{1}{2}} - \frac{1}{1-\frac{1}{3}}\\ &= 2 - \frac{3}{2} = \frac{1}{2}\end{aligned}$$

■

예제 3.3.6

어느 기업에서 장학기금을 금년 초에 예금하여 매년 말에 100만원씩의 장학금을 영구히 지급하려고 한다. 얼마의 장학기금을 예금해야 하는가? 연 10%의 복리로 계산하여라.

풀이 n년 말에 100만원을 지급하기 위하여 금년 초에 예금해야 할 금액을 P_n원이라고 하면

$$(1+0.1)^n P_n = 100\text{만원}$$

이므로

$$P_n = \frac{100}{(1+0.1)^n}\text{만원}$$

따라서 매년 말에 100만원씩을 계속 지급하기 위해서 금년 초에 예금해야 할 기금의 총액은 다음과 같다.

$$P_1 + P_2 + P_3 + \cdots + P_n + \cdots$$

$$= \frac{100}{1+0.1} + \frac{100}{(1+0.1)^2} + \frac{100}{(1+0.1)^3} + \cdots = \frac{\frac{100}{1+0.1}}{1-\frac{1}{1+0.1}} = 1{,}000(\text{만원})$$

■

모든 n에 대하여 $0 \le a_n \le b_n$일 때, $\sum_{n=1}^{\infty} b_n$이 S로 수렴하면

$$S_n = a_1 + a_2 + \cdots + a_n \le b_1 + b_2 + \cdots + b_n \le S$$

이므로 부분합의 수열 $\{S_n\}$은 위로 유계인 증가수열이고, 따라서 완비성공리에 의하여 수렴한다. 즉, $\sum_{n=1}^{\infty} a_n$은 수렴한다. 대우를 생각하면 $\sum_{n=1}^{\infty} a_n$이 발산하면 $\sum_{n=1}^{\infty} b_n$도 발산한다. 따라서 다음 비교판정법을 얻는다.

정리 3.12 비교판정법

모든 n에 대하여 $0 \le a_n \le b_n$일 때

(1) $\sum_{n=1}^{\infty} b_n$이 수렴하면 $\sum_{n=1}^{\infty} a_n$도 수렴한다.

(2) $\sum_{n=1}^{\infty} a_n$이 발산하면 $\sum_{n=1}^{\infty} b_n$도 발산한다.

양수의 수열 $\{a_n\}$에서 모든 n에 대하여 $\dfrac{a_{n+1}}{a_n} \le r < 1$이면

$$a_n \le ra_{n-1} \le r^2 a_{n-2} \le r^{n-1} a_1$$

인데 $\sum_{n=1}^{\infty} r^{n-1} a_1$이 수렴하므로 비교 판정법에 의하여 $\sum_{n=1}^{\infty} a_n$도 수렴한다. 또한 모든 n에 대하여 $\dfrac{a_{n+1}}{a_n} \ge 1$이면,

$$a_n \ge a_{n-1} \ge \cdots \ge a_1$$

에서 $\lim_{n \to \infty} a_n \ne 0$이므로 $\sum_{n=1}^{\infty} a_n$은 발산한다. 따라서 다음 비율판정법을 얻는다.

각 항의 역수가 등차수열을 이루는 수열을 **조화수열**, 급수를 **조화급수**라 하는데, 가장 간단한 예로 $a_n = \dfrac{1}{n}$이 있다. 조화급수 $\sum_{n=1}^{\infty} \dfrac{1}{n}$이 발산함은 잘 알려져 있으며 여러 가지 유명한 증명들이 있다.

예제 3.3.7

조화급수 $\sum_{n=1}^{\infty} \dfrac{1}{n}$이 발산함을 보이시오.

풀이

$$\begin{aligned} \sum_{n=1}^{\infty} \frac{1}{n} &= 1 + \frac{1}{2} + (\frac{1}{3} + \frac{1}{4}) + (\frac{1}{5} + \frac{1}{6} + \frac{1}{7} + \frac{1}{8}) \cdots \\ &> 1 + \frac{1}{2} + (\frac{1}{4} + \frac{1}{4}) + (\frac{1}{8} + \frac{1}{8} + \frac{1}{8} + \frac{1}{8}) + \frac{1}{16} + \frac{1}{16} + \cdots \\ &> 1 + \frac{1}{2} + \frac{1}{2} + \frac{1}{2} + \frac{1}{2} + \cdots \end{aligned}$$

이고, $\sum_{n=1}^{\infty} \dfrac{1}{n} > \sum_{n=1}^{\infty} \dfrac{1}{2}$이다. 그런데 급수 $\sum_{n=1}^{\infty} \dfrac{1}{2}$는 발산하므로 [비교판정법]에 의하여 $\sum_{n=1}^{\infty} \dfrac{1}{n}$도 발산한다. ■

정리 3.13 비율판정법 I

양수의 수열 $\{a_n\}$에 대하여

(1) 모든 n에 대하여 $\frac{a_{n+1}}{a_n} \le r < 1$이면 $\sum_{n=1}^{\infty} a_n$은 수렴한다.

(2) 모든 n에 대하여 $\frac{a_{n+1}}{a_n} \ge 1$이면 $\sum_{n=1}^{\infty} a_n$은 발산한다.

급수의 수렴과 발산은 유한개의 항을 제외해도 변하지 않으므로 위의 판정법은 적당한 번호 이후에 대하여 조건을 만족해도 성립한다.

예제 3.3.8

급수 $\sum_{n=1}^{\infty} \frac{1}{n!}$이 수렴함을 보여라.

풀이 $a_n = \frac{1}{n!}$이라고 두면

$$\frac{a_{n+1}}{a_n} = \frac{1}{(n+1)!} / \frac{1}{n!} = \frac{1}{n+1} \le \frac{1}{2} < 1$$

이므로 [비율판정법 I]에 의하여 수렴한다. ■

양수의 수열 $\{a_n\}$에서 $r = \lim_{n \to \infty} \frac{a_{n+1}}{a_n}$이 존재할 때 $r < 1$이면 $r < \rho < 1$인 ρ를 택하면 적당한 번호 이후부터

$$\frac{a_{n+1}}{a_n} \le \rho < 1$$

이므로 [비율판정법 I]에 의하여 $\sum_{n=1}^{\infty} a_n$은 수렴한다.

또한 $r > 1$이면 적당한 번호 이후부터

$$\frac{a_{n+1}}{a_n} \ge 1$$

이므로 $\sum_{n=1}^{\infty} a_n$은 발산한다. 따라서 다음 비율판정법을 얻는다.

정리 3.14 비율판정법 II

양수의 수열 $\{a_n\}$에서 $r = \lim_{n\to\infty} \frac{a_{n+1}}{a_n}$이 존재할 때

(1) $r < 1$이면 $\sum_{n=1}^{\infty} a_n$은 수렴한다.

(2) $r > 1$이면 $\sum_{n=1}^{\infty} a_n$은 발산한다.

예제 3.3.9

$\sum_{n=1}^{\infty} \frac{1}{2^n}$이 수렴함을 보여라.

풀이 $a_n = \frac{1}{2^n}$이라 두면

$$\lim_{n\to\infty} \frac{a_{n+1}}{a_n} = \lim_{n\to\infty} \left(\frac{1}{2^{n+1}} / \frac{1}{2^n}\right) = \frac{1}{2} < 1$$

이므로 [비율판정법 II]에 의하여 수렴한다. ■

급수 $\sum_{n=1}^{\infty} |a_n|$ 이 수렴할 때, 급수 $\sum_{n=1}^{\infty} a_n$은 **절대수렴**한다고 한다. 실수 a에 대하여

$$a^+ = \max\{a, 0\}, \quad a^- = \max\{-a, 0\}$$

라 두면

$$|a| = a^+ + a^-, \quad a = a^+ - a^-$$

이다. 급수 $\sum a_n$으로부터 두 개의 급수 $\sum a_n^+$와 $\sum a_n^-$를 생각하면, $\sum_{n=1}^{\infty} |a_n|$가 수렴할 때

$$0 \le a_n^+ \le |a_n|, \quad 0 \le a_n^- \le |a_n|$$

이므로 비교판정법에 의하여 $\sum_{n=1}^{\infty} a_n^+$와 $\sum_{n=1}^{\infty} a_n^-$도 수렴한다.

따라서 그들의 차

$$\sum_{n=1}^{\infty} a_n^+ - \sum_{n=1}^{\infty} a_n^- = \sum_{n=1}^{\infty} (a_n^+ - a_n^-) = \sum_{n=1}^{\infty} a_n$$

도 수렴한다. 즉, 다음이 성립한다.

정리 3.15

$\sum_{n=1}^{\infty} a_n$이 절대 수렴하면 $\sum_{n=1}^{\infty} a_n$은 수렴한다.

급수 $\sum_{n=1}^{\infty} a_n$에서 a_n들이 교대로 양수, 음수로 되어 있는 경우, 이 급수를 **교대급수**라고 부른다. 교대급수에서 $\lim_{n\to\infty} a_n = 0$이고 $|a_{n+1}| \le |a_n|$ 이면 이 교대급수는 수렴한다. 왜냐하면 교대급수

$$b_1 - c_1 + b_2 - c_2 + b_3 - c_3 + \cdots\cdots, \quad b_n, c_n \ge 0$$

에 대하여 부분합

$$S_n = b_1 - c_1 + b_2 - c_2 + \cdots + b_n$$

$$T_n = b_1 - c_1 + b_2 - c_2 + \cdots + b_n - c_n$$

이라 놓으면, 가정에 의하여 각 항의 절댓값이 감소하므로

$$S_1 \ge S_2 \ge S_3 \ge \cdots\cdots.$$

$$T_1 \le T_2 \le T_3 \le \cdots\cdots.$$

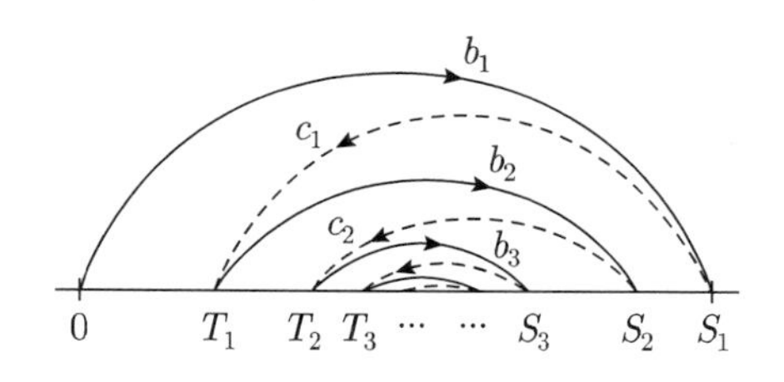

이다. 또, $S_n \geq T_n$이다. 따라서

$$S_n \geq S_{n+1} \geq \cdots \geq T_{n+1} \geq T_n$$

그리고 $S_n - T_n = c_n$이고 $\lim_{n \to \infty} c_n = 0$이므로

$$\lim_{n \to \infty} (S_n - T_n) = \lim_{n \to \infty} c_n = 0$$

이다. 한편 수열 $\{S_n\}$은 아래로 유계이고 수열 $\{T_n\}$은 위로 유계이므로 완비성 공리에 의하여

$$\lim_{n \to \infty} S_n = L, \ \lim_{n \to \infty} T_n = M$$

이 존재하고

$$S_n \geq L \geq M \geq T_n$$

에서 $\lim_{n \to \infty} (S_n - T_n) = 0$이므로 $L = M$이다.

수열 $\{S_n\}$과 $\{T_n\}$이 모두 L에 수렴하므로 처음 교대급수도 L에 수렴한다. 따라서 다음을 알 수 있다.

정리 3.16 교대급수의 수렴

교대급수 $\sum_{n=1}^{\infty} a_n$에서

$$\lim_{n \to \infty} a_n = 0\text{이고, 모든 } n\text{에 대하여 } |a_{n+1}| \leq |a_n|\text{이면}$$

이 교대급수는 수렴한다.

예제 3.3.10

다음 교대급수의 수렴 · 발산을 판정하고, 수렴하는 경우 절대수렴인지 아닌지 판정하여라.

(1) $\sum_{n=1}^{\infty} (-1)^n \frac{1}{n!}$　　(2) $\sum_{n=1}^{\infty} (-1)^n \frac{1}{n}$

풀이 $\lim_{n\to\infty}(-1)^n\frac{1}{n!}=0$ 이고, $\lim_{n\to\infty}(-1)^n\frac{1}{n}=0$ 이므로 [정리 3.16]에 의하여 두 교대급수 $\sum_{n=1}^{\infty}(-1)^n\frac{1}{n!}$ 와 $\sum_{n=1}^{\infty}(-1)^n\frac{1}{n}$ 은 모두 수렴한다. 이 두 급수의 절대수렴성은 다음과 같다.

(1) [예제 3.3.8]에서 보았듯이 $\sum_{n=1}^{\infty}\frac{1}{n!}$ 이 수렴하므로, $\sum_{n=1}^{\infty}(-1)^n\frac{1}{n!}$ 은 절대수렴한다.

(2) [예제 3.3.7]에서 보았듯이 $\sum_{n=1}^{\infty}\frac{1}{n}$ 은 수렴하지 않으므로, $\sum_{n=1}^{\infty}(-1)^n\frac{1}{n}$ 은 절대수렴하지는 않는다. ■

[예제 3.3.10], (2)의 급수처럼 수렴하지만 절대수렴하지 않는 급수를 **조건수렴**하는 급수라고 한다.

3.3 연습문제

01 일반항이 다음 식으로 주어진 수열에서 얻어진 급수의 수렴, 발산을 조사하고, 수렴하면 그 합을 구하여라.

(1) $2n-1$

(2) $\sqrt{n}-\sqrt{n-1}$

(3) $\dfrac{2^{n-1}}{3^n}$

(4) $\dfrac{2^n+3^n}{4^n}$

02 첫째항이 1이고 공비가 $\dfrac{1}{7}$인 무한등비급수의 합 S를 구하고, S와 제 n항까지의 부분합 S_n의 차가 0.001이하가 되는 최소의 자연수 n을 구하여라.

03 둘째항이 4이고 합이 16인 무한등비급수의 첫째항과 공비를 구하여라.

04 첫째항이 1이고 공비가 r인 무한등비급수의 합이 $\dfrac{4}{3}$일 때, 첫째항이 2이고 공비가 r^2인 무한등비급수의 합을 구하여라.

05 다음 급수의 수렴 · 발산을 판정하여라.

(1) $\displaystyle\sum_{n=1}^{\infty}\frac{n^2}{n!}$

(2) $\displaystyle\sum_{n=1}^{\infty}\frac{2^n}{n^2}$

CHAPTER

04

함수의 극한

4.1 극한의 정의

함수 $y=f(x)$의 정의역에서 x가 a로 한없이 가까이 갈 때 $f(x)$가 일정한 값 b에 가까워지면, $f(x)$는 b로 수렴한다고 한다. 이것을 기호로

$$\lim_{x\to a} f(x)=b$$

또는

$$x\to a \text{일 때 } f(x)\to b$$

로 나타내고, 이 경우 b를 $x=a$에서의 $f(x)$의 극한이라 한다.

정의 4.1 극한의 정의 1

실수 a, b에 대하여 x가 a로 한없이 가까이 갈 때 함숫값 $f(x)$가 b에 한없이 가까워지면, b를 $x=a$에서의 $f(x)$의 **극한** 또는 **극한값**이라고 하며 기호로

$$x\to a \text{일 때 } f(x)\to b$$

또는

$$\lim_{x\to a} f(x)=b$$

로 표현한다. 이 때 x가 a로 갈 때 $f(x)$는 b로 **수렴한다**, $f(x)$는 $x=a$에서 **극한이 존재한다**고 말한다.

예를 들어, [그림 4.1]에서 보듯이 x가 2에 가까워지면 함수 $f(x)=x^2-x+2$는 4로 수렴함을 알 수 있다. 즉,

$$\lim_{x\to 2} f(x)=\lim_{x\to 2}(x^2-x+2)=4$$

이다.

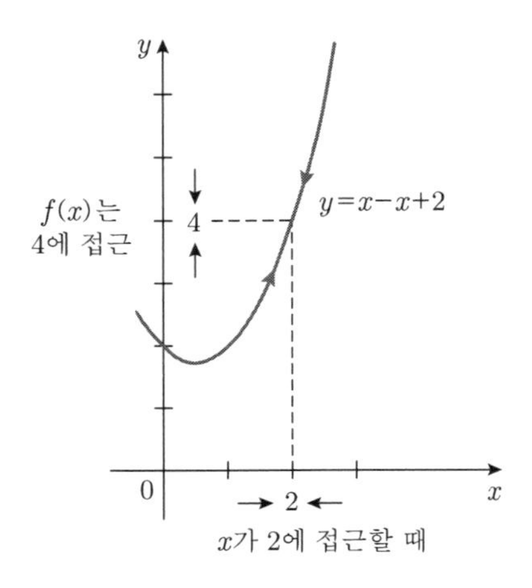

그림 4.1 $f(x)=x^2-x+2$의 그래프

이제 두 함수 $g(x)=\dfrac{x^3-1}{x-1}$ 와 $h(x)=x^2+x+1$ 의 $x=1$에서의 극한을 비교하여 보자. 먼저 두 함수의 정의역을 살펴보면, $h(x)$는 모든 실수에서 잘 정의되지만, $g(x)$는 $x=1$에서 정의되어 있지 않다. 그리고

$$g(x)=\frac{x^3-1}{x-1}=\frac{(x-1)(x^2+x+1)}{x-1}$$

이므로, $g(x)$는 $x\neq 1$ 인 모든 x에 대하여 다항함수 $h(x)=x^2+x+1$ 와 같다. 즉,

$$g(x)=h(x),\quad x\neq 1$$

이다.

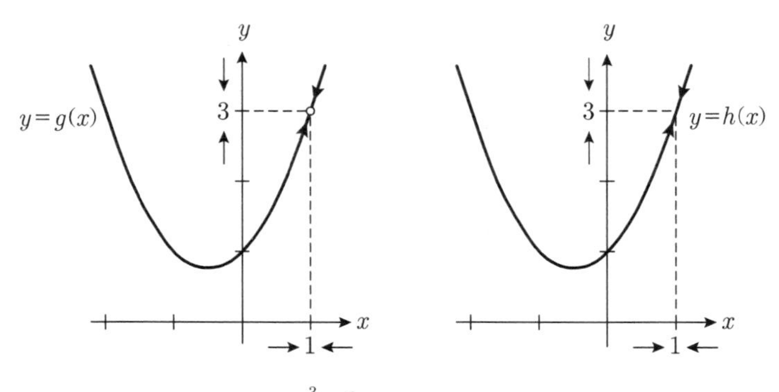

그림 4.2 $g(x)=\dfrac{x^3-1}{x-1}$ 와 $h(x)=x^2+x+1$의 그래프

[그림 4.2]에서 알 수 있듯이, x가 1에 가까워지면 함수 $g(x)$와 $h(x)$는 모두 3으로 수렴한다. 즉,

$$\lim_{x\to 1} g(x) = 3 = \lim_{x\to 1} h(x)$$

이다. 다시 말해서

$$\lim_{x\to 1}\frac{x^3-1}{x-1} = \lim_{x\to 1}\frac{(x-1)(x^2+x+1)}{x-1} = \lim_{x\to 1}(x^2+x+1)$$

임을 알 수 있다.

참고로, 세 함수 $f(x)$, $g(x)$, $h(x)$의 극한을 비교하여 보면, $f(x)$의 $x=2$에서의 극한값 4는 함숫값 $f(2)$이고 $h(x)$의 $x=1$에서의 극한값 3은 $h(1)$이지만, $g(x)$의 $x=1$에서의 극한값 3은 $g(1)$이 아니다.

주의 위 예에서도 알 수 있듯이, x가 a로 가까이 갈 때 $f(x)$의 극한값은 $x=a$에서의 함숫값과는 아무런 상관이 없다. 심지어 a가 정의역에 있을 필요도 없다. 극한값은 $x=a$를 제외한 그 주변의 함숫값이 어떻게 변화하는지에 의해 결정된다. [그림 4.3]에서는 $x \neq a$인 모든 x에서 함숫값이 같은 세 가지 다른 함수들을 보여주고 있다. 극한의 정의에 의해서 이 세 함수의 $x=a$에서의 극한값은 모두 L이다. (a)의 함수는 $x=a$에서의 극한값이 $x=a$에서의 함숫값과 같은 경우이고, (b)의 함수는 $x=a$에서의 극한값이 $x=a$에서의 함숫값과 다른 경우, (c)는 $x=a$에서의 함숫값이 정의되지 않은 경우이다.

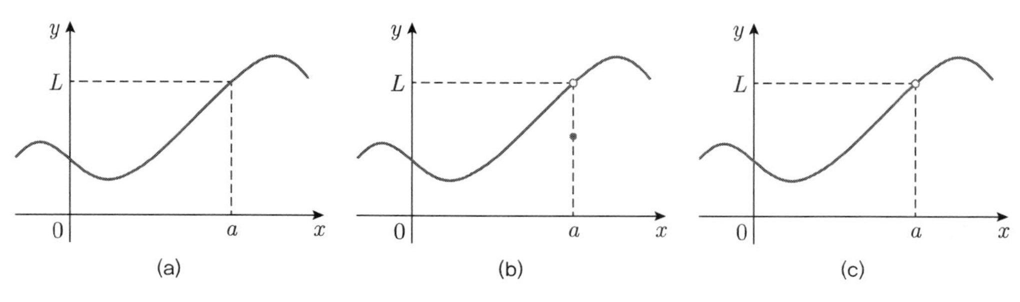

그림 4.3 $x=a$에서의 극한값이 모두 L인 함수들 ■

예제 4.1.1

다음 극한값을 구하여라.

$$\lim_{x\to 2}(x^2-3x-4)$$

풀이 이차함수 $f(x)=x^2-3x-4$의 그래프는 [그림 4.2]의 $h(x)$의 그래프처럼 끊어지거나 비어 있지 않은 매끄러운 곡선임을 우리는 이미 알고 있다. 그러므로 x가 2로 가까이 갈 때 $f(x)$는 $f(2)=4-6-4=-6$에 한없이 가까워질 것이다. 따라서 $f(x)$의 $x=2$에서의 극한값은 −6이다. ■

예제 4.1.2

함수 $f(x)$의 그래프가 다음과 같을 때 주어진 극한이 존재하는 것을 모두 고르시오.

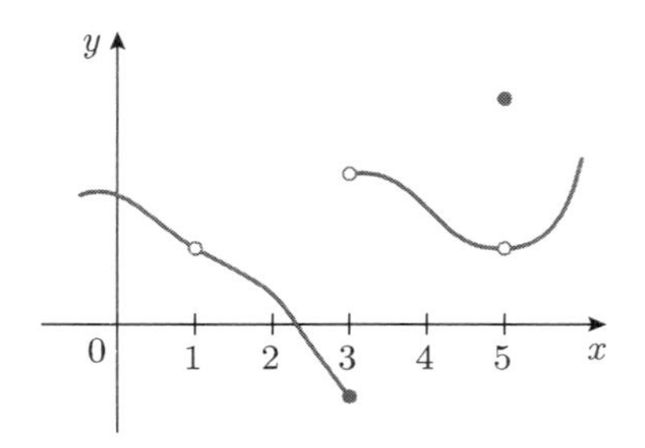

(1) $\lim_{x\to 1}f(x)$ (2) $\lim_{x\to 2}f(x)$ (3) $\lim_{x\to 3}f(x)$

(4) $\lim_{x\to 4}f(x)$ (5) $\lim_{x\to 5}f(x)$ (6) $\lim_{x\to 0}f(x)$

풀이 먼저 $x=3$에서는 함수 $f(x)$의 극한이 존재하지 않음을 알 수 있다. 그리고 $x=3$을 제외한 5개의 점에서는 함수 $f(x)$의 극한이 모두 존재한다. x가 0, 2, 4인 경우에는 그 극한값이 그 점에서의 함숫값과 일치한다. $x=1$은 $f(1)$ 값이 정의되어 있지는 않지만, 극한 $\lim_{x\to 1}f(x)$은 존재한다. $x=5$에서는 함숫값 $f(5)$와 극한값 $\lim_{x\to 5}f(x)$이 다르다. ■

예제 4.1.3

다음 네 함수의 그래프를 그리고 $x=2$에서의 극한값을 각각 구하여라.

(1) $f(x)=x+1$ (2) $g(x)=\dfrac{x^2-x-2}{x-2}$

(3) $h(x)=\begin{cases} x+1, & x \neq 2 \\ 1, & x=2 \end{cases}$ (4) $k(x)=\begin{cases} \dfrac{x^2-x-2}{x-2}, & x \neq 2 \\ 1, & x=2 \end{cases}$

풀이 먼저 다음이 성립함을 관찰하자.

$$\frac{x^2-x-2}{x-2}=\frac{(x-2)(x+1)}{x-2}=x+1,\ x \neq 2$$

그러므로 주어진 네 개의 함수는 $x \neq 2$를 제외한 모든 점에서 같은 함숫값을 가지며, 특히 $h(x)$와 $k(x)$는 모든 점에서 같은 함숫값을 갖는다. 즉, $h(x)=k(x)$이다. 그래프는 다음과 같다.

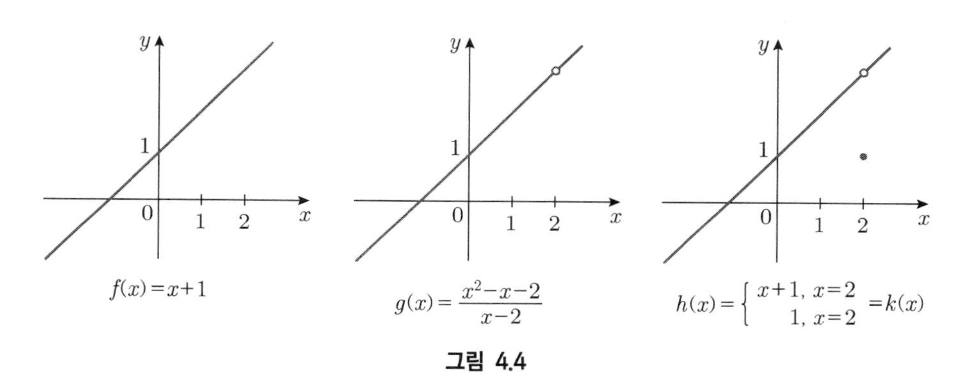

그림 4.4

따라서 네 함수의 $x=2$에서의 극한값은 모두 같으며 그 값은 $f(2)=3$이다. 즉,

$$\lim_{x\to 2} f(x)=\lim_{x\to 2} g(x)=\lim_{x\to 2} h(x)=\lim_{x\to 2} k(x)=3=f(2)$$

이다. ■

예제 4.1.4

다음 극한값을 구하여라.

$$\lim_{x\to 0}\frac{\sqrt{x+1}-1}{x}$$

풀이 함수 $\dfrac{\sqrt{x+1}-1}{x}$는 $x \neq 0$에서는 함수 $\dfrac{1}{\sqrt{x+1}+1}$와 같다. 왜냐하면, $x \neq 0$에서는 다음 등식이 성립하기 때문이다.

$$\frac{\sqrt{x+1}-1}{x} = \frac{x}{x(\sqrt{x+1}+1)} = \frac{1}{\sqrt{x+1}+1}$$

그러므로 극한값은 다음과 같이 구해진다.

$$\lim_{x \to 0} \frac{\sqrt{x+1}-1}{x} = \lim_{x \to 0} \frac{x}{x(\sqrt{x+1}+1)} = \lim_{x \to 0} \frac{1}{\sqrt{x+1}+1} = \frac{1}{2}$$

■

예제 4.1.5

등식 $\lim_{x \to 2} \frac{ax^2 - x}{x-2} = b$를 만족시키는 실수 a, b를 구하여라.

풀이 먼저 분자는 2차 함수이므로 $\lim_{x \to 2}(ax^2 - x) = 4a - 2$ 이다. 그런데 $x \to 2$일 때 분모가 0에 수렴하므로 분자도 0에 수렴해야 한다. 왜냐하면 분자가 0이 아닌 값에 수렴한다면 유리함수 $\frac{ax^2 - x}{x-2}$는 $x \to 2$일 때 발산하기 때문이다. 따라서

$$\lim_{x \to 2}(ax^2 - x) = 4a - 2 = 0$$

로부터 $a = \frac{1}{2}$이다. 이 때

$$\frac{ax^2 - x}{x-2} = \frac{\frac{1}{2}x^2 - x}{x-2} = \frac{x(x-2)}{2(x-2)}$$

로부터 유리함수 $\frac{ax^2 - x}{x-2}$는 $x = 2$에서 정의되어 있지 않지만, $x \neq 2$인 모든 점에서 다항함수 $\frac{x}{2}$와 같음을 알 수 있다. 그러므로 극한의 정의에 의하여

$$\lim_{x \to 2} \frac{\frac{1}{2}x^2 - x}{x-2} = \lim_{x \to 2} \frac{x(x-2)}{2(x-2)} = \lim_{x \to 2} \frac{x}{2} = 1$$

이고, 따라서 $b = 1$이다. ■

우리는 $\lim_{x \to a} f(x) = b$에서 a가 $\pm\infty$이거나 b가 $\pm\infty$인 경우, 즉 x가 무한히 커지거나 무한히 작아지는 경우에 대해서도 다음과 같이 생각할 수 있다.

정의 4.2 극한의 정의 2

실수 a, b와 함수 $f(x)$에 대하여 다음과 같이 극한을 정의한다.

(1) x가 한없이 커질 때 $f(x)$가 b에 한없이 가까워지면, x가 양의 무한대로 갈 때 $f(x)$는 b로 수렴한다고 하며, 기호로

$$x \to \infty \text{ 일 때 } f(x) \to b$$

또는

$$\lim_{x \to \infty} f(x) = b$$

로 표현한다.

(2) x가 한없이 작아질 때[7] $f(x)$가 b에 한없이 가까워지면, x가 음의 무한대로 갈 때 $f(x)$는 b로 수렴한다고 하며, 기호로

$$x \to -\infty \text{ 일 때 } f(x) \to b$$

또는

$$\lim_{x \to -\infty} f(x) = b$$

로 표현한다.

(3) x가 a로 한없이 가까이 갈 때 $f(x)$가 한없이 커지면, x가 a로 갈 때 $f(x)$는 **양의 무한대로 발산한다**고 하며, 기호로

$$x \to a \text{ 일 때 } f(x) \to \infty$$

또는

$$\lim_{x \to a} f(x) = \infty$$

로 표현한다.

(4) x가 a로 한없이 가까이 갈 때 $f(x)$가 한없이 작아지면, x가 a로 갈 때 $f(x)$는 **음의 무한대로 발산한다**고 하며, 기호로

$$x \to a \text{ 일 때 } f(x) \to -\infty$$

또는

$$\lim_{x \to a} f(x) = -\infty$$

로 표현한다.

---

7) 여기서 '한없이 작아진다'라는 것은 음수이면서 그 크기가 한없이 커진다는 의미이다. 실수를 수직선으로 대응시킬 때 왼쪽으로 무한히 뻗어 나간다는 의미이다.

예제 4.1.6

다음 극한을 구하시오.

(1) $\lim_{x \to \infty} \frac{1}{x}$　　　　(2) $\lim_{x \to 0} \frac{1}{x^2}$

풀이 (1) 분수함수 $y = \frac{1}{x}$ 에서 $x \to \infty$ 일 때, $y \to 0$ 이므로 $\lim_{x \to \infty} \frac{1}{x} = 0$ 이다.

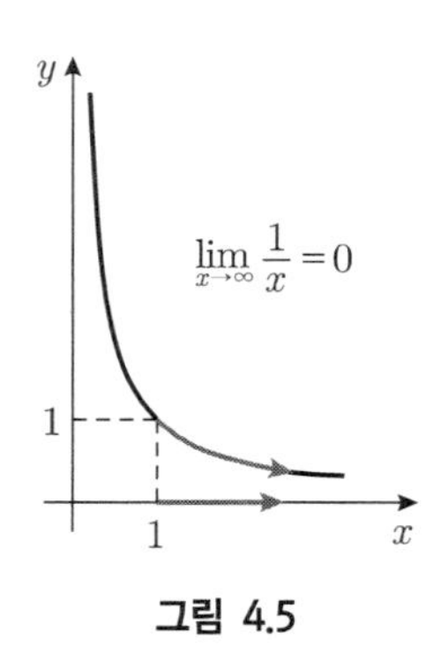

그림 4.5

(2) 함수 $y = \frac{1}{x^2}$ 은 x 가 0 에 한없이 가까워질 때 함숫값이 한없이 커지므로 $\lim_{x \to 0} \frac{1}{x^2} = \infty$ 이다.

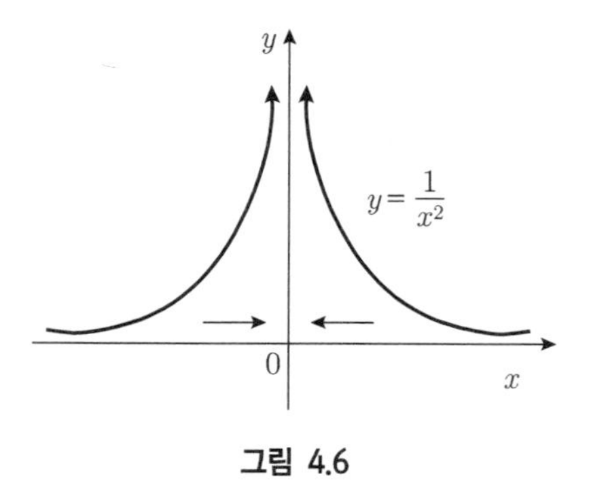

그림 4.6

■

정의역에서 x 가 a 로 한없이 가까이 갈 때 $f(x)$ 가 수렴하지 않는 경우, 우리는 **발산**한다고 하는데, 이 경우 중 x 가 a 보다 큰 쪽에서 가까이 갈 때와 작은 쪽에서 가까이 갈 때에는 각각 어떤 값에 수렴하는 경우가 있다.

정의 4.3 우극한과 좌극한의 정의 1

(i) x가 a보다 큰 쪽에서 a로 한없이 가까이 갈 때 $f(x)$가 b에 한없이 가까워지면, 기호로

$$\lim_{x \to a+} f(x) = b$$

로 표현하며, b를 **우극한**이라 한다.

(ii) x가 a보다 작은 쪽에서 a로 한없이 가까이 갈 때 $f(x)$가 b에 한없이 가까워지면, 기호로

$$\lim_{x \to a-} f(x) = b$$

로 표현하며, b를 **좌극한**이라 한다

우극한과 좌극한의 정의로부터 [그림 4.7]의 함수 $f(x)$는 $x=1$에서 극한이 존재하지 않지만 다음과 같이 우극한과 좌극한은 존재한다.

$$\lim_{x \to 1+} f(x) = 1, \ \lim_{x \to 1^-} f(x) = -1$$

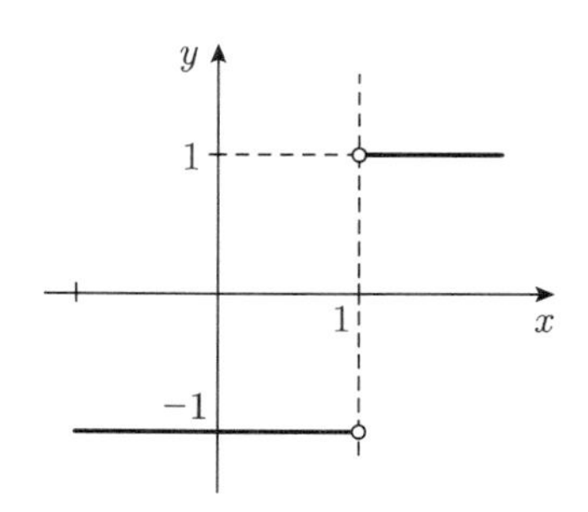

그림 4.7 우극한, 좌극한

극한의 정의로부터 우리는 실수 a에 대하여 다음을 바로 알 수 있다.

$$\lim_{x \to a} f(x) = b \ \Leftrightarrow \ \lim_{x \to a+} f(x) = b, \ \lim_{x \to a-} f(x) = b$$

즉 우극한과 좌극한이 각각 존재하고 그 값이 같을 때, 극한이 존재하고 그 극한값은 우극한값 (또는 좌극한값)과 같음을 알 수 있다.

예제 4.1.7

함수 $f(x)$의 그래프를 보고, $\lim_{x \to 2-} f(x)$와 $\lim_{x \to 2+} f(x)$를 구하여라.

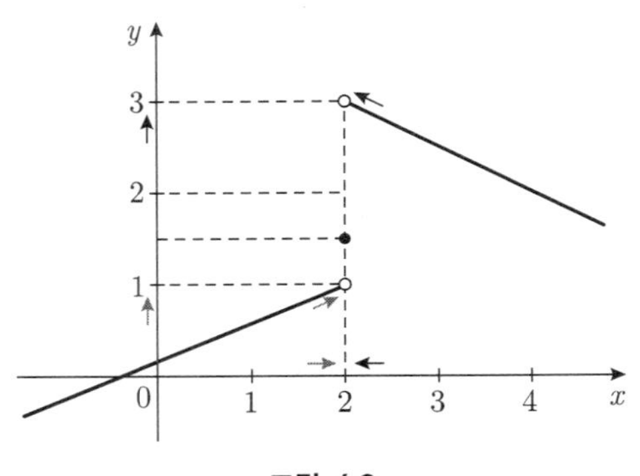

그림 4.8

풀이 x가 왼쪽에서 2에 접근하면 $f(x)$는 1에 접근한다. 따라서

$$\lim_{x \to 2-} f(x) = 1$$

이다. 또 x가 오른쪽에서 2에 접근하면 $f(x)$는 3에 접근한다. 따라서

$$\lim_{x \to 2+} f(x) = 3$$

이다. ■

예제 4.1.8

함수 $f(x)$의 그래프가 다음과 같을 때 $x = 6$에서의 좌극한과 우극한, 극한을 구하여라.

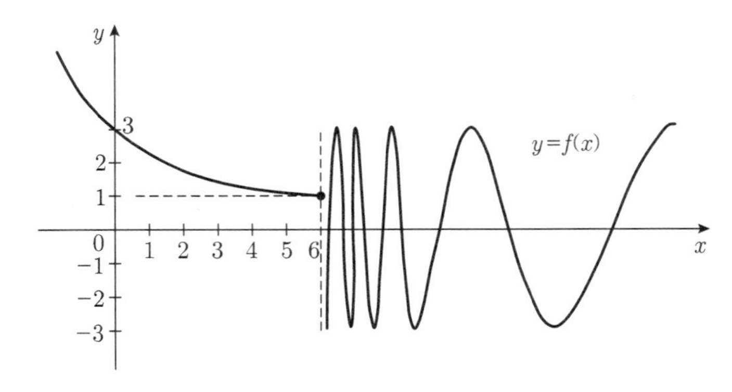

그림 4.9

풀이 x가 왼쪽에서 6에 접근하면 $f(x)$는 1에 접근하므로

$$\lim_{x \to 6-} f(x) = 1$$

즉, $x = 6$에서 f의 좌극한은 1이다. 그러나 x가 오른쪽에서 6에 접근하면 $f(x)$는 -3과 3사이에서 일정한 진폭을 유지하며 진동한다. 따라서 $x = 6$에서 우극한 $\lim_{x \to 6+} f(x)$는 존재하지 않는다. 그러므로 $x = 6$에서의 극한 $\lim_{x \to 6} f(x)$는 존재하지 않는다. ■

x가 a로 한쪽 방향에서 한없이 가까이 갈 때 $f(x)$가 한없이 커지는 것도 발산하는 특별한 경우이므로 다음과 같이 표현한다.

정의 4.4 우극한과 좌극한의 정의 2[8]

(i) x가 a보다 큰 쪽에서 a로 한없이 가까이 갈 때, $f(x)$가 한없이 커지면,

$$\lim_{x \to a+} f(x) = \infty$$

로 표현하고, $f(x)$가 한없이 작아지면,

$$\lim_{x \to a+} f(x) = -\infty$$

로 표현한다.

(ii) x가 a보다 작은 쪽에서 a로 한없이 가까이 갈 때, $f(x)$가 한없이 커지면,

$$\lim_{x \to a-} f(x) = \infty$$

로 표현하고, $f(x)$가 한없이 작아지면,

$$\lim_{x \to a-} f(x) = \infty$$

로 표현한다.

다음은 [정의 4.4]의 의미를 명확하게 보여주는 그림이다.

8) 이 정의는 극한이 수렴하는 것이 아니라 발산하는 특별한 경우에 대한 표현임에 주의하자.

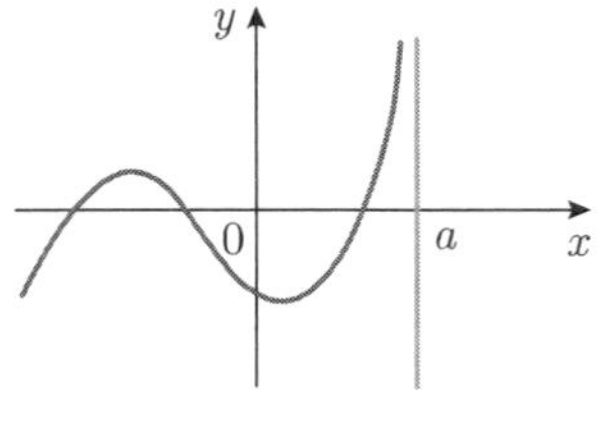

$\lim_{x \to a^-} f(x) = \infty$

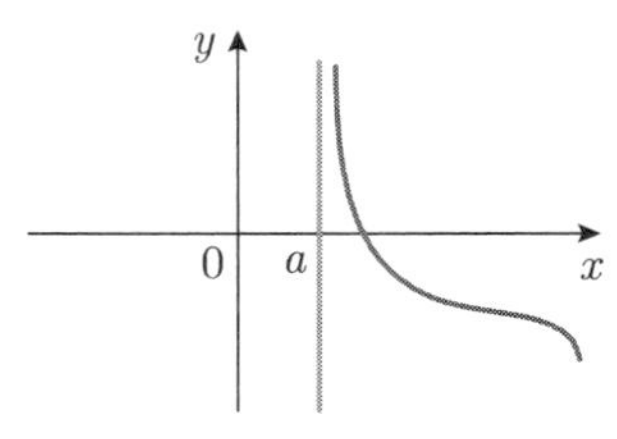

$\lim_{x \to a^+} f(x) = \infty$

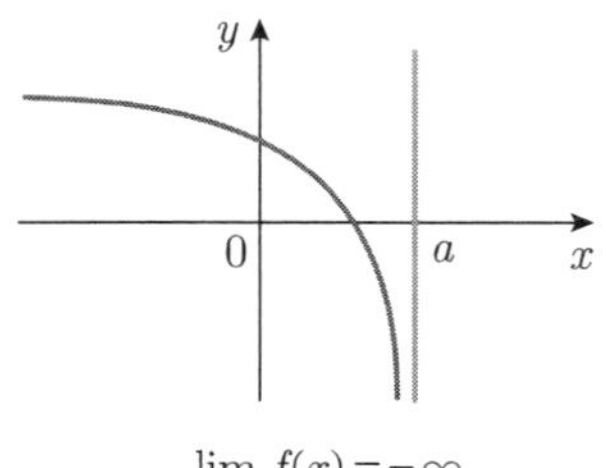

$\lim_{x \to a^-} f(x) = -\infty$

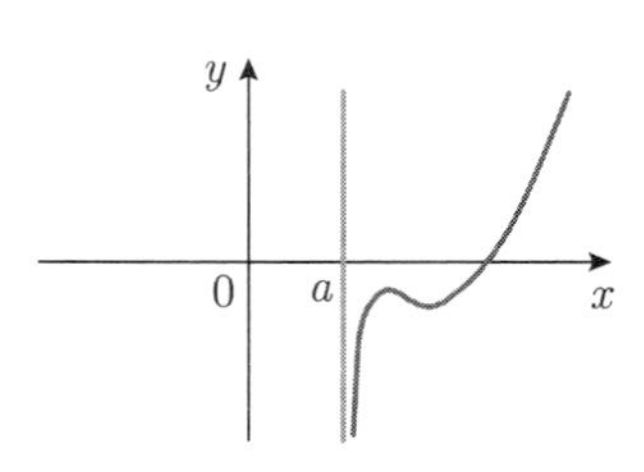

$\lim_{x \to a^+} f(x) = -\infty$

그림 4.10

[그림 4.10]에서 보듯이 함수가 실수 a에서 양의 무한대 또는 음의 무한대로 발산하는 경우에는 수직점근선 $x = a$이 항상 나타난다.

예제 4.1.9

함수 $f(x) = \dfrac{1}{x}$와 $g(x) = \dfrac{1}{x^2}$에 대하여 다음 극한을 구하시오.

(1) $\lim_{x \to 0+} f(x)$ (2) $\lim_{x \to 0-} f(x)$ (3) $\lim_{x \to 0} f(x)$

(4) $\lim_{x \to 0+} g(x)$ (5) $\lim_{x \to 0-} g(x)$ (6) $\lim_{x \to 0} g(x)$

풀이 함수 $f(x) = \dfrac{1}{x}$와 $g(x) = \dfrac{1}{x^2}$의 그래프는 각각

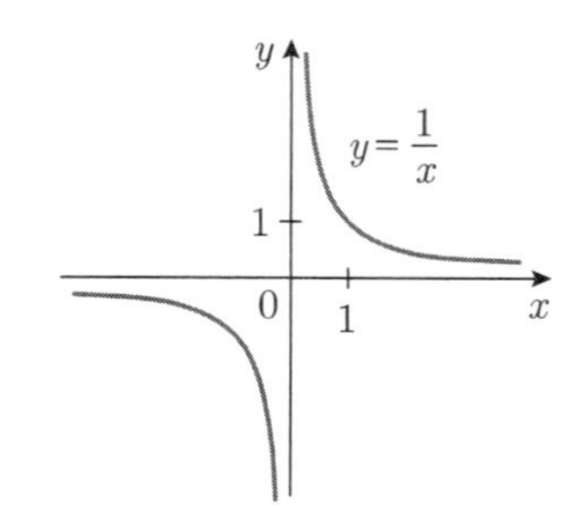

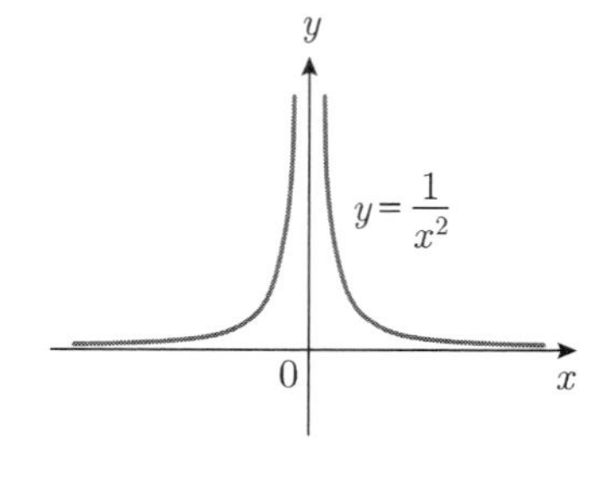

이므로, 각 극한은 모두 발산하며 (3)을 제외한 모든 극한은 다음과 같이 표현된다.

(1) $\lim_{x \to 0+} f(x) = \infty$ (2) $\lim_{x \to 0-} f(x) = -\infty$

(4) $\lim_{x \to 0+} g(x) = \infty$ (5) $\lim_{x \to 0-} g(x) = \infty$ (6) $\lim_{x \to 0} g(x) = \infty$

그리고 (3) $\lim_{x \to 0} f(x)$은 발산하지만, $\lim_{x \to 0+} f(x) = \infty$과 $\lim_{x \to 0-} f(x) = -\infty$이 같지 않으므로 양의 무한대나 음의 무한대 어느 한 쪽으로 발산한다고 할 수는 없다. ■

4.1 연습문제

01 다음 극한값을 구하여라.

(1) $\lim_{x\to\infty} 7$

(2) $\lim_{x\to 0} \pi$

(3) $\lim_{x\to -2} (3x)$

(4) $\lim_{x\to\infty} (-2x)$

(5) $\lim_{x\to\infty} \frac{1}{x-12}$

(6) $\lim_{x\to 0-} \frac{x}{|x|}$

02 다음 함수 $f(x)$의 그래프를 보고 각 극한이 존재하는지 판정하고, 극한이 존재하는 경우 그 극한값을 구하시오.

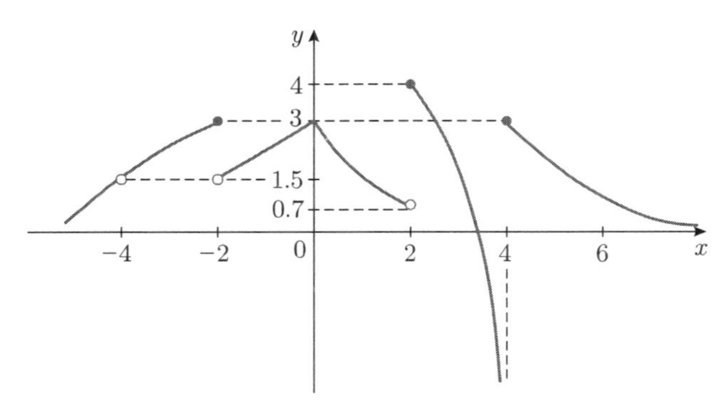

함수 $f(x)$의 그래프

(1) $\lim_{x\to -4-} f(x)$

(2) $\lim_{x\to -4+} f(x)$

(3) $\lim_{x\to -4} f(x)$

(4) $\lim_{x\to -2-} f(x)$

(5) $\lim_{x\to -2+} f(x)$

(6) $\lim_{x\to -2} f(x)$

(7) $\lim_{x\to 0-} f(x)$

(8) $\lim_{x\to 0+} f(x)$

(9) $\lim_{x\to 0} f(x)$

(10) $\lim_{x\to 2-} f(x)$

(11) $\lim_{x\to 2+} f(x)$

(12) $\lim_{x\to 2} f(x)$

(13) $\lim_{x\to 4-} f(x)$

(14) $\lim_{x\to 4+} f(x)$

(15) $\lim_{x\to 4} f(x)$

(16) $\lim_{x\to\infty} f(x)$

03 다음 극한값을 구하여라.

(1) $\lim_{x \to 2} \frac{x^3 - 8}{x - 2}$

(2) $\lim_{x \to 2} \frac{2x^2 - x - 6}{3x^2 - 2x - 8}$

(3) $\lim_{x \to 0} \frac{\sqrt{9 + x} - 3}{x}$

(4) $\lim_{x \to 1} \frac{x - 1}{\sqrt{x + 8} - 3}$

(5) $\lim_{x \to 0} \frac{\sqrt{3 + x} - \sqrt{3}}{x}$

4.2 극한의 성질

수열의 극한에서와 마찬가지로 함수의 극한에서도 다음과 같은 성질이 성립한다.

정리 4.1 함수의 극한의 성질

함수 $y=f(x)$와 $y=g(x)$에 대하여 $\lim_{x\to a} f(x)=\alpha$, $\lim_{x\to a} g(x)=\beta$ 일 때, 다음이 성립한다.

(i) $\lim_{x\to a}\left(f(x)\pm g(x)\right)=\alpha\pm\beta$

(ii) $\lim_{x\to a} f(x)g(x)=\alpha\beta$

(iii) $\lim_{x\to a}\frac{f(x)}{g(x)}=\frac{\alpha}{\beta}\quad(\beta\neq 0)$

(iv) $\lim_{x\to a} cf(x)=c\alpha$ (c는 상수)

(v) $f(x)\leq g(x)$이면 $\alpha\leq\beta$

(i) $\lim_{x\to a}|f(x)|=0$ 이면 $\lim_{x\to a} f(x)=0$

예제 4.2.1

다음 극한값을 구하여라.

(1) $\lim_{x\to 2}(x+1)$

(2) $\lim_{x\to 2}(x^2-1)$

(3) $\lim_{x\to 2}\frac{x^2-1}{x+1}$

(4) $\lim_{x\to 1}(5x^2+1)$

풀이 (1) $\lim_{x\to 2}(x+1)=\lim_{x\to 2}x+\lim_{x\to 2}1=2+1=3$

(2) $\lim_{x\to 1}(x^2-1)=\lim_{x\to 2}x^2-\lim_{x\to 2}1=\lim_{x\to 2}x\lim_{x\to 2}x-\lim_{x\to 2}1=2\cdot 2-1=3$

(3) 함수의 극한의 성질 (iii)과 (1), (2)로부터 다음과 같이 계산된다.

$$\lim_{x\to 2}\frac{x^2-1}{x+1}=\frac{\lim_{x\to 2}(x^2-1)}{\lim_{x\to 2}x+1}=\frac{3}{3}=1$$

(4) $\lim_{x\to1}(5x^2+1)=\lim_{x\to1}5x^2+\lim_{x\to1}1=5\lim_{x\to1}x^2+\lim_{x\to1}1$

$=5(\lim_{x\to1}x\lim_{x\to1}x)+\lim_{x\to1}1$

$=5(1\cdot1)+1=5+1=6$ ■

예제 4.2.2

다음 극한값을 구하여라.

(1) $\lim_{x\to2}(x^2-3x-4)$ (2) $\lim_{x\to-2}\dfrac{2x^2+1}{x^2-2x+2}$ (3) $\lim_{x\to-3}\dfrac{x^2-9}{x+3}$

풀이 [정리 4.1]에 의하여 다음과 같이 각 극한값을 구할 수 있다.

(1) $\lim_{x\to2}(x^2-3x-4)=\lim_{x\to2}x^2-3\lim_{x\to2}x-\lim_{x\to2}4$

$=\lim_{x\to2}x\lim_{x\to2}x-3\lim_{x\to2}x-\lim_{x\to2}4$

$=2\cdot2-3\cdot2-4=-6$

(2) 분자에 있는 함수와 분모에 있는 함수의 극한은 각각

$$\lim_{x\to-2}(2x^2+1)=2(\lim_{x\to-2}x)(\lim_{x\to-2}x)+\lim_{x\to-2}1$$
$$=2\times(-2)\times(-2)+1=9$$

과

$$\lim_{x\to-2}(x^2-2x+2)=\lim_{x\to-2}x\lim_{x\to-2}x-2\lim_{x\to-2}x+\lim_{x\to-2}2$$
$$=(-2)\cdot(-2)-2\cdot(-2)+2=4+4+2=10$$

이므로, [정리 4.1]의 (iii)으로부터 다음과 같이 계산된다.

$$\lim_{x\to-2}\frac{2x^2+1}{x^2-2x+2}=\frac{\lim_{x\to-2}2x^2+1}{\lim_{x\to-2}x^2-2x+2}=\frac{9}{10}$$

(3) 분수함수 $\dfrac{x^2-9}{x+3}$는 $x\neq-3$인 모든 x에 대하여 다항함수 $h(x)=x-3$과 같으므로 극한은 다음과 같이 구해진다.

$$\lim_{x\to-3}\frac{x^2-9}{x+3}=\lim_{x\to-3}(x-3)=\lim_{x\to-3}x-\lim_{x\to-3}3=-3-3=-6$$

■

예제 4.2.3

2장에서 언급한 극한식 $\lim_{x \to \infty} \frac{\sqrt{x^2+1}}{x} = 1 = \lim_{x \to \infty} \frac{\sqrt{x^2+1}}{x+1}$ 을 증명하여라.

풀이 $\lim_{x \to \infty} \frac{1}{x} = 0$ 이고 $\lim_{x \to \infty} \frac{1}{x^2} = 0$ 이므로 다음과 같이 증명된다.

$$\lim_{x \to \infty} \frac{\sqrt{x^2+1}}{x} = \lim_{x \to \infty} \frac{\sqrt{1+\frac{1}{x^2}}}{1} = \frac{\lim_{x \to \infty} \sqrt{1+\frac{1}{x^2}}}{\lim_{x \to \infty} 1} = \frac{1}{1} = 1$$

$$\lim_{x \to \infty} \frac{\sqrt{x^2+1}}{x+1} = \lim_{x \to \infty} \frac{\sqrt{1+\frac{1}{x^2}}}{1+\frac{1}{x}} = \frac{\lim_{x \to \infty} \sqrt{1+\frac{1}{x^2}}}{\lim_{x \to \infty} (1+\frac{1}{x})} = \frac{1}{1} = 1$$

■

2장에서 무리함수 $f(x) = (x^2+4)^{\frac{1}{3}} = \sqrt[3]{x^2+4}$ 의 그래프에 대해서도 언급하였다. 이 함수는 x가 무한히 커짐에 따라 $y = f(x)$는 $y = x^{\frac{2}{3}}$에 무한히 가까워짐을 극한식

$$\lim_{x \to \infty} \frac{\sqrt[3]{x^2+1}}{x^{\frac{2}{3}}} = \lim_{x \to \infty} \frac{\sqrt[3]{1+\frac{1}{x^2}}}{1} = \frac{\lim_{x \to \infty} \sqrt[3]{1+\frac{1}{x^2}}}{\lim_{x \to \infty} 1} = \frac{1}{1} = 1$$

에서 확인할 수 있다.

4.2 연습문제

01 다음 극한값을 구하여라.

(1) $\lim_{x\to 5}(\sqrt{x^3}-3x-1)$

(2) $\lim_{x\to 0}(x^4+12x^3-17x+2)$

(3) $\lim_{y\to -1}(y^6-12y+1)$

(4) $\lim_{x\to 3}\frac{x^2-2x}{x+1}$

(5) $\lim_{y\to 2+}\frac{(y-1)(y-2)}{y+1}$

(6) $\lim_{t\to -2}\frac{t^3+8}{t+2}$

(7) $\lim_{x\to 4}\frac{x^2-16}{x-4}$

(8) $\lim_{x\to\infty}\frac{3x+1}{2x-5}$

(9) $\lim_{x\to\infty}\frac{\sqrt{5x^2-2}}{x+3}$

(10) $\lim_{x\to -\infty}\frac{\sqrt{5x^2-2}}{x+3}$

(11) $\lim_{x\to\infty}\frac{5x^2+7}{3x^2-x}$

(12) $\lim_{x\to\infty}\frac{\sqrt{5x^2-2}}{x+3}$

(13) $\lim_{x\to 9}\frac{x-9}{\sqrt{x}-3}$

(14) $\lim_{y\to 4}\frac{4-y}{2-\sqrt{y}}$

02 다음 함수 $f(x)$에 대해서 (1), (2), (3)을 구하여라.

$$f(x)=\begin{cases}x-1, & x\le 3\\ 3x-7, & x>3\end{cases}$$

(1) $\lim_{x\to 3-}f(x)$ (2) $\lim_{x\to 3+}f(x)$ (3) $\lim_{x\to 3}f(x)$

03 다음 함수의 $g(t)$에 대하여 (1), (2), (3)을 구하여라.

$$g(t)=\begin{cases}t^2, & t\ge 0\\ t-2, & t<0\end{cases}$$

(1) $\lim_{t\to 0-}g(t)$ (2) $\lim_{t\to 0+}g(t)$ (3) $\lim_{t\to 0}g(t)$

04 함수 $h(x)=\begin{cases}x^2-2x+1, & x\ne 3\\ 7, & x=3\end{cases}$에 대하여 $\lim_{x\to 3}h(x)$를 구하여라.

CHAPTER

05

함수의 연속성

5.1 연속의 정의

이 장에서는 함수의 연속성에 대하여 알아보자. 먼저 앞 장에서 본 [그림 4.3]을 다시 살펴보자.

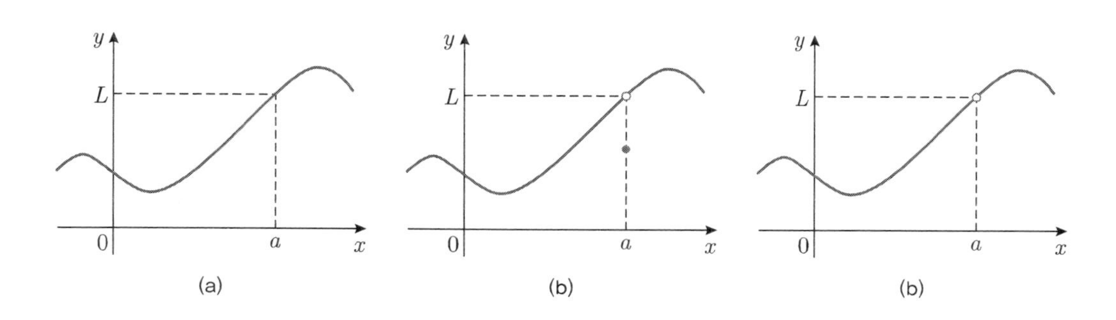

(a) (b) (b)

(a), (b), (c)의 세 함수는 모두 $x=a$에서의 극한값이 L로 같지만, (a)의 함수에 대해서만 $x=a$에서 연속이라고 정의하는 것이 적절할 것이다. 이러한 직관적인 정의에 부합하게 수학적으로는 다음과 같이 함수의 연속성을 정의한다.

정의 5.1 연속의 정의

$x=a$가 함수 $y=f(x)$의 정의역에 속할 때, 다음 두 성질

(i) $\lim_{x \to a} f(x)$가 존재한다.

(ii) $\lim_{x \to a} f(x) = f(a) = f(\lim_{x \to a} x)$이다.

을 만족시키면 함수 $y=f(x)$는 $x=a$에서 **연속**이라고 하고, 그렇지 않으면 **불연속**이라고 한다.

즉, x가 a에 접근할 때 $f(x)$가 $f(a)$에 접근하면 $f(x)$가 $x=a$에서 연속임을 의미한다.

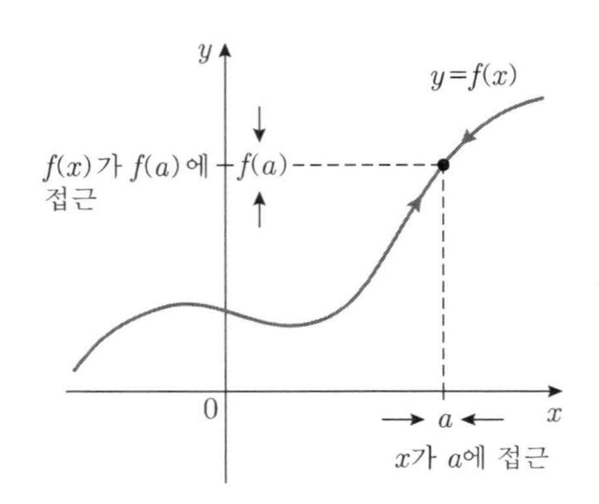

그림 5.1 연속의 정의

위 정의에 의하면 다음 함수들은 $x = c$에서 불연속임을 알 수 있다.

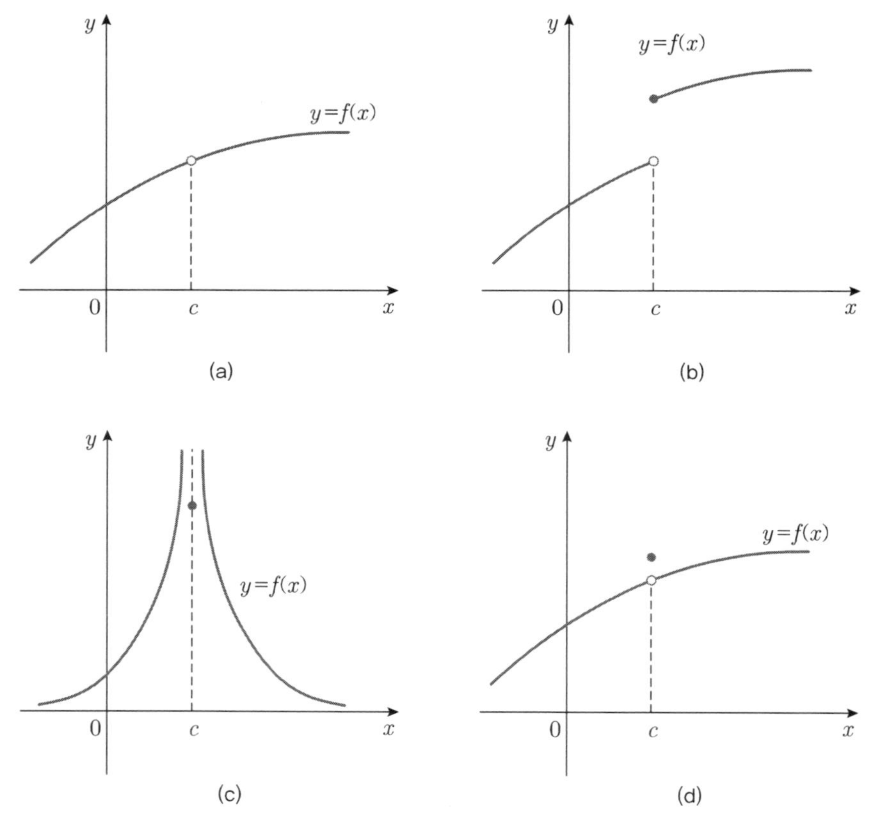

그림 5.2 불연속의 여러 예

[그림 5.2]에서 (b)와 (c)는 (i)이 성립하지 않는 경우이며, (a)와 (d)는 (i)이 성립하나 (ii)가 성립하지 않는 경우이다. 특히, (a)는 $x=c$가 f의 정의역에 속하지 않으므로 $f(c)$가 존재하지 않는다. 정의역에 속하지 않는 점 c에 대해서는 수직선 $x=c$를 기준으로 함수의 그래프가 끊어지므로 불연속이라고 말하는 것은 직관적으로 매우 자연스러운 일이다. 이러한 이유로 [정의 5.1]에서 $x=a$가 정의역에 속한다는 것을 먼저 전제하였다.

예제 5.1.1

함수 $f(x)=|x|$ 는 $x=0$에서 연속임을 증명하여라.

풀이 $f(0)=|0|=0$이 존재한다.

$$\lim_{x\to 0+} f(x)=\lim_{x\to 0+}|x|=\lim_{x\to 0+} x=0$$

$$\lim_{x\to 0-} f(x)=\lim_{x\to 0-}|x|=-\lim_{x\to 0-} x=0$$

이므로 $\lim_{x\to 0} f(x)=0$이다. 그리고

$$\lim_{x\to 0} f(x)=f(0)$$

이므로 $f(x)$는 $x=0$에서 연속이다. ■

예제 5.1.2

함수 $f(x)=\dfrac{x^2-x-2}{x-2}(x\neq 2)$가 $x=2$에서 연속이 되려면, $f(2)$의 값을 어떻게 정의하여야 하는가?

풀이 $f(x)$의 $x=2$에서의 극한 $\lim_{x\to 2} f(x)$를 구해 보면

$$\lim_{x\to 2}\frac{x^2-x-2}{x-2}=\lim_{x\to 2}\frac{(x+1)(x-2)}{x-2}=\lim_{x\to 2}(x+1)=3$$

이므로 $f(2)=3$으로 정의하여야 $\lim_{x\to 2} f(x)=f(2)$가 되어 $f(x)$는 $x=2$에서 연속이 된다. ■

[정리 4.1] (함수의 극한에 대한 성질)을 함수들의 사칙연산에 적용하면 바로 다음을 얻는다.

정리 5.1

두 함수 $f(x)$, $g(x)$가 $x=a$에서 연속이면 다음 함수

$$f(x)\pm g(x),\quad f(x)g(x),\quad cf(x),\quad \frac{f(x)}{g(x)}$$

도 $x=a$에서 연속이다. 단 c는 상수이고, $\dfrac{f(x)}{g(x)}$의 경우 $g(a)\neq 0$인 때에 한한다.

즉, 연속함수들의 합, 차, 곱, 몫은 다시 연속함수가 된다는 의미이다. 따라서, 함수 $f(x)=x$는 모든 실수에 대하여 연속이므로 임의의 다항함수

$$f(x)=a_n x^n + a_{n-1}x^{n-1} + \cdots + a_1 x + a_0$$

는 모든 실수에서 연속임을 알 수 있고, 유리함수

$$f(x)=\frac{h(x)}{g(x)} \quad (g(x)\text{와 } h(x)\text{는 다항함수})$$

도 $g(a)=0$인 점을 제외한 모든 실수에서 연속임을 알 수 있다.

연속인 두 함수의 합성함수에 대해서도 마찬가지이다. 이를 살펴보기 위하여, 함수 $g(x)$가 a에서 연속이고, 함수 $f(x)$가 $g(a)$에서 연속이라고 가정하자. 그러면 $\lim\limits_{x\to a} g(x)=g(a)$이므로

$$\lim_{x\to a}(f\circ g)(x)=\lim_{x\to a}f(g(x))=f(\lim_{x\to a}g(x))=f(g(a))=(f\circ g)(a)$$

이 되어, 합성함수 $f\circ g$가 a에서 연속임을 알 수 있다.

정리 5.2 합성함수의 연속

함수 $g(x)$가 a에서 연속이고, 함수 $f(x)$가 $g(a)$에서 연속이면 합성함수 $f\circ g$는 a에서 연속이다.

예제 5.1.3

$f(x)=\begin{cases} x^2, & x \le 1 \\ x, & x > 1 \end{cases}$일 때 $f(x)$는 모든 실수에서 연속임을 보여라.

풀이 $x<1$이면 $f(x)=x^2$이고 이는 다항함수이므로 $f(x)$는 $x<1$인 구간에서 연속이다. $x>1$이면 $f(x)=x$이고 이는 다항함수이므로 $f(x)$는 $x>1$인 구간에서도 연속이다. $x=1$일 때는,

$$\lim_{x \to 1-} f(x) = \lim_{x \to 1-} x^2 = 1$$

이고

$$\lim_{x \to 1+} f(x) = \lim_{x \to 1+} x = 1$$

이므로 $\lim_{x \to 1} f(x) = 1$이다. 그리고 $f(1)=1$이므로 $\lim_{x \to 1} f(x) = f(1)$이 되어 $f(x)$는 1에서 연속이다. 따라서 $f(x)$는 모든 실수에서 연속이다. ■

예제 5.1.4

함수 $f(x) = \dfrac{1}{x} + \dfrac{1}{(x-2)(x-3)}$은 어떤 점에서 연속인가?

풀이 $\dfrac{1}{x}$은 0을 제외한 모든 점에서 연속이고, $\dfrac{1}{(x-2)(x-3)}$은 2와 3을 제외한 모든 점에서 연속이므로 $f(x)$는 0, 2, 3을 제외한 모든 점에서 연속이다. ■

예제 5.1.5

다음 각 주어진 함수가 연속인 점들의 집합을 구하여라.

(1) $f(x) = \dfrac{x-1}{x^2+2}$ (2) $f(x) = \dfrac{x+5}{x^2-1}$

(3) $f(x) = \sqrt{2x^2+3}$ (4) $f(x) = \sqrt{x-1}$

풀이 (1) $f(x)$는 유리함수로서 분모에 있는 다항함수 x^2+2의 함숫값이 모두 양수이므로, $f(x)$는 모든 실수에서 연속이다. 즉, $f(x)$가 연속인 점들의 집합은 $(-\infty, \infty)$이다.

(2) $f(x)$는 유리함수로서 분모에 있는 다항함수 x^2-1의 함숫값이 0인 점은 $x=1$과 $x=-1$이므로, $f(x)$는 $x \neq 1, -1$인 모든 실수에서 연속이다. 즉, $f(x)$가 연속인 점들의 집합은 $(-\infty, -1) \cup (-1, 1) \cup (1, \infty)$이다.

(3) $g(x)=2x^2+3$, $h(x)=\sqrt{x}$라고 놓으면 $g(x)$는 모든 점에서 연속이고 $h(x)$는 $[0, \infty)$에서 연속이다. 그런데 모든 실수 x에 대하여 $g(x)>0$이므로, $f(x)=(h \circ g)(x)$는 모든 점에서 연속이다. 즉, $f(x)$가 연속인 점들의 집합은 $(-\infty, \infty)$이다.

(4) $g(x)=x-1$, $h(x)=\sqrt{x}$라고 놓으면 $g(x)$는 모든 점에서 연속이고 $h(x)$는 $[0, \infty)$에서 연속이다. 따라서 $x-1 \geq 0$인 모든 점에서 $f(x)=(h \circ g)(x)$는 연속이다. 즉, $f(x)$가 연속인 점들의 집합은 $[1, \infty)$이다. ■

예제 5.1.6

다음 주어진 함수가 불연속인 점들의 집합을 각각 구하여라.

(1) $f(x)=\dfrac{x+3}{x^2-9}$　　(2) $f(x)=\dfrac{x+1}{x^2+7x-2}$

풀이 (1) 분모에 있는 다항함수 x^2-9의 함숫값이 0인 점은 $x=3$과 $x=-3$이므로, 유리함수 $f(x)$는 $x \neq 3, -3$인 모든 실수에서 연속이다. 즉, $f(x)$가 불연속인 점들의 집합은 $\{-3, 3\}$이다.[9]

(2) 근의 공식에 의해, 분모에 있는 다항함수 x^2+7x-2의 함숫값이 0인 점은 $x=\dfrac{-7+\sqrt{57}}{2}$과 $x=\dfrac{-7-\sqrt{57}}{2}$이므로, 유리함수 $f(x)$는 $x \neq \dfrac{-7 \pm \sqrt{57}}{2}$인 모든 실수에서 연속이다. 즉, $f(x)$가 불연속인 점들의 집합은 $\left\{\dfrac{-7+\sqrt{57}}{2}, \dfrac{-7-\sqrt{57}}{2}\right\}$이다. ■

예제 5.1.7

다음 함수들이 모든 실수에서 연속이 되도록 k값을 각각 정하여라.

(1) $f(x)=\begin{cases} \dfrac{x^2+2x-3}{x-1}, & x \neq 1 \\ k, & x=1 \end{cases}$　　(2) $f(x)=\begin{cases} \dfrac{x^5-2x^2+2x}{x}, & x \neq 0 \\ k, & x=0 \end{cases}$

---

9) $f(x)=\dfrac{x+3}{x^2-9}$는 유리함수 $\dfrac{1}{x-3}$과 같지 않음에 주의하자. $\dfrac{1}{x-3}$는 $x=3$에서도 정의된다.

(3) $f(x)=\begin{cases} 3x+2, & x \le 1 \\ kx^2, & x > 1 \end{cases}$　　　　(4) $f(x)=\begin{cases} 5x^2-4, & x < 1 \\ k, & x = 1 \\ 2x-1, & x > 1 \end{cases}$

풀이 (1) 주어진 함수 $f(x)$는 유리함수이고 분모에 있는 다항함수 $x-1$이 $x=1$에서만 함숫값 0을 가지므로 $x \neq 1$인 모든 점에서는 연속임을 바로 알 수 있다. $x=1$에서의 연속성을 알아보기 위하여 먼저 극한을 구해보면 다음과 같다.

$$\lim_{x\to 1} f(x) = \lim_{x\to 1} \frac{x^2+2x-3}{x-1} = \lim_{x\to 1} \frac{(x-1)(x+3)}{x-1} = \lim_{x\to 1} x+3 = 4$$

그런데 $f(1)=k$이므로, $k=4$인 경우에만 $\lim_{x\to 1} f(x) = f(1)$이 성립하고 $f(x)$는 $x=1$에서 연속이 된다. 따라서 $k=4$이면 함수 $f(x)$는 모든 실수에서 연속이다.

(2) 주어진 함수 $f(x)$는 유리함수이고 분모에 있는 다항함수 x가 $x=0$에서만 함숫값 0을 가지므로 $x \neq 0$인 모든 점에서는 연속임을 바로 알 수 있다. $x=0$에서의 연속성을 알아보기 위하여 먼저 극한을 구해보면

$$\lim_{x\to 0} f(x) = \lim_{x\to 0} \frac{x^5-2x^2+2x}{x} = \lim_{x\to 0} (x^4-2x+2) = 2$$

이고 $f(0)=k$이므로, $k=2$인 경우에만 $\lim_{x\to 1} f(x) = f(1)$이 성립하고 $f(x)$는 $x=0$에서 연속이 된다. 따라서 $k=2$이면 함수 $f(x)$는 모든 실수에서 연속이다.

(3) 주어진 함수 $f(x)$는 $x \neq 1$인 모든 점에서 다항함수와 같으므로 연속이고, $f(1)=5$이다. 그런데 $\lim_{x\to 1-} f(x) = \lim_{x\to 1-} (3x+2) = 5$이고 $\lim_{x\to 1+} f(x) = \lim_{x\to 1+} kx^2 = k$이므로, $k=5$인 경우에만 $\lim_{x\to 1} f(x) = f(1)$이 성립하고 $f(x)$는 $x=1$에서 연속이 된다. 따라서 $k=5$이면 함수 $f(x)$는 모든 실수에서 연속이다.

(4) 주어진 함수 $f(x)$는 $x \neq 1$인 모든 점에서 다항함수와 같으므로 연속이다. 그런데 $\lim_{x\to 1-} f(x) = \lim_{x\to 1} (5x^2-4) = 1$이고 $\lim_{x\to 1+} f(x) = \lim_{x\to 1} (2x-1) = 1$이므로, $\lim_{x\to 1} f(x) = 1$이다. 그런데 $f(1)=k$이므로, $k=1$인 경우에만 $\lim_{x\to 1} f(x) = f(1)$이 성립하고 $f(x)$는 $x=1$에서 연속이 된다. 따라서 $k=1$이면 함수 $f(x)$는 모든 실수에서 연속이다. ▨

예제 5.1.8

단위계단함수(Heviside 함수)

$$H(x) = \begin{cases} 1, & x \geq 0 \\ 0, & x < 0 \end{cases}$$

는 $x=0$에서 연속인가?

풀이

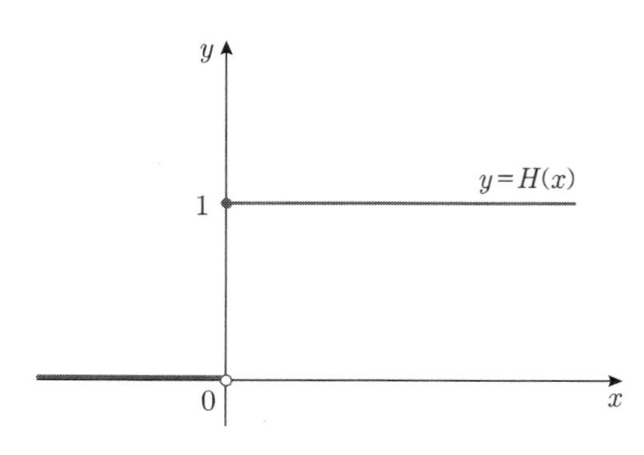

그림 5.3 Heviside 함수의 그래프

[그림 5.3]에서 볼 수 있듯이

$$\lim_{x \to 0+} H(x) = \lim_{x \to 0+} 1 = 1 = H(0)$$

이다. 그러나

$$\lim_{x \to 0-} H(x) = \lim_{x \to 0-} 0 = 0 \neq H(0)$$

이므로 함수 $H(x)$는 $x=0$에서 불연속이다. ■

위 예제에서 우리는 $\lim_{x \to 0+} H(x) = H(0)$이지만 $\lim_{x \to 0-} H(x) = 0 \neq H(0)$임을 확인할 수 있었다. 불연속이지만 한쪽 방향만 보았을 때는 연속성을 가지고 있는 이러한 함수에 대하여 알아보자.

정의 5.2 한쪽 방향으로부터의 연속

(i) 함수 $f(x)$에 대하여

$$\lim_{x \to a+} f(x) = f(a)$$

이면 함수 $f(x)$는 $x = a$에서 **오른쪽으로부터 연속이다**라고 말한다.

(ii) 함수 $f(x)$에 대하여

$$\lim_{x \to a-} f(x) = f(a)$$

이면 함수 $f(x)$는 $x = a$에서 **왼쪽으로부터 연속이다**라고 말한다.

정의에 의하여, 단위계단함수 $H(x)$는 $x = 0$에서 오른쪽으로부터 연속이지만 왼쪽으로부터 연속은 아니다. 그리고 [그림 5.2]의 (b)에 있는 함수도 $x = c$에서 오른쪽으로부터 연속이지만 왼쪽으로부터 연속은 아니다. [그림 5.2]의 (a), (c), (d)에 있는 세 함수는 모두 $x = c$에서 오른쪽과 왼쪽으로부터 모두 연속이 아니다.

정의 5.3 구간에서의 연속

함수 $f(x)$가 구간내의 모든 점에서 연속이면 함수 $f(x)$는 그 **구간에서 연속이다**라고 말한다. 단, 구간 끝점에서의 연속성은 한 쪽 방향으로부터의 연속성만으로 결정된다.

예제 5.1.9

함수 $f(x) = \sqrt{3-x}$가 연속인 구간을 구하여라.

풀이 $g(x) = 3 - x$, $h(x) = \sqrt{x}$ 라고 놓으면 $g(x)$는 모든 점에서 연속이고 $h(x)$는 $[0, \infty)$에서 연속이다. 따라서 $3 - x \geq 0$인 모든 점에서 $f(x) = (h \circ g)(x)$는 연속이다. 즉, $f(x)$가 연속인 구간은 $(-\infty, 3]$이다. ■

함수 $f(x)$가 구간 $[a,b)$에서 연속이라고 말할 수 있으려면 함수 $f(x)$는 구간 (a,b)에서 연속이고 $x = a$에서 오른쪽으로부터 연속이어야 한다. 마찬가지로 구간 $(a,b]$에서 연속이라고 말할 수 있으려면 함수 $f(x)$는 구간 (a,b)에서 연속이고 $x=b$에서 왼쪽으로부터 연속이어야 한다. 그리고 함수 $f(x)$가 구간 (a,b)에서 연속이고 $x=a$에서는 오른쪽으로부터 연속이고 $x=b$에서는 왼쪽으로부터 연속이면 우리는 함수 $f(x)$는 구간 $[a,b]$에서 연속이라고 말한다. 예를 들어, 앞 장에서 본 아래 그림의 함수 $f(x)$는 구간

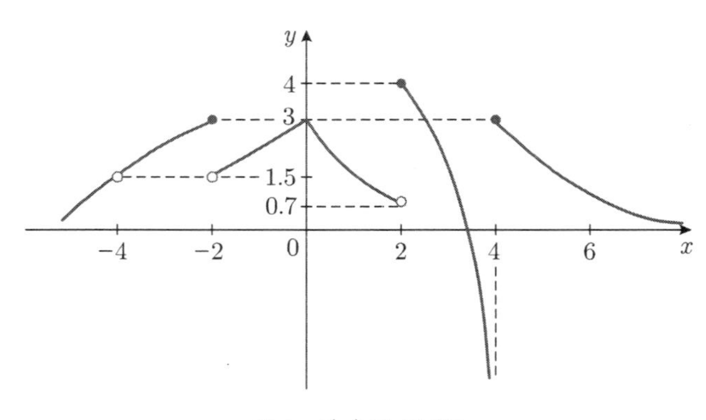

함수 $f(x)$의 그래프

$$(-4,\ -2],\ (-2,\ 2),\ [2,\ 4),\ [4,\ \infty)$$

에서는 연속이지만,

$$[-4,\ -2],\ [-2,\ 2),\ [-2,\ 2],\ (-2,\ 2],\ [2,\ 4]$$

구간에서는 연속이라고 할 수 없다.

5.1 연습문제

01 다음 함수들이 주어진 점에서 연속인지 불연속인지 판별하시오.

(1) $f(x) = 3x + 7, \qquad x = 2$

(2) $f(x) = \begin{cases} x^2 + 4, & x < 2 \\ x^3, & x \geq 2 \end{cases}; \qquad x = 2$

(3) $f(x) = \begin{cases} \dfrac{x^2 - 1}{x + 1}, & x \neq -1 \\ -3, & x = -1 \end{cases}; \qquad x = -1$

02 다음에서 다음 함수들이 연속이 되도록 k 값을 정하여라.

(1) $f(x) = \begin{cases} \dfrac{x^2 + 3x - 4}{x - 1}, & x \neq 1 \\ k, & x = 1 \end{cases}$

(2) $f(x) = \begin{cases} \dfrac{x^3 + 2x^2 + 3x}{x}, & x \neq 0 \\ k, & x = 0 \end{cases}$

(3) $f(x) = \begin{cases} 7x - 2, & x \leq 1 \\ kx^{2,} & x > 1 \end{cases}$

(4) $f(x) = \begin{cases} x^2 - 1, & x < 1 \\ k, & x = 1 \\ x - 1, & x > 1 \end{cases}$

03 주어진 함수 $f(x)$의 그래프를 참고로 다음을 계산하시오.

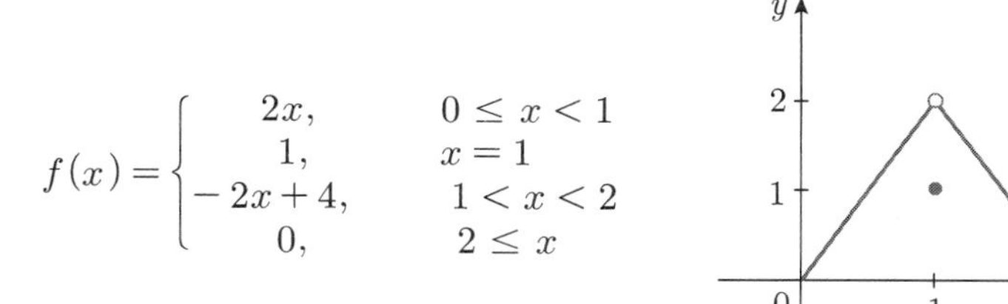

$$f(x) = \begin{cases} 2x, & 0 \leq x < 1 \\ 1, & x = 1 \\ -2x + 4, & 1 < x < 2 \\ 0, & 2 \leq x \end{cases}$$

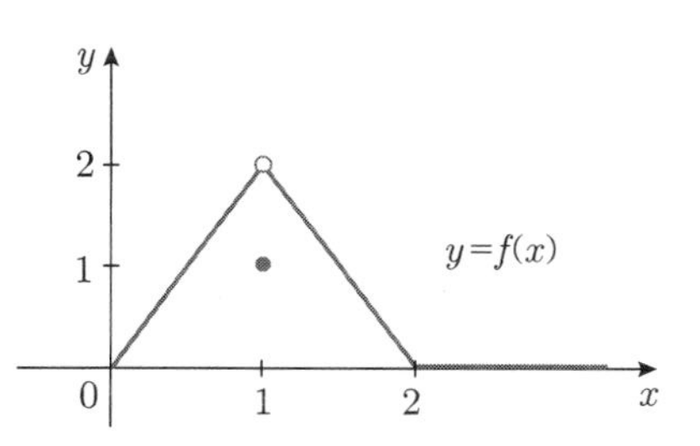

(1) $f(1)$ 의 값은 무엇인가?

(2) $\lim_{x \to 1-} f(x)$, $\lim_{x \to 1+} f(x)$을 계산하고, 이를 이용하여 $\lim_{x \to 1} f(x)$을 구하시오.

(3) $\lim_{x \to 1} f(x) = f(1)$인가?

(4) 함수 $f(x)$는 $x = 1$에서 연속인가?

(5) 만약 함수 $f(x)$가 $x = 1$에서 불연속이면 연속이 되게 하기 위해서는 어떻게 해야 하는가?

(6) 함수 $f(x)$는 $x=1$에서 왼쪽으로부터 연속인가?

(7) 함수 $f(x)$는 $x=1$에서 오른쪽으로부터 연속인가?

04 다음에서 주어진 함수가 연속인 최대정의역을 구하여라.

(1) $f(x)=\dfrac{x+1}{x^2+1}$

(2) $f(x)=\dfrac{x-1}{x^2-1}$

(3) $f(x)=\dfrac{x+4}{x^2-16}$

(4) $f(x)=\dfrac{3x+1}{x^2+7x-2}$

(5) $f(x)=\sqrt{x^2+1}$

(6) $f(x)=\sqrt{x+1}$

05 $x \neq 0$일 때 $f(x)=\dfrac{\sqrt{x+1}-1}{x}$로 정의된 함수 $f(x)$가 $\{x \in \mathbb{R} \mid x \geq -1\}$에서 연속이 되도록 $x=0$에서의 함숫값 $f(0)$을 정하시오.

06 $-|x| \leq x\sin\dfrac{1}{x} \leq |x|$이고 $\lim_{x\to 0}|x|=0$이므로 $\lim_{x\to 0} x\sin\dfrac{1}{x}=0$이다. 이 사실을 이용하여 다음 함수 $f(x)$가 $x=0$에서 연속인지 아닌지 설명하시오.

$$f(x)=\begin{cases} x\sin\dfrac{1}{x}, & x \neq 0 \\ 0, & x=0 \end{cases}$$

07 최대정수함수(greatest integer function) $f(x)=[x]$는 x보다 작거나 같은 가장 큰 정수로 정의한다.(즉, $[x]$는 x를 넘지 않는 가장 큰 정수이다.) 예를 들어 $[3]=3$, $[3.2]=3$, $[\pi]=3$, $[\sqrt{3}]=1$, $[-1.2]=-2$, $[-0.5]=-1$이다. 다음 중 맞는 것을 고르시오.

(1) 함수 $f(x)$는 $x=1$에서 연속이다.

(2) 함수 $f(x)$는 $x=1$에서 왼쪽으로부터 연속이다.

(3) 함수 $f(x)$는 $x=1$에서 오른쪽으로부터 연속이다.

5.2 연속함수의 성질

함수 $f(x)$가 어떤 구간에서 연속이면 그 구간에서 그래프가 이어져 있으므로 다음 **중간값 정리**를 얻는다.

정리 5.3 중간값 정리[10)]

함수 $f(x)$가 $[a,b]$에서 연속이고, $f(a) \neq f(b)$이면 $f(a)$와 $f(b)$사이의 임의의 값 k에 대하여

$$f(c) = k$$

인 점 c가 (a,b) 안에 존재한다.

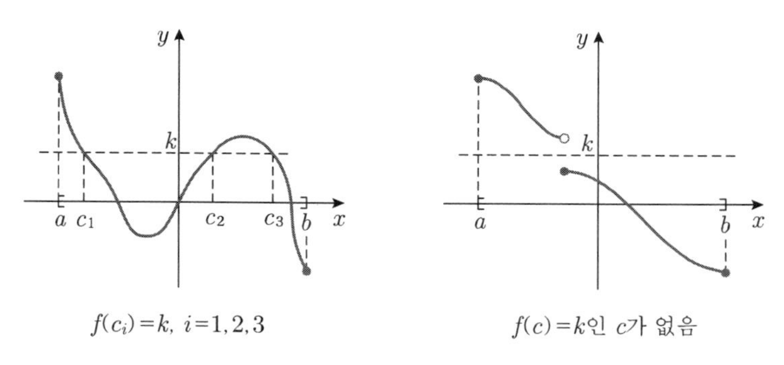

그림 5.4 중간값 정리

예제 5.2.1

방정식 $2x^2 - 4x + 1 = 0$은 1과 3사이에 적어도 하나의 실근을 가짐을 증명하여라.

---

10) 구간에서의 연속성에 관한 정의로부터 우리는 구간 $[a,b]$를 포함하는 열린 구간 I에서 연속인 함수는 저절로 구간 $[a,b]$에서 연속이 되므로, 중간값 정리를 다음과 같이 표현할 수 있다. 함수 f가 구간 I에서 연속이고 a와 b $(a < b)$는 구간 I 내의 임의의 두 점이라 하면, $f(a)$와 $f(b)$ 사이의 임의의 값 k에 대하여

$$f(c) = k$$

인 점 c가 (a,b) 안에 존재한다.

풀이 $f(x) = 2x^2 - 4x + 1$이라 하면 함수 $f(x)$는 폐구간 $[1,3]$ 에서 연속이며

$$f(1) = -1 < 0 < f(3) = 7$$

이다. 그러므로 중간값 정리에 의하여 $f(c) = 0$을 만족하는 c가 개구간 $(1,3)$에 적어도 하나 존재한다. 따라서 $f(x) = 0$을 만족하는 실근이 1과 3사이에 적어도 하나 존재한다.

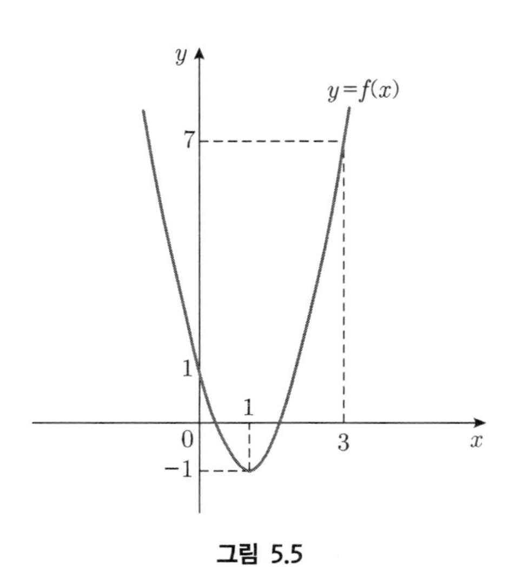

그림 5.5

■

예제 5.2.2

함수 $[0,1] \to [0,1]$가 연속함수이면 $f(c) = c$인 점 $c \in [0,1]$ 가 존재함을 보여라.

풀이 $g(x) = f(x) - x$라 두면, $g(0) = f(0) - 0 \geq 0$이고, $g(1) = f(1) - 1 \leq 0$이다. $g(0) = 0$인 경우에는 $f(0) = 0$이므로 $c = 0$을 택하면 되고, $g(1) = 0$인 경우에는 $f(1) = 1$이므로 $c = 1$을 택하면 된다. 이제 $g(0) \neq 0, g(1) \neq 0$인 경우를 생각해 보면, $g(0) > 0$이고 $g(1) < 0$이므로 $g(c) = 0$인 점 c가 구간 $(0,1)$에 존재한다. 그런데 $g(c) = f(c) - c$이므로 이 점 c는 $f(c) = c$를 만족한다. ■

예제 5.2.3

방정식 $x^3 + 2x - 1 = 0$ 의 근이 열린구간 $(0,1)$ 안에 있음을 보여라.

풀이 $f(x)=x^3+2x-1$라 두면, $f(x)$는 다항함수이므로 모든 실수에서 연속이고 $f(0)=-1<0$, $f(1)=2>0$이다. 그러므로 중간값 정리에 의하여 $f(c)=0$인 점 c가 구간 $(0,1)$에 존재한다. 즉 $c^3+2c-1=0$ 인 c가 구간 $(0,1)$에 존재한다. ■

또 연속함수는 다음과 같은 중요한 성질을 가진다.

정리 5.4 최대최소정리

함수 $y=f(x)$가 $[a,b]$에서 연속이면 이 구간에서 반드시 최댓값과 최솟값을 가진다.

예제 5.2.4

함수 $f(x)=x^2$에 대하여 다음 구간에서 최댓값과 최솟값을 구하여라.

(1) $[-1,2]$ (2) $[-1,2)$

풀이 (1) $y=x^2$의 그래프는 폐구간 $[-1,2]$에서 연속이고

$$f(-1)=(-1)^2=1,$$

$$f(0)=0,$$

$$f(2)=2^2=4$$

이다. 따라서 $x=0$에서 최솟값 0, $x=2$에서 최댓값 4를 가진다.

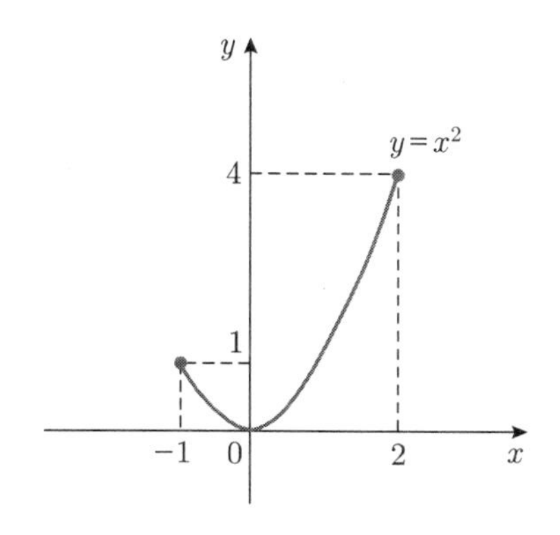

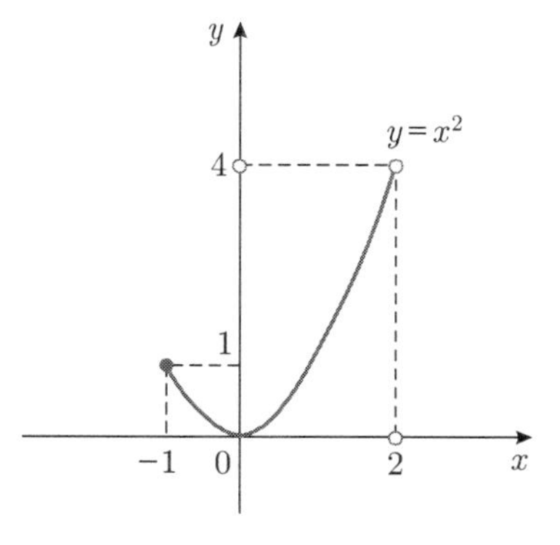

그림 5.6

(2) $y=x^2$의 그래프는 구간 $[-1,2)$에서 연속이고

$$f(-1)=1,\ f(0)=0$$

이다. x가 2에 가까이 갈수록 $f(x)$는 4에 한없이 가까이 가지만 4를 함숫값으로 갖는 x는 구간 $[-1,2)$에 존재하지 않는다. 따라서 함수 $f(x)$는 $x=0$에서 최솟값 0을 가지고 최댓값은 가지지 않는다. ■

예제 5.2.5

함수 $f(x)=x^2-4x+5$의 다음 주어진 구간에서의 최댓값과 최솟값을 구하여라.

(1) $\mathbb{R}$　　(2) $[1,3]$　　(3) $[3,7]$

풀이 (1) 함수 $f(x)$는

$$f(x)=x^2-4x+5=(x-2)^2+1$$

이므로, $x=2$에서 최솟값 1을 갖는다. x가 무한히 커질수록 $f(x)$도 무한히 커지므로 최댓값은 존재하지 않는다.

(2) $2\in[1,3]$이고,

$$f(1)=2=f(3)$$

이므로, 구간 $[1,3]$에서 함수 $f(x)$의 최댓값과 최솟값은 각각 2와 1이다.

(3) $2\notin[3,7]$이고,

$$f(3)=2,\ f(7)=26$$

이므로, 구간 $[3,7]$에서 함수 $f(x)$의 최댓값과 최솟값은 각각 26과 2이다.

■

주의 중간값 정리와 최대최소정리는 폐구간 $[a,b]$에서 연속인 경우에 성립한다. 개구간 (a,b)에서 연속이더라도 끝점 a나 b에서 불연속이면 중간값 정리가 성립하지 않을 수 있으며, 최댓값이나 최솟값이 존재하지 않을 수 있다. 아래 [그림 5.7]의 $f(x)$가 그러한 예이다. $f(x)$는 $[a,b)$에서 연속이지만 최댓값을 가지지 않는다. 그리고 $f(a)$와 $f(b)$ 사이의 값 k에 대하여 $f(c)=k$인 점 c가 (a,b) 안에 존재하지 않는다. 이는 $f(x)$가 $x=b$에서 불연속이기 때문이다. 즉, 중간값 정리와 최대최소정리를 적용하기 위해서는 끝점에서의 연속성도 반드시 체크해야 함을 알 수 있다.

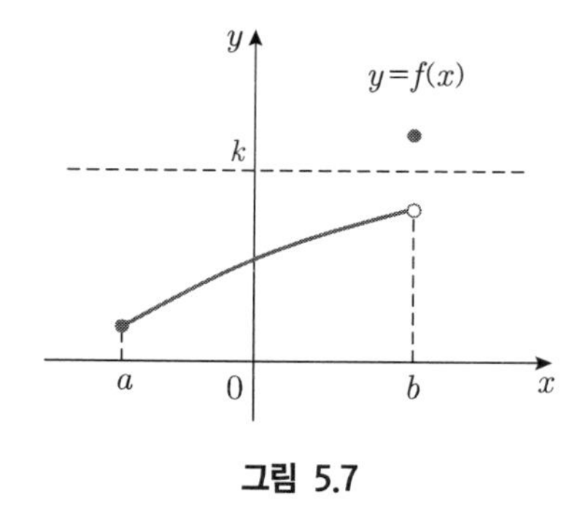

그림 5.7

■

5.2 연습문제

01 다음 함수의 주어진 구간에서 최댓값과 최솟값을 구하여라.

(1) $f(x) = -x^2 + 3x - 2,\ [0, 2]$　　(2) $f(x) = \frac{1}{x+1},\ [0, 2]$

(3) $f(x) = 2\sin\frac{x}{2},\ [0, 2\pi]$　　(4) $f(x) = \sqrt{x+2},\ [0, 1]$

02 중간값 정리를 이용하여 방정식 $x^3 + 3x - 2 = 0$은 0과 1 사이에서 적어도 하나의 실근을 가짐을 보여라.

03 $f(x) = x^3 - x^2 + x$일 때 $f(c) = 10$이 되는 실수 c가 존재함을 보여라.

04 중간값 정리를 이용하여 $x^2 = 2$가 되는 양의 실수가 존재함을 보여라.

05 방정식 $3x^3 - 6x^2 + 3x - 2 = 0$의 근이 1과 2 사이에 존재함을 보여라.

06 다음 중 참인 명제를 모두 고르시오.

(1) 함수 $y = f(x)$가 $[a,b]$에서 연속이면 이 구간에서 반드시 최댓값을 가진다.

(2) 함수 $y = f(x)$가 $[a,b]$에서 연속이면 이 구간에서 반드시 최솟값을 가진다.

(3) 함수 $y = f(x)$가 (a,b)에서 연속이면 이 구간에서 반드시 최댓값 또는 최솟값을 가진다.

(4) 함수 $y = f(x)$가 (a,b)에서 연속이면 이 구간에서 반드시 최댓값과 최솟값을 가진다.

(5) 함수 $f(x)$가 (a,b)에서 연속이고, $f(a) \neq f(b)$이면 $f(a)$와 $f(b)$ 사이의 임의의 값 k에 대하여 $f(c) = k$인 점 c가 (a,b) 안에 존재한다.

(6) 함수 $f(x)$가 $[a,b]$에서 연속이고, $f(a) \neq f(b)$이면 $f(a)$와 $f(b)$ 사이의 임의의 값 k에 대하여 $f(c) = k$인 점 c가 (a,b) 안에 유일하게 하나 존재한다.

CHAPTER

06

삼각함수

6.1 삼각함수의 정의와 성질

(1) 호도법

일반적으로 각의 크기를 나타낼 때, 그 측정단위로 °(도)를 쓰는 육십분법을 사용한다. 삼각함수를 다루는데 적합한 단위로, 원에서 반지름과 같은 호의 길이를 가지는 중심각을 1호도 또는 1라디안(radian)이라 하고, 이것을 단위로 하여 각의 크기를 측정하는 호도법이 있다. 따라서 반지름의 길이가 1이면 호의 길이가 바로 라디안을 단위로 하는 각도이다. 보통 호도법으로 표시할 때는 뒤에 단위를 생략한다. 즉, 1라디안 대신 1이라고 쓴다.

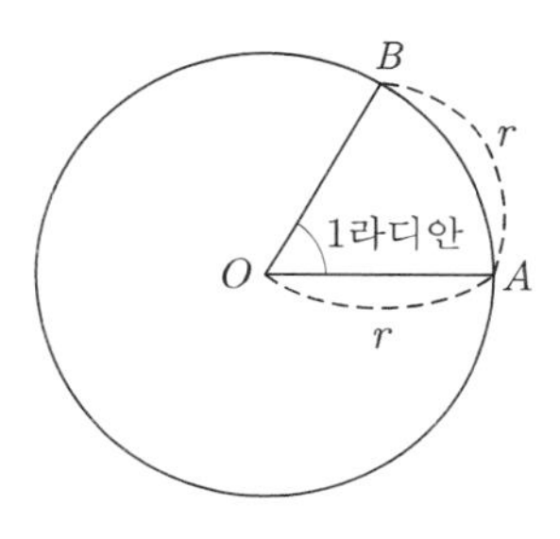

그림 6.1 호도법

반지름이 1인 원의 원주는 2π이므로 육십분법의 360°와 호도법의 2π는 같은 각을 나타낸다. 즉, $180^\circ = \pi$이다. 그러므로 육십분법과 호도법 사이에는 다음과 같은 관계가 성립한다.

$$1 = \frac{180^\circ}{\pi}, \quad 1^\circ = \frac{\pi}{180}$$

예제 6.1.1

다음 각을 육십분법은 호도법으로, 호도법은 육십분법으로 바꾸어라.

(a) 90° (b) $\frac{\pi}{3}$ (c) 3 (d) 75° (e) 20

풀이 육십분법과 호도법 사이의 관계로부터 다음과 같이 변환된다.

(a) $90^{\circ} = 90 \times \frac{\pi}{180} = \frac{\pi}{2}$ (b) $\frac{\pi}{3} = \frac{180^{\circ}}{3} = 60^{\circ}$

(c) $3 = 3 \times \frac{180^{\circ}}{\pi} = \frac{540^{\circ}}{\pi}$ (d) $75^{\circ} = 75 \times \frac{\pi}{180} = \frac{5}{12}\pi$

(e) $20 = 20 \times \frac{180^{\circ}}{\pi} = \frac{3600^{\circ}}{\pi}$ ■

일반적으로 많이 쓰이는 특수각의 육십분법과 호도법 사이의 관계는 다음 표와 같다.

도(°)	30°	45°	60°	90°	120°	150°	180°	210°	240°	270°	360°
라디안	$\frac{\pi}{6}$	$\frac{\pi}{4}$	$\frac{\pi}{3}$	$\frac{\pi}{2}$	$\frac{2\pi}{3}$	$\frac{5\pi}{6}$	π	$\frac{7\pi}{6}$	$\frac{4\pi}{3}$	$\frac{3\pi}{2}$	2π

예제 6.1.2

중심각의 크기가 $\frac{4}{3}\pi$인 부채꼴의 넓이가 24π일 때 부채꼴의 호의 길이를 구하시오.

풀이 반지름이 r이고 중심각의 크기가 θ인 부채꼴의 넓이는 $\frac{1}{2}r^2\theta$이므로, 주어진 조건으로부터 $\frac{1}{2}r^2 \times \frac{4}{3}\pi = 24\pi$가 성립함을 알 수 있다. 이 식은 $r^2 = 36$과 동치이므로 주어진 부채꼴의 반지름의 길이가 6이다. 그러므로 호의 길이는 $r\theta = 6 \times \frac{4}{3}\pi = 8\pi$이다. ■

(2) 삼각함수의 정의

점 $(1,0)$에서 출발하여 단위원 $x^2 + y^2 = 1$을 따라 반시계방향으로 θ만큼 갔을 때, 다음 그림과 같이 그 점의 x좌표를 $\cos\theta$와 y좌표를 $\sin\theta$로 정의한다. θ가 음수일 때는 단위원 $x^2 + y^2 = 1$을 따라 시계방향으로 $|\theta|$만큼 갔을 때의 x좌표를 $\cos\theta$와 y좌표를 $\sin\theta$로 정의한다. $\tan\theta$는 그 점의 y좌표의 x좌표에 대한 비로 정의하며, $\sec\theta$, $\csc\theta\,(\mathrm{cosec}\,\theta)$, $\cot\theta$도 각각 다음과 같이 사인, 코사인, 탄젠트함수의 역수로 정의하고,

각각 코시칸트, 시칸트, 코탄젠트라 부른다:

$$\tan\theta = \frac{\sin\theta}{\cos\theta}, \quad \sec\theta = \frac{1}{\cos\theta}, \quad \csc\theta = \frac{1}{\sin\theta}, \quad \cot\theta = \frac{\cos\theta}{\sin\theta}$$

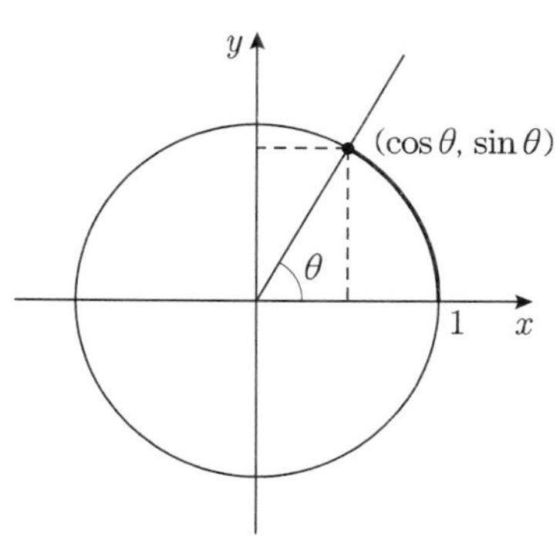

그림 6.2 삼각함수의 정의

이 정의에 의하면 삼각함수의 정의역은 각도가 아니고 (+, − 부호가 있는) 호의 길이인데, 단위원에서 호의 길이는 바로 호도법에 의해서 라디안으로 표시되는 각도임을 앞에서 보았다.

예제 6.1.3

$\theta = \frac{\pi}{4}$일 때 $\sin\theta$, $\cos\theta$, $\tan\theta$의 값을 구하시오.

풀이

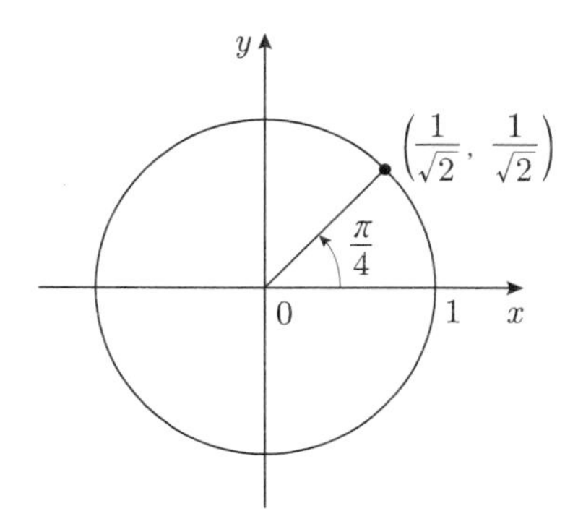

그림 6.3 $\theta = \frac{\pi}{4}$에 해당하는 단위원 상의 점

[그림 6.3]에서 알 수 있듯이 $\theta = \frac{\pi}{4}$일 때의 $\cos\theta$와 $\sin\theta$는 점 $(1,0)$에서 출발하여 단위원 $x^2+y^2=1$을 따라 반시계방향으로 $\frac{\pi}{4}$만큼 간 점 $(\frac{1}{\sqrt{2}}, \frac{1}{\sqrt{2}})$의 x좌표와 y좌표를 각각 나타내므로

$$\cos\frac{\pi}{4} = \frac{1}{\sqrt{2}}, \quad \sin\frac{\pi}{4} = \frac{1}{\sqrt{2}}$$

이다. 그리고 $\tan\theta = \frac{\sin\theta}{\cos\theta}$이므로

$$\tan\frac{\pi}{4} = \frac{\frac{1}{\sqrt{2}}}{\frac{1}{\sqrt{2}}} = 1$$

이다. ■

예제 6.1.4

$\theta = 0, \frac{\pi}{2}$일 때 $\sin\theta$, $\cos\theta$, $\tan\theta$의 값을 구하시오.

풀이

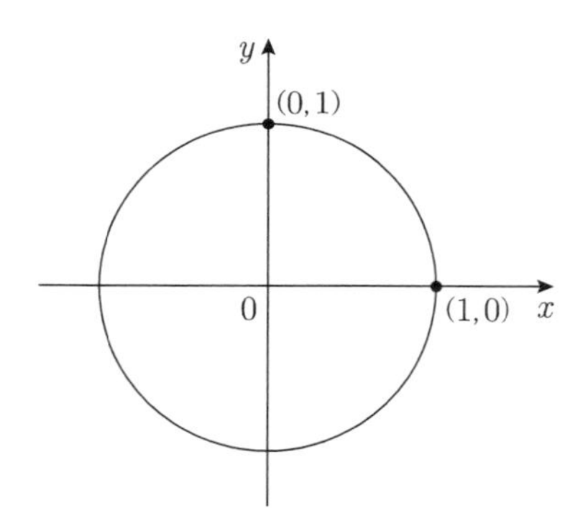

그림 6.4 $\theta = 0, \frac{\pi}{2}$에 해당하는 단위원 상의 점

[그림 6.4]에서 알 수 있듯이 $\theta = 0$일 때의 $\cos\theta$와 $\sin\theta$는 점 $(1,0)$의 x좌표와 y좌표를 각각 나타내므로

$$\cos 0 = 1, \sin 0 = 0$$

이다. $\theta = \dfrac{\pi}{2}$ 일 때의 $\cos\theta$와 $\sin\theta$는 점 $(1,0)$ 에서 출발하여 단위원 $x^2 + y^2 = 1$ 을 따라 반시계방향으로 $\dfrac{\pi}{2}$만큼 간 점 $(0,1)$의 x좌표와 y좌표를 각각 나타내므로

$$\cos\frac{\pi}{2} = 0,\ \sin\frac{\pi}{2} = 1$$

이다. 그리고 그리고 $\tan\theta = \dfrac{\sin\theta}{\cos\theta}$ 이므로

$$\tan 0 = \frac{0}{1} = 0$$

이고, $\tan\dfrac{\pi}{2}$는 존재하지 않는다. ■

(3) 삼각함수의 성질

문제 6.1.1

다음 값을 구하시오.

(a) $\sin(\frac{5}{4}\pi)$ (b) $\cos(-\frac{\pi}{3})$ (c) $\tan(\frac{7}{6}\pi)$

이제 삼각함수의 성질을 자세히 살펴보자. 삼각함수의 정의로부터 우리는 사인, 코사인, 탄젠트 함수가 주기함수임을 바로 알 수 있다. ([그림 6.5] 참조)

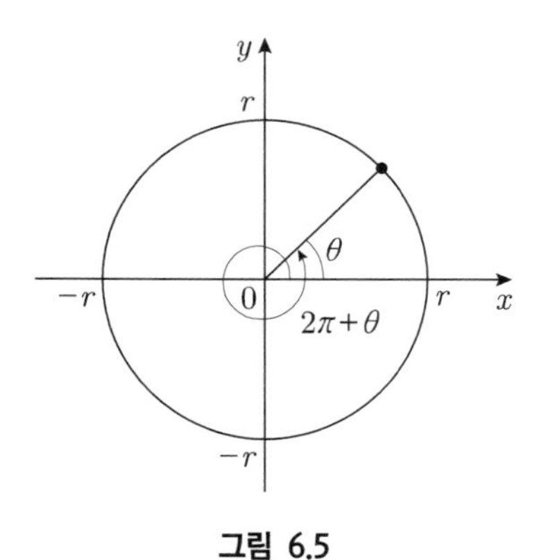

그림 6.5

$$\sin(2n\pi+\theta)=\sin\theta\,,\quad \cos(2n\pi+\theta)=\cos\theta\,,\quad \tan(n\pi+\theta)=\tan\theta$$

(단, n은 정수)

예제 6.1.5

다음 값을 구하여라.

(a) $\sin(-\frac{23}{3}\pi)$ (b) $\cos(\frac{17}{4}\pi)$ (c) $\tan(\frac{13}{6}\pi)$

풀이

(a) $\sin(-\frac{23}{3}\pi)=\sin(\frac{\pi}{3}+(-4)\cdot 2\pi)=\sin(\frac{\pi}{3})=\frac{\sqrt{3}}{2}$

(b) $\cos(\frac{17}{4}\pi)=\cos(\frac{\pi}{4}+2\cdot 2\pi)=\cos(\frac{\pi}{4})=\frac{\sqrt{2}}{2}$

(c) $\tan(\frac{13}{6}\pi)=\tan(\frac{\pi}{6}+2\pi)=\tan(\frac{\pi}{6})=\frac{1}{\sqrt{3}}$ ■

삼각함수의 정의로부터 임의의 실수 θ에 대하여 점 $P(\cos\theta, \sin\theta)$는 단위원 $x^2+y^2=1$ 위의 점이므로, 다음을 바로 알 수 있다. ([그림 6.2] 참조)

(i) $\cos^2\theta+\sin^2\theta=1$	(ii) $\tan^2\theta+1=\sec^2\theta$	(iii) $1+\cot^2\theta=\csc^2\theta$

예제 6.1.6

$\cos\theta=-\frac{4}{5}(\frac{\pi}{2}<\theta<\pi)$일 때, $\sin\theta$의 값을 구하여라.

풀이 $\sin^2\theta+\cos^2\theta=1$로부터 다음을 먼저 알 수 있다.

$$\sin^2\theta=1-\cos^2\theta=1-\frac{16}{25}=\frac{9}{25}$$

그런데, $\frac{\pi}{2}<\theta<\pi$에 대하여 $\sin\theta>0$이므로 $\sin\theta=\frac{3}{5}$이다.([그림 6.6] 참조) ■

각 θ와 $-\theta$를 나타내는 단위원 상의 점이 x축에 대하여 대칭이므로, 삼각함수 값은 다음을 만족한다.([그림 6.7] 참조)

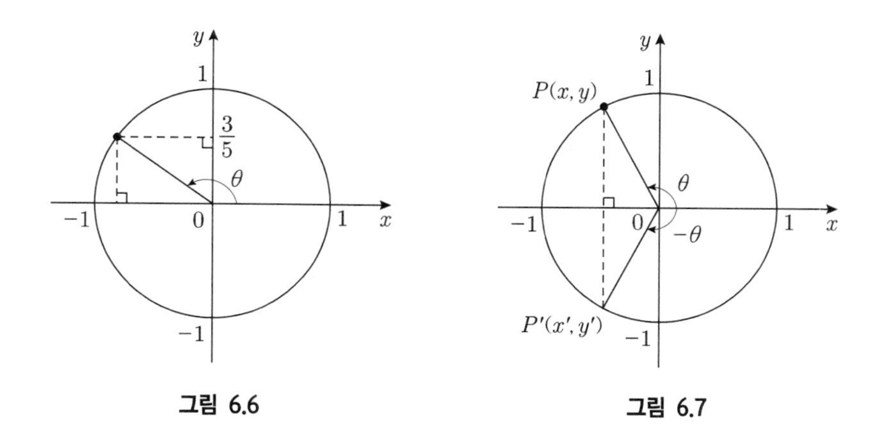

그림 6.6

그림 6.7

$$\cos(-\theta) = \cos\theta, \quad \sin(-\theta) = -\sin\theta, \quad \tan(-\theta) = -\tan\theta$$

예를 들면, $\sin(-\frac{\pi}{4}) = -\sin\frac{\pi}{4} = -\frac{\sqrt{2}}{2}$가 된다.

예제 6.1.7

다음 값을 구하여라.

(a) $\sin(-\frac{\pi}{3})$ (b) $\cos(-\frac{\pi}{4})$ (c) $\tan(-\frac{\pi}{6})$

풀이

(a) $\sin(-\frac{\pi}{3}) = -\sin(\frac{\pi}{3}) = -\frac{\sqrt{3}}{2}$

(b) $\cos(-\frac{\pi}{4}) = \cos(\frac{\pi}{4}) = \frac{\sqrt{2}}{2}$

(c) $\tan(-\frac{\pi}{6}) = -\tan(\frac{\pi}{6}) = -\frac{1}{\sqrt{3}}$ ■

이제 θ와 $\pi+\theta$의 삼각함수 값을 비교하여 보자. $\pi+\theta$를 나타내는 단위원 상의 점은 θ를 나타내는 점과 원점에 대하여 대칭이므로([그림 6.8] 참조),

$$\cos(\pi+\theta) = -\cos\theta,\quad \sin(\pi+\theta) = -\sin\theta,\quad \tan(\pi+\theta) = \tan\theta$$

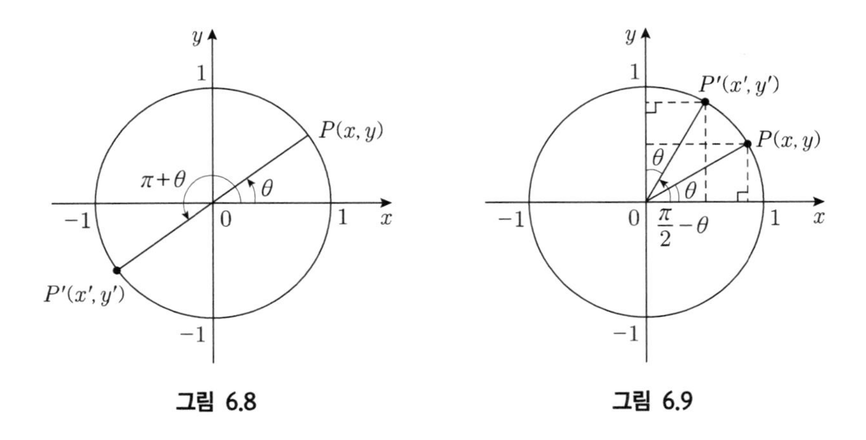

그림 6.8

그림 6.9

이고, 위의 등식에 θ 대신 $-\theta$를 넣으면

$$\cos(\pi-\theta) = -\cos\theta,\quad \sin(\pi-\theta) = \sin\theta,\quad \tan(\pi-\theta) = -\tan\theta$$

임을 알 수 있다.

각 θ와 $\frac{\pi}{2}-\theta$를 나타내는 단위원 상의 점을 각각 $P(x,y)$와 $P'(x',y')$라 하면, 삼각형의 합동조건에 의하여

$$x' = y,\quad y' = x$$

이므로([그림 6.9] 참조)

$$\cos\left(\frac{\pi}{2}-\theta\right) = \sin\theta,\quad \sin\left(\frac{\pi}{2}-\theta\right) = \cos\theta,\quad \tan\left(\frac{\pi}{2}-\theta\right) = \cot\theta$$

이고, 각 θ와 $\theta+\frac{\pi}{2}$를 나타내는 단위원 상의 점을 각각 $P(x,\ y)$와 $P'(x',\ y')$라 하면, 삼각형의 합동조건에 의하여

$$x' = -y,\ \ y' = x$$

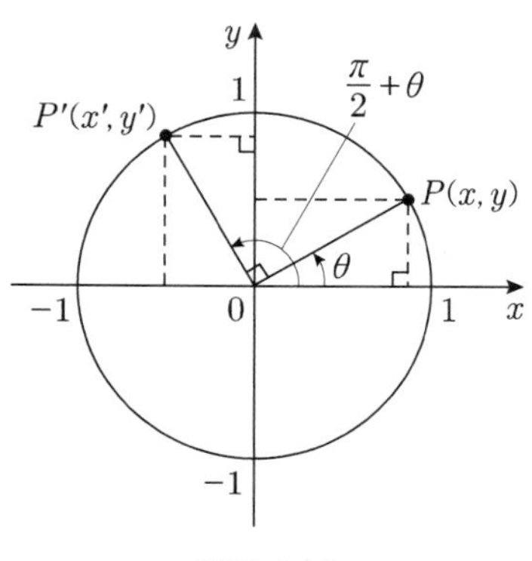

그림 6.10

이므로

$$\cos\left(\theta+\frac{\pi}{2}\right) = -\sin\theta,\ \ \sin\left(\theta+\frac{\pi}{2}\right) = \cos\theta,\ \ \tan\left(\theta+\frac{\pi}{2}\right) = -\cot\theta$$

이다.

예제 6.1.8

$\theta = \frac{5}{6}\pi$일 때 $\sin\theta$, $\cos\theta$, $\tan\theta$의 값을 구하시오.

풀이 $\frac{5}{6}\pi = \pi - \frac{\pi}{6}$ 임을 이용하면 다음과 같이 $\theta = \frac{5}{6}\pi$에서의 삼각함수 값을 구할 수 있다.

$$\sin\frac{5}{6}\pi = \sin\left(\pi - \frac{\pi}{6}\right) = \sin\left(\frac{\pi}{6}\right) = \frac{1}{2}$$

$$\cos\frac{5}{6}\pi = \cos\left(\pi - \frac{\pi}{6}\right) = -\cos\left(\frac{\pi}{6}\right) = -\frac{\sqrt{3}}{2}$$

$$\tan\frac{5}{6}\pi = \tan\left(\pi - \frac{\pi}{6}\right) = -\tan\left(\frac{\pi}{6}\right) = -\frac{1}{\sqrt{3}}$$

또한 $\frac{5}{6}\pi = \frac{\pi}{2} + \frac{\pi}{3}$ 임을 이용해서도 다음과 같이 $\theta = \frac{5}{6}\pi$에서의 삼각함수 값을 구할 수 있다.

$$\sin\frac{5}{6}\pi = \sin\left(\frac{\pi}{2}+\frac{\pi}{3}\right) = \cos\left(\frac{\pi}{3}\right) = \frac{1}{2}$$

$$\cos\frac{5}{6}\pi = \cos\left(\frac{\pi}{2}+\frac{\pi}{3}\right) = -\sin\left(\frac{\pi}{3}\right) = -\frac{\sqrt{3}}{2}$$

$$\tan\frac{5}{6}\pi = \tan\left(\frac{\pi}{2}+\frac{\pi}{3}\right) = -\cot\left(\frac{\pi}{3}\right) = -\frac{1}{\sqrt{3}}$$

■

예제 6.1.9

$\theta = \frac{4}{3}\pi$일 때 $\sin\theta$, $\cos\theta$, $\tan\theta$의 값을 구하시오.

풀이 $\frac{4}{3}\pi = \pi + \frac{1}{3}\pi$임을 이용하면 다음과 같이 $\theta = \frac{4}{3}\pi$에서의 삼각함수 값을 구할 수 있다.

$$\sin\frac{4}{3}\pi = \sin\left(\pi+\frac{\pi}{3}\right) = -\sin\frac{\pi}{3} = -\frac{\sqrt{3}}{2}$$

$$\cos\frac{4}{3}\pi = \cos\left(\pi+\frac{\pi}{3}\right) = -\cos\frac{\pi}{3} = -\frac{1}{2}$$

$$\tan\frac{4}{3}\pi = \tan\left(\pi+\frac{\pi}{3}\right) = \tan\frac{\pi}{3} = \sqrt{3}$$

■

지금까지 알아본 삼각함수의 정의로부터 바로 알 수 있는 성질들을 정리해보면 다음과 같다.

정리 6.1

(i) $\cos^2\theta + \sin^2\theta = 1$, $\tan^2\theta + 1 = \sec^2\theta$, $1 + \cot^2\theta = \csc^2\theta$

(ii) $\cos(-\theta) = \cos\theta$, $\sin(-\theta) = -\sin\theta$, $\tan(-\theta) = -\tan\theta$

(iii) $\cos(\pi+\theta) = -\cos\theta$, $\sin(\pi+\theta) = -\sin\theta$, $\tan(\pi+\theta) = \tan\theta$

(iv) $\cos(\pi-\theta) = -\cos\theta$, $\sin(\pi-\theta) = \sin\theta$, $\tan(\pi-\theta) = -\tan\theta$

(v) $\cos\left(\frac{\pi}{2}-\theta\right) = \sin\theta$, $\sin\left(\frac{\pi}{2}-\theta\right) = \cos\theta$, $\tan\left(\frac{\pi}{2}-\theta\right) = \cot\theta$

(vi) $\cos\left(\theta+\frac{\pi}{2}\right) = -\sin\theta$, $\sin\left(\theta+\frac{\pi}{2}\right) = \cos\theta$, $\tan\left(\theta+\frac{\pi}{2}\right) = -\cot\theta$

(4) 삼각함수의 그래프

사인함수 $y=\sin x$ 의 그래프를 한 주기만 그리면 정의에 의해 다음과 같다.

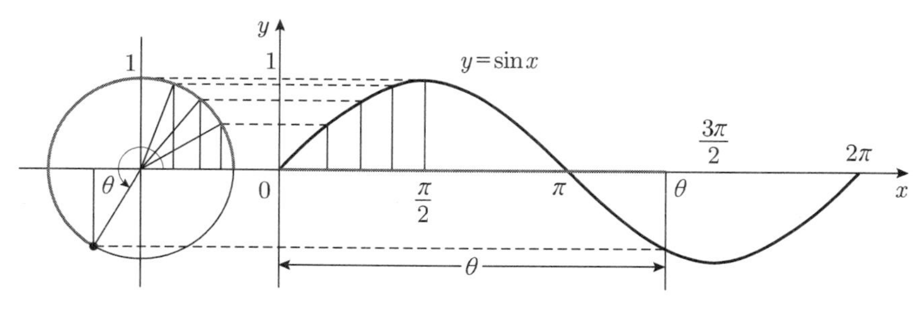

그림 6.11 $y=\sin x$ 의 그래프

코사인 함수의 그래프는 등식 $\sin(x+\frac{\pi}{2})=\cos x$ 에 의해 사인함수의 그래프를 x축으로 $-\frac{\pi}{2}$만큼 평행이동하여 얻을 수 있다.([그림 6.12 참조])

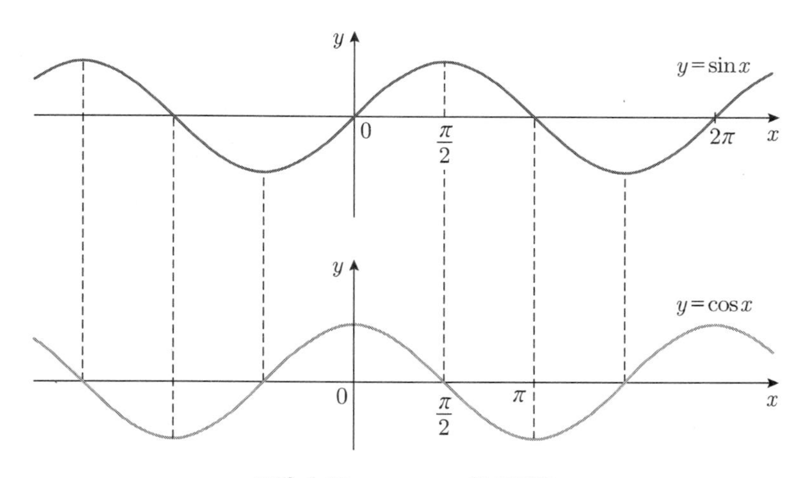

그림 6.12 $y=\cos x$ 의 그래프

단위원에서 각 θ 를 나타내는 점을 $P(x,\ y)$라 하고 점 $(1,\ 0)$에서 원에 접선을 그어 반직선 $\overrightarrow{OP}$ 가 접선과 만나는 점을 $T(1,\ t)$라고 하면, [그림 6.13]에서 보듯이

$$\tan\theta=\frac{y}{x}=\frac{t}{1}=t$$

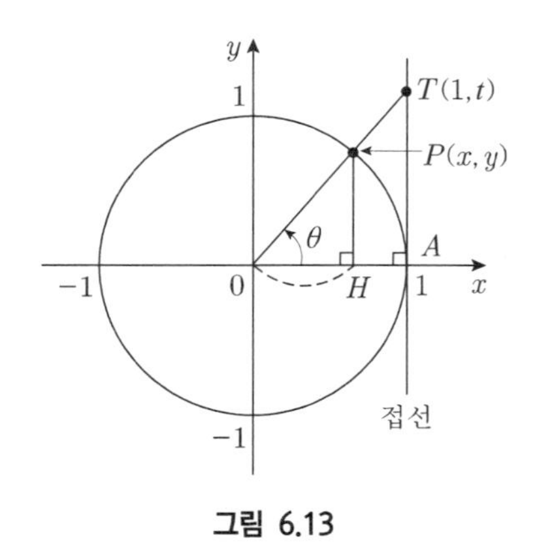

그림 6.13

이므로 $\tan\theta$ 의 값의 변화는 θ 에 대응하는 t 의 변화와 같다.

이 사실을 이용하면 함수 $y=\tan x$ 의 그래프를 다음과 같이 그릴 수 있다.

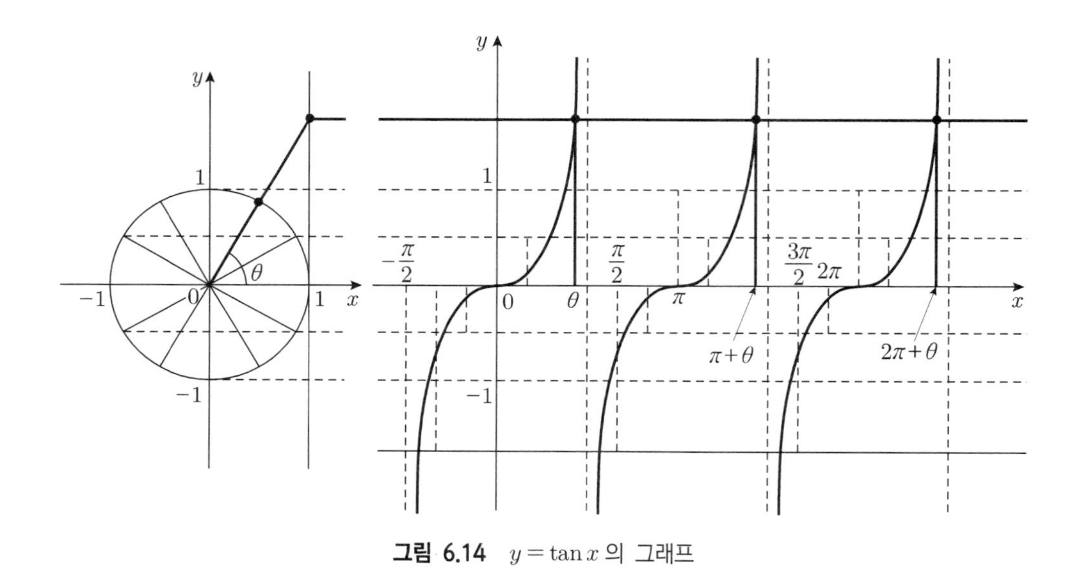

그림 6.14 $y=\tan x$ 의 그래프

예제 6.1.10

$y=\sin 2x$ 의 주기를 구하고 그래프를 그리시오.

풀이 $y=\sin x$ 의 주기가 2π 이고,

$$0 \le 2x \le 2\pi \iff 0 \le x \le \pi$$

이므로, $y=\sin 2x$ 의 주기는 π 이고 그래프는 다음과 같다.

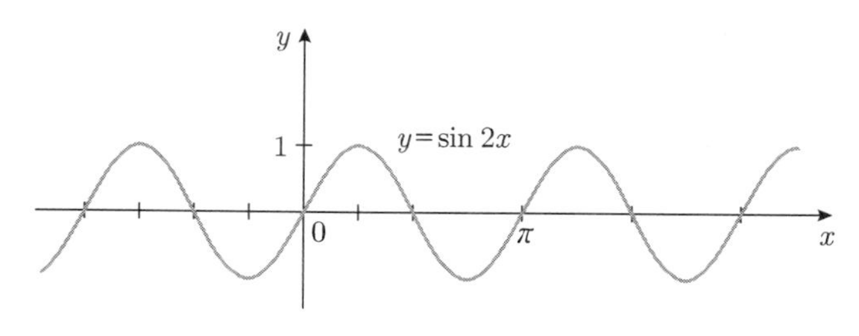

그림 6.15 $y=\sin 2x$ 의 그래프

예제 6.1.11

함수 $y=A\cos x$ 와 함수 $y=\cos Bx$ 에 대하여 A와 B가 각각 $\frac{1}{2}$, 1, 2일 때의 주기를 구하고 그래프를 그리시오.

풀이 임의의 실수 A, $B\neq 0$에 대하여 함수 $y=A\cos x$ 의 주기는 모두 2π 이고, 함수 $y=\cos Bx$ 의 주기는 $\frac{2\pi}{B}$ 이다. 그래프는 다음과 같다.

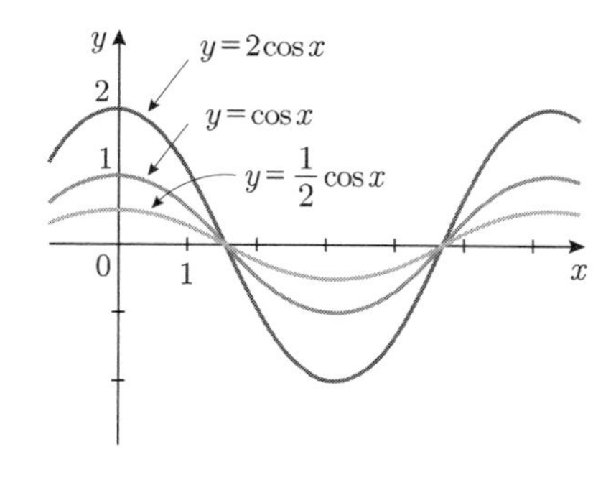

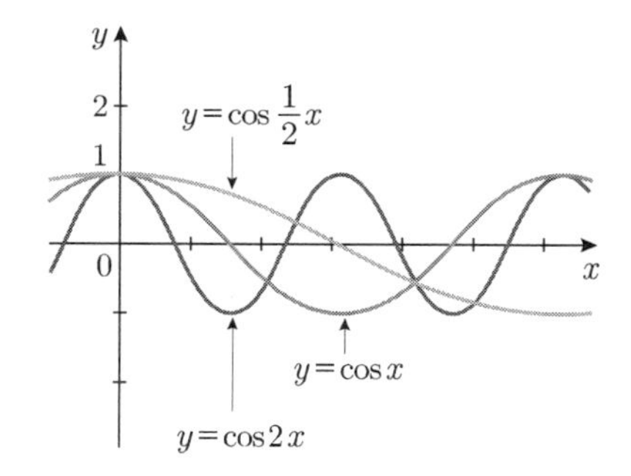

(5) 삼각방정식

예제 6.1.12

삼각방정식 $2\sin\left(2x-\frac{\pi}{3}\right)=\sqrt{3}$ 을 만족하는 해를 구하시오. 단, $0\leq x\leq\pi$ 이다.

풀이 주어진 방정식은 $\sin\left(2x-\dfrac{\pi}{3}\right)=\dfrac{\sqrt{3}}{2}$ 이므로 $2x-\dfrac{\pi}{3}=\dfrac{\pi}{3}$ or $\dfrac{2}{3}\pi$ 이다. 그러므로 해는 $x=\dfrac{\pi}{3}$, $\dfrac{\pi}{2}$ 이다. ■

예제 6.1.13

삼각방정식 $2\sin^2 x-\cos x=1$를 풀어라. (단, $0\le x\le 2\pi$)

풀이 항등식 $\sin^2 x=1-\cos^2 x$을 주어진 방정식에 대입하면

$$2(1-\cos^2 x)-\cos x=1$$

이고, 이것은 $2\cos^2 x+\cos x-1=0$이므로 다음과 같이 표현된다.

$$2\cos^2 x+\cos x-1=(\cos x+1)(2\cos x-1)=0$$

이 방정식의 해는 $\cos x=-1$ 또는 $\cos x=\dfrac{1}{2}$이므로, 주어진 방정식의 해는 $\left\{\pi, \dfrac{\pi}{3}, \dfrac{5\pi}{3}\right\}$이다.

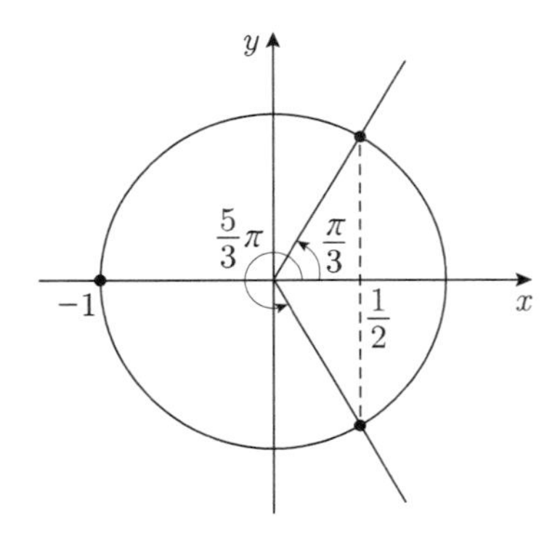

■

6.1 연습문제

01 $\theta = \pi,\ \frac{3}{2}\pi,\ 2\pi$일 때 $\sin\theta,\ \cos\theta,\ \tan\theta$의 값을 구하시오.

02 $\theta = 0,\ \frac{\pi}{6},\ \frac{\pi}{4},\ \frac{\pi}{3},\ \frac{\pi}{2}$ 일 때 $\mathrm{cosec}\,\theta,\ \sec\theta,\ \cot\theta$의 값을 구하시오.

03 $\theta = \frac{5}{4}\pi,\ -\frac{7}{4}\pi$일 때 $\sin\theta,\ \cos\theta,\ \tan\theta$의 값을 구하시오.

04 θ가 제3사분면의 각이고 $\sin\theta = -\frac{4}{5}$일 때, $\cos\theta,\ \tan\theta$의 값을 구하시오.

05 다음 식을 간단히 하시오.

$$\cos\theta + \cos\left(\frac{\pi}{2} + \theta\right) + \cos(\pi + \theta) + \cos\left(\frac{3}{2}\pi + \theta\right)$$

06 다음 방정식의 해를 모두 구하시오.

(1) $\sqrt{2}\sin x - 1 = 0$ (2) $2\cos x + \sqrt{3} = 0$ (3) $\sqrt{3}\tan x - 1 = 0$

07 $y = 2\sin\frac{x}{2}$의 주기를 구하고 그래프를 그리시오.

08 $y = \tan 2x$ 의 주기를 구하고 그래프를 그리시오.

09 함수 $y = 1 - \sin x$의 주기를 구하고 그래프를 그리시오.

10 다음의 삼각함수에 의한 방정식

$$2\sin^2 x + \cos x - 1 = 0,\ 0 \le x \le 2\pi$$

의 해를 구하시오.

6.2 삼각함수의 덧셈정리

삼각함수의 덧셈정리는 미적분학을 학습하기 위해서 알아야 할 가장 중요한 공식이라 할 수 있다. 이 절에서는 삼각함수의 덧셈정리와 이로부터 파생된 여러 공식들을 학습한다. 먼저 삼각함수의 덧셈정리를 유도해 보자.

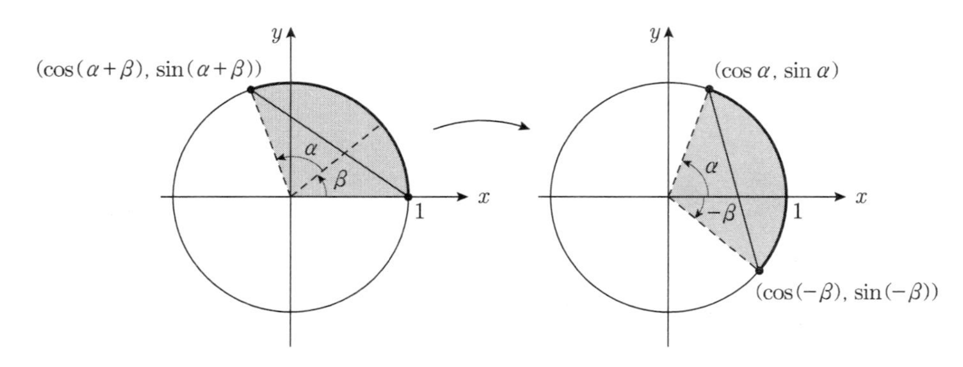

그림 6.16

[그림 6.16]의 두 부채꼴은 합동이므로 현의 길이가 같다. 이로부터 다음 등식

$$(1-\cos(\alpha+\beta))^2+\sin^2(\alpha+\beta)=(\cos\alpha-\cos\beta)^2+(\sin\alpha+\sin\beta)^2$$

을 얻는다. 이 식을 정리하면, 등식

$$\cos(\alpha+\beta)=\cos\alpha\cos\beta-\sin\alpha\sin\beta$$

을 얻고, 이 등식에서 β 대신 $-\beta$를 대입하면 다음 등식

$$\cos(\alpha-\beta)=\cos\alpha\cos\beta+\sin\alpha\sin\beta$$

을 얻는다. 이 식에서 α 대신에 $\frac{\pi}{2}-\alpha$를 대입하면 다음 등식

$$\sin(\alpha+\beta)=\cos\left(\frac{\pi}{2}-(\alpha+\beta)\right)$$

$$= \cos\left(\left(\frac{\pi}{2} - \alpha\right) - \beta\right)$$

$$= \cos\left(\frac{\pi}{2} - \alpha\right)\cos\beta + \sin\left(\frac{\pi}{2} - \alpha\right)\sin\beta$$

$$= \sin\alpha\cos\beta + \cos\beta\sin\alpha$$

를 얻으며, 끝으로 이 식에서 β 대신 $-\beta$를 대입하면

$$\sin(\alpha - \beta) = \sin\alpha\cos\beta - \cos\alpha\sin\beta$$

이 성립함을 알 수 있다. 탄젠트함수의 덧셈정리는 코사인함수와 사인함수의 덧셈정리로부터 바로 얻을 수 있다. 이상을 정리하면 다음과 같다.

정리 6.2 삼각함수의 덧셈정리

각 α, β에 대하여 다음 등식이 성립한다. (복호동순)

$$\sin(\alpha \pm \beta) = \sin\alpha\cos\beta \pm \cos\alpha\sin\beta$$

$$\cos(\alpha \pm \beta) = \cos\alpha\cos\beta \mp \sin\alpha\sin\beta$$

$$\tan(\alpha \pm \beta) = \frac{\tan\alpha \pm \tan\beta}{1 \mp \tan\alpha\tan\beta}$$

예제 6.2.1

삼각함수의 덧셈정리를 이용하여 다음 값들을 구하시오.

(a) $\cos\frac{3}{4}\pi$ (b) $\sin\frac{\pi}{12}$ (c) $\tan\left(\frac{5}{12}\pi\right)$

풀이

(a) $\cos\frac{3}{4}\pi = \cos\left(\frac{\pi}{2} + \frac{\pi}{4}\right) = \cos\frac{\pi}{2}\cos\frac{\pi}{4} - \sin\frac{\pi}{2}\sin\frac{\pi}{4} = -\frac{1}{\sqrt{2}}$

(b) $\sin\frac{\pi}{12} = \sin\left(\frac{\pi}{3} - \frac{\pi}{4}\right) = \sin\frac{\pi}{3}\cos\frac{\pi}{4} - \cos\frac{\pi}{3}\sin\frac{\pi}{4}$

$$= \frac{\sqrt{3}}{2}\frac{\sqrt{2}}{2} - \frac{1}{2}\frac{\sqrt{2}}{2} = \frac{\sqrt{6} - \sqrt{2}}{4}$$

(c) $\tan\left(\frac{5}{12}\pi\right) = \tan\left(\frac{\pi}{4} + \frac{\pi}{6}\right)$

$$= \frac{\tan\frac{\pi}{4} + \tan\frac{\pi}{6}}{1 - \tan\frac{\pi}{4}\tan\frac{\pi}{6}} = \frac{1 + \frac{\sqrt{3}}{3}}{1 - \frac{\sqrt{3}}{3}} = \frac{3 + \sqrt{3}}{3 - \sqrt{3}} = 2 + \sqrt{3}$$

■

예제 6.2.2

두 직선 $y = \sqrt{3}\,x - 2$, $y = \frac{1}{\sqrt{3}}x + 2$ 가 이루는 예각을 구하여라.

풀이 두 직선이 x축의 양의 방향과 이루는 각을 각각 α, β라 하면

$$\tan\alpha = \sqrt{3}, \quad \tan\beta = \frac{1}{\sqrt{3}} \tag{6.1}$$

이다. 두 직선이 이루는 예각을 θ라 하면

$$\tan\theta = \tan(\alpha - \beta) = \frac{\tan\alpha - \tan\beta}{1 + \tan\alpha\tan\beta} = \frac{\sqrt{3} - \frac{1}{\sqrt{3}}}{1 + 1} = \frac{1}{\sqrt{3}}$$

이고, 따라서 구하는 각은 $\theta = \frac{\pi}{6}$ 이다. (사실 (6.1)로부터 $\alpha = \frac{\pi}{3}$, $\beta = \frac{\pi}{6}$를 알 수 있으므로, $\theta = \alpha - \beta = \frac{\pi}{6}$를 바로 구할 수 있다. 그렇지만 특수각이 아닌 경우에는 덧셈정리의 도움이 필요하다.) ■

예제 6.2.3

$\cos\alpha = \frac{4}{5}$, $\sin\beta = \frac{15}{17}$일 때 $\sin(\alpha + \beta)$의 값을 구하여라. 단, $0 < \alpha < \frac{\pi}{2}$, $\frac{\pi}{2} < \beta < \pi$ 이다.

풀이 $0 < \alpha < \frac{\pi}{2}$ 이므로 $\sin\alpha > 0$이고, $\cos^2\alpha + \sin^2\alpha = 1$에 의하여

$$\sin\alpha = \sqrt{1 - \cos^2\alpha} = \sqrt{1 - \left(\frac{4}{5}\right)^2} = \frac{3}{5}$$

이다. 또한 $\frac{\pi}{2} < \beta < \pi$ 이므로 $\cos\beta < 0$ 이다. 따라서

$$\cos\beta = -\sqrt{1-\sin^2\beta} = -\sqrt{1-\left(\frac{15}{17}\right)^2} = -\frac{8}{17}$$

이다. 그러므로

$$\sin(\alpha+\beta) = \sin\alpha\cos\beta + \cos\alpha\sin\beta = \frac{3}{5}\cdot\left(-\frac{8}{17}\right) + \frac{4}{5}\cdot\frac{15}{17} = \frac{36}{85}$$

이다. ■

예제 6.2.4

$\tan x = \frac{1}{2}$, $\tan y = \frac{1}{5}$일 때 $\tan(x+y)$의 값을 구하여라.

풀이

$$\tan(x+y) = \frac{\tan x + \tan y}{1 - \tan x \tan y} = \frac{\frac{1}{2}+\frac{1}{5}}{1-\frac{1}{2}\times\frac{1}{5}} = \frac{\frac{7}{10}}{1-\frac{1}{10}} = \frac{7}{9}$$

■

예제 6.2.5

$\tan x + \tan y = \frac{3}{4}$, $\tan(x+y) = 2$일 때 $\tan x \tan y$의 값을 구하여라.

풀이 탄젠트 함수의 덧셈정리 $\tan(x+y) = \frac{\tan x + \tan y}{1-\tan x \tan y}$으로부터

$$2 = \frac{\frac{3}{4}}{1-\tan x \tan y}$$

이므로, $\tan x \tan y = \frac{5}{8}$이다. ■

예제 6.2.6

$0 < \alpha,\ \beta < \frac{\pi}{2}$이고 $\cos\alpha = \frac{3}{5}$, $\sin\beta = \frac{1}{2}$ 일 때, 다음 값을 구하여라.

(1) $\tan(\alpha+\beta)$

(2) $\cos 2\alpha$

풀이 $\cos\alpha = \frac{3}{5}$, $\sin\beta = \frac{1}{2}$이므로,

$$\sin^2\alpha = 1-\cos^2\alpha = 1-\frac{9}{25} = \frac{16}{25}$$

이고

$$\cos^2\beta = 1-\sin^2\beta = 1-\frac{1}{4} = \frac{3}{4}$$

이다. 그런데 $0 < \alpha, \beta < \frac{\pi}{2}$이므로

$$\sin\alpha = \frac{4}{5},\ \cos\beta = \frac{\sqrt{3}}{2}$$

이다. 이제 덧셈정리를 사용하여 주어진 삼각함수 값을 구해 보자.

(1) $\tan(\alpha+\beta) = \dfrac{\tan\alpha+\tan\beta}{1-\tan\alpha\tan\beta} = \dfrac{\frac{4}{3}+\frac{1}{\sqrt{3}}}{1-\frac{4}{3}\cdot\frac{1}{\sqrt{3}}} = \dfrac{48+25\sqrt{3}}{11}$

(2) $\cos 2\alpha = \cos(\alpha+\alpha) = \cos\alpha\cos\alpha - \sin\alpha\sin\alpha = \cos^2\alpha - \sin^2\alpha$

$= \frac{9}{25} - \frac{16}{25} = -\frac{7}{25}$ ■

덧셈정리를 이용하여 삼각함수의 곱을 합 또는 차의 꼴로 나타낼 수 있다. 이를테면 공식

$$\sin(\alpha+\beta) = \sin\alpha\cos\beta + \cos\alpha\sin\beta$$

$$\sin(\alpha-\beta) = \sin\alpha\cos\beta - \cos\alpha\sin\beta$$

에서 두 식을 같은 쪽 변끼리 더하면

$$\sin(\alpha+\beta) + \sin(\alpha-\beta) = 2\sin\alpha\cos\beta$$

이다. 따라서

$$\sin\alpha\cos\beta = \frac{1}{2}(\sin(\alpha+\beta)+\sin(\alpha-\beta))$$

를 얻는다. 마찬가지 방법으로 계산하면 다음 공식을 얻는다.

정리 6.3 곱을 합 또는 차로 바꾸는 공식

$$\sin\alpha\cos\beta = \frac{1}{2}(\sin(\alpha+\beta)+\sin(\alpha-\beta))$$

$$\cos\alpha\sin\beta = \frac{1}{2}(\sin(\alpha+\beta)-\sin(\alpha-\beta))$$

$$\cos\alpha\cos\beta = \frac{1}{2}(\cos(\alpha+\beta)+\cos(\alpha-\beta))$$

$$\sin\alpha\sin\beta = -\frac{1}{2}(\cos(\alpha+\beta)-\cos(\alpha-\beta))$$

문제 6.2.1

곱을 합 또는 차로 고치는 공식을 증명하라.

위 등식에서 $\alpha+\beta=A$, $\alpha-\beta=B$ 라고 하면 $\alpha=\frac{A+B}{2}$, $\beta=\frac{A-B}{2}$ 이므로 다음 공식을 얻는다.

정리 6.4 합 또는 차를 곱으로 바꾸는 공식

$$\sin A+\sin B = 2\sin\frac{A+B}{2}\cos\frac{A-B}{2}$$

$$\sin A-\sin B = 2\cos\frac{A+B}{2}\sin\frac{A-B}{2}$$

$$\cos A+\cos B = 2\cos\frac{A+B}{2}\cos\frac{A-B}{2}$$

$$\cos A-\cos B = -2\sin\frac{A+B}{2}\sin\frac{A-B}{2}$$

사인함수의 덧셈정리에서 $\alpha=\beta=\theta$ 라 두면 다음 공식을 얻는다.

정리 6.5 배각공식

$$\sin 2\theta = 2\sin\theta\cos\theta$$

$$\cos 2\theta = \cos^2\theta - \sin^2\theta = 2\cos^2\theta - 1 = 1 - 2\sin^2\theta$$

$$\tan 2\theta = \frac{2\tan\theta}{1-\tan^2\theta}$$

코사인의 배각공식에서 등식 $\sin^2\theta = \frac{1-\cos 2\theta}{2}$ 를 얻는데, 이 등식에서 θ 대신 $\frac{\theta}{2}$ 를 대입하여

$$\sin^2\frac{\theta}{2} = \frac{1-\cos\theta}{2}$$

을 얻는다. 같은 방법으로 코사인과 탄젠트에 대해서도 다음과 같은 반각공식을 얻는다.

정리 6.6 반각공식

$$\sin^2\frac{\theta}{2} = \frac{1-\cos\theta}{2}$$

$$\cos^2\frac{\theta}{2} = \frac{1+\cos\theta}{2}$$

$$\tan^2\frac{\theta}{2} = \frac{1-\cos\theta}{1+\cos\theta}$$

예제 6.2.7

삼각방정식 $\cos 2\theta = 2 - 3\sin\theta$ 를 풀어라. (단, $0 \le \theta \le 2\pi$)

풀이 등식 $\cos 2\theta = 1 - 2\sin^2\theta$ 를 이용하여 주어진 방정식을 변형하면

$$1 - 2\sin^2\theta = 2 - 3\sin\theta$$

가 된다. 이는 $\sin\theta$에 관한 이차방정식인데, 이를 풀면

$$\sin\theta = \frac{1}{2} \text{ 또는 } \sin\theta = 1$$

이다. 여기에서 $0 \le \theta \le 2\pi$ 를 만족하는 θ를 구하면

$$\theta = \frac{\pi}{6},\ \frac{5\pi}{6},\ \frac{\pi}{2}$$

이다. ■

예제 6.2.8

임의의 x, y에 대하여 다음 등식

$$\sin(x+y)\sin(x-y) = \sin^2 x - \sin^2 y = \cos^2 y - \cos^2 x$$

이 성립함을 보이시오.

풀이 사인함수의 덧셈정리

$$\sin(x+y) = \sin x \cos y + \cos x \sin y$$

$$\sin(x-y) = \sin x \cos y - \cos x \sin y$$

를 이용하면

$$\sin(x+y)\sin(x-y) = \sin^2 x \cos^2 y - \cos^2 x \sin^2 y$$

이다. 임의의 θ에 대하여 $\cos^2\theta + \sin^2\theta = 1$ 이므로, 주어진 식은 다음과 같이 두 가지 방법으로 변형된다.

(i) $$\begin{aligned}\sin(x+y)\sin(x-y) &= \sin^2 x(1-\sin^2 y) - (1-\sin^2 x)\sin^2 y \\ &= \sin^2 x - \sin^2 x \sin^2 y - \sin^2 y + \sin^2 x \sin^2 y \\ &= \sin^2 x - \sin^2 y\end{aligned}$$

(ii) $$\begin{aligned}\sin(x+y)\sin(x-y) &= (1-\cos^2 x)\cos^2 y - \cos^2 x(1-\cos^2 y) \\ &= \cos^2 y - \cos^2 x \cos^2 y - \cos^2 x + \cos^2 x \cos^2 y \\ &= \cos^2 y - \cos^2 x\end{aligned}$$ ■

예제 6.2.9

$\cos^2\alpha + \cos^2\beta = \frac{1}{2}$ 일 때, $\cos(\alpha+\beta)\cos(\alpha-\beta)$ 의 값을 구하여라.

풀이 곱을 합 또는 차로 바꾸는 공식을 이용하여 다음과 같이 계산할 수 있다.

$$\cos(\alpha+\beta)\cos(\alpha-\beta) = \frac{1}{2}(\cos(2\alpha)+\cos(2\beta))$$
$$= \frac{1}{2}(2\cos^2\alpha - 1 + 2\cos^2\beta - 1) = -\frac{1}{2}$$ ■

예제 6.2.10

$\tan\theta = t$ 라고 할 때, 다음 등식이 성립함을 증명하여라.

(a) $\sin 2\theta = \dfrac{2t}{1+t^2}$ (b) $\cos 2\theta = \dfrac{1-t^2}{1+t^2}$

풀이 배각공식을 이용하여 다음과 같이 계산할 수 있다.

(a) $\sin 2\theta = 2\sin\theta\cos\theta = \dfrac{2\sin\theta\cos\theta}{\cos^2\theta+\sin^2\theta} = \dfrac{2\tan\theta}{1+\tan^2\theta} = \dfrac{2t}{1+t^2}$

(b) $\cos 2\theta = \cos^2\theta - \sin^2\theta = \dfrac{\cos^2\theta-\sin^2\theta}{\cos^2\theta+\sin^2\theta} = \dfrac{1-\tan^2\theta}{1+\tan^2\theta} = \dfrac{1-t^2}{1+t^2}$ ■

예제 6.2.11

다음 등식을 증명하여라.

(a) $\dfrac{\tan A - \tan B}{\tan A + \tan B} = \dfrac{\sin(A-B)}{\sin(A+B)}$ (b) $\tan\dfrac{A}{2} = \dfrac{1-\cos A}{\sin A}$

풀이 (a) sin함수의 덧셈정리로부터 다음과 같이 증명된다.

$$\frac{\sin(A-B)}{\sin(A+B)} = \frac{\sin A\cos B - \cos A\sin B}{\sin A\cos B + \cos A\sin B}$$
$$= \frac{\dfrac{\sin A\cos B - \cos A\sin B}{\cos A\cos B}}{\dfrac{\sin A\cos B + \cos A\sin B}{\cos A\cos B}}$$
$$= \frac{\dfrac{\sin A}{\cos A} - \dfrac{\sin B}{\cos B}}{\dfrac{\sin A}{\cos A} + \dfrac{\sin B}{\cos B}} = \frac{\tan A - \tan B}{\tan A + \tan B}$$

(b) $\sin^2\frac{A}{2} = \frac{1-\cos A}{2}$ 이고 $\sin A = \sin 2\left(\frac{A}{2}\right) = 2\sin\frac{A}{2}\cos\frac{A}{2}$ 이므로,

$$\tan\frac{A}{2} = \frac{\sin\frac{A}{2}}{\cos\frac{A}{2}} = \frac{\sin^2\frac{A}{2}}{\sin\frac{A}{2}\cos\frac{A}{2}} = \frac{\frac{1-\cos A}{2}}{\frac{\sin A}{2}} = \frac{1-\cos A}{\sin A}$$

이다. ■

예제 6.2.12

$\sin A + \sin B = \cos A - \cos B \quad (0 < A < B < \pi)$일 때, $B-A$를 구하여라.

풀이 합 또는 차를 곱으로 바꾸는 공식

$$\sin A + \sin B = 2\sin\frac{A+B}{2}\cos\frac{A-B}{2}$$

$$\cos A - \cos B = -2\sin\frac{A+B}{2}\sin\frac{A-B}{2}$$

으로부터,

$$\sin A + \sin B = \cos A - \cos B$$

은

$$\cos\frac{A-B}{2} = -\sin\frac{A-B}{2} \tag{6.2}$$

이다. 그런데 $0 < A < B < \pi$로부터 $0 < \frac{B-A}{2} < \frac{\pi}{2}$ 이므로

$$\frac{\pi}{2} < \frac{A-B}{2} < 0$$

이므로 방정식 (6.2)의 해는 $\frac{A-B}{2} = -\frac{\pi}{4}$ 이다. 따라서 $B-A = \frac{\pi}{2}$이다. ■

6.2 연습문제

01 다음 값을 구하시오.

(1) $\sin\frac{5}{12}\pi$ (2) $\cos\frac{5}{12}\pi$ (3) $\sin\frac{7}{12}\pi$

(4) $\cos\frac{7}{12}\pi$ (5) $\tan\frac{\pi}{12}$ (6) $\tan\frac{7}{12}\pi$

02 $\sin\alpha = \frac{3}{5}$, $\cos\beta = \frac{5}{13}$일 때 다음 값을 구하시오. 단, $\frac{\pi}{2} \le \alpha \le \pi$, $0 < \beta < \frac{\pi}{2}$이다.

(1) $\sin(\alpha - \beta)$ (2) $\cos(\alpha + \beta)$

03 두 직선 $y = -\frac{1}{3}(x+1)$과 $y = -2x - 1$이 이루는 각의 크기를 θ라 할 때, $\tan\theta$의 값을 구하시오.

04 $\sin\alpha = \frac{3}{\sqrt{10}}$일 때, $\cos 2\alpha$, $\sin 2\alpha$, $\tan 2\alpha$의 값을 구하시오. 단, $0 < \alpha < \frac{\pi}{2}$이다.

05 $\sin^2\frac{\pi}{12}$의 값을 구하시오.

06 $\sin\alpha = \frac{4}{5}$일 때, $\tan\frac{\alpha}{2}$의 값을 구하시오. 단, $\frac{\pi}{2} < \alpha < \pi$이다.

07 다음의 값을 구하시오.

(1) $\sin\frac{5}{12}\pi \cdot \cos\frac{\pi}{12}$ (2) $\dfrac{\sin\frac{5}{18}\pi + \sin\frac{1}{18}\pi}{\cos\frac{5}{18}\pi + \cos\frac{1}{18}\pi}$

08 $\sin\frac{5}{12}\pi + \sin\frac{\pi}{12}$의 값을 구하시오.

6.3 삼각함수의 합성과 극한

(1) 삼각함수의 합성

다음 그림을 살펴보자.

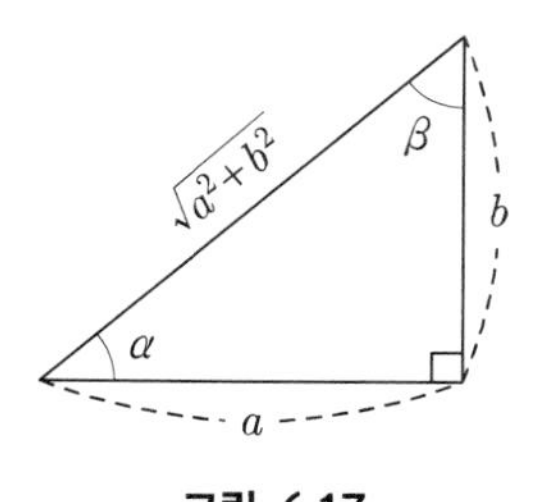

그림 6.17

위 그림에서

$$\cos\alpha = \frac{a}{\sqrt{a^2+b^2}}, \quad \sin\alpha = \frac{b}{\sqrt{a^2+b^2}}$$

임을 염두에 두고 $a\sin\theta + b\cos\theta$를 변형하면

$$\begin{aligned} a\sin\theta + b\cos\theta &= \sqrt{a^2+b^2}\left(\frac{a}{\sqrt{a^2+b^2}}\sin\theta + \frac{b}{\sqrt{a^2+b^2}}\cos\theta\right) \\ &= \sqrt{a^2+b^2}\,(\cos\alpha\sin\theta + \sin\alpha\cos\theta) \\ &= \sqrt{a^2+b^2}\,\sin(\theta+\alpha) \end{aligned}$$

이다. 또한

$$\cos\beta = \frac{b}{\sqrt{a^2+b^2}}, \quad \sin\beta = \frac{a}{\sqrt{a^2+b^2}}$$

을 이용하여 변형하면 다음 등식

$$\begin{aligned} a\sin\theta + b\cos\theta &= \sqrt{a^2+b^2}\left(\frac{a}{\sqrt{a^2+b^2}}\sin\theta + \frac{b}{\sqrt{a^2+b^2}}\cos\theta\right) \\ &= \sqrt{a^2+b^2}\,(\sin\beta\sin\theta + \cos\beta\cos\theta) \\ &= \sqrt{a^2+b^2}\,\cos(\theta-\beta) \end{aligned}$$

을 얻는다.

이와 같이 $a\sin\theta+b\cos\theta$ 인 꼴의 함수를

$$r\sin(\theta+\alpha) \text{ 또는 } r\cos(\theta-\beta)$$

의 꼴로 변형하는 것을 삼각함수의 합성이라 한다. 이는 최댓값과 최솟값을 구하는 데에 유용하다. 구체적으로 말하면,

$$\begin{aligned} f(\theta) &= a\sin\theta+b\cos\theta \\ &= \sqrt{a^2+b^2}\sin(\theta+\alpha) \end{aligned}$$

에서

$$-1 \le \sin(\theta+\alpha) \le 1$$

이므로 $f(\theta)$의 최댓값은 $\sqrt{a^2+b^2}$ 이고, 최솟값은 $-\sqrt{a^2+b^2}$ 이다.

예제 6.3.1

함수 $f(\theta)=\sqrt{3}\sin\theta+\cos\theta$를 삼각함수의 합성으로 표현하고, $f(\theta)$의 최댓값과 최솟값을 구하여라.

풀이

$$\begin{aligned} f(\theta) &= 2\left(\frac{\sqrt{3}}{2}\sin\theta+\frac{1}{2}\cos\theta\right) \\ &= 2\left(\sin\frac{\pi}{3}\sin\theta+\cos\frac{\pi}{3}\cos\theta\right) \\ &= 2\cos\left(\theta-\frac{\pi}{3}\right) \end{aligned}$$

이므로, 최댓값은 2이고 최솟값은 −2이다. ■

예제 6.3.2

함수 $f(x)=\sin x+\cos x$의 최댓값, 최솟값과 최대, 최소를 갖게 하는 x의 값을 구하고, 또한 함수 f의 그래프를 그리시오.

풀이

$$\begin{aligned} f(x) &= \sin x + \cos x \\ &= \sqrt{2}\left(\frac{1}{\sqrt{2}}\sin x + \frac{1}{\sqrt{2}}\cos x\right) \\ &= \sqrt{2}\left(\sin x \cos\frac{\pi}{4} + \cos x \sin\frac{\pi}{4}\right) \\ &= \sqrt{2}\sin\left(x + \frac{\pi}{4}\right) \end{aligned}$$

여기에서 $-1 \le \sin\left(x + \frac{\pi}{4}\right) \le 1$ 이므로 $-\sqrt{2} \le f(x) \le \sqrt{2}$ 이다.

이제 최대, 최소를 갖게 하는 x의 값을 구해보면, $x + \frac{\pi}{4} = \frac{\pi}{2} + 2n\pi$일 때 최대, 즉 $x = \frac{\pi}{4} + 2n\pi$일 때 최댓값 $\sqrt{2}$를 갖고, $x + \frac{\pi}{4} = -\frac{1}{2}\pi + 2n\pi$ 일 때 최소, 즉 $x = \frac{5}{4}\pi + 2n\pi$일 때 최솟값 $-\sqrt{2}$를 갖는다.

다음 [그림 6.18]은 함수 $f(x) = \sin x + \cos x$의 그래프이다.

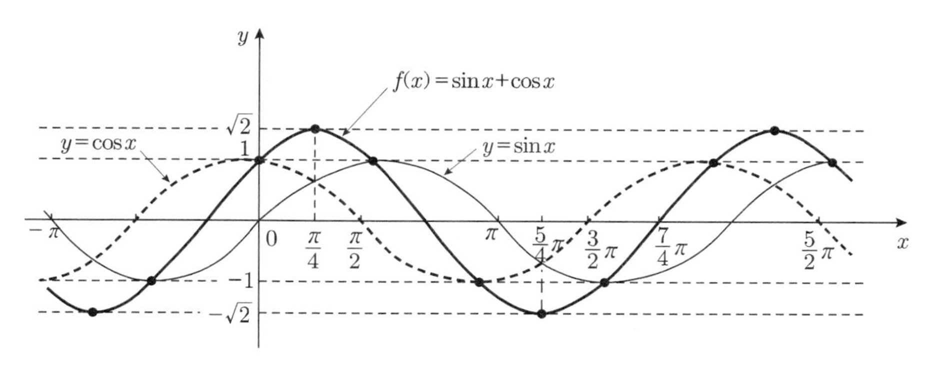

그림 6.18 $f(x) = \sin x + \cos x$의 그래프

예제 6.3.3

임의의 x에 대하여 부등식 $|\sin x - \cos x| \le \sqrt{2}$가 성립함을 보이시오.

풀이

$$\begin{aligned} \sin x - \cos x &= \sqrt{2}\left(\frac{1}{\sqrt{2}}\sin x - \frac{1}{\sqrt{2}}\cos x\right) \\ &= \sqrt{2}\left(\sin x \cos\frac{\pi}{4} - \cos x \sin\frac{\pi}{4}\right) \\ &= \sqrt{2}\sin\left(x - \frac{\pi}{4}\right) \end{aligned}$$

여기에서 $-1 \le \sin(x-\frac{\pi}{4}) \le 1$ 이므로 $-\sqrt{2} \le \sin x - \cos x \le \sqrt{2}$ 이다. 따라서 $|\sin x - \cos x| \le \sqrt{2}$ 가 성립한다. ■

(2) 삼각함수의 극한

단위원의 둘레는 이 원에 내접하는 다각형들의 둘레의 극한으로 이해할 수 있다. 내접하는 정n각형의 둘레의 길이는 $2n\sin\frac{\pi}{n}$이고 단위원의 넓이는 2π이므로 등식

$$\lim_{n\to\infty} 2n\sin\frac{\pi}{n} = 2\pi$$

을 얻는다. 따라서

$$\lim_{n\to\infty}\frac{\sin\frac{\pi}{n}}{\frac{\pi}{n}} = \lim_{n\to\infty}\left(\frac{1}{2\pi}2n\sin\frac{\pi}{n}\right) = 1$$

임을 알 수 있다. 그런데 $n\to\infty$일 때 $\frac{\pi}{n}\to 0$이므로 다음을 짐작할 수 있다.

정리 6.7	삼각함수의 극한
	$$\lim_{\theta\to 0}\frac{\sin\theta}{\theta} = 1$$

증명 먼저 $\theta\to 0+$일 때 [그림 6.19]와 같이 반지름의 길이가 1이고 각의 크기가 θ인 부채꼴 OAB에서 OB의 연장선 위에 $OA\perp AT$가 되도록 점 T를 잡으면, 삼각형 OAB의 넓이는 $\frac{1}{2}\sin\theta$, 부채꼴 OAB의 넓이는 $\frac{1}{2}\theta$, 그리고 삼각형 OAT의 넓이는 $\frac{1}{2}\tan\theta$이다. 그런데

$$\triangle OAB < \text{부채꼴 } OAB < \triangle OAT$$

이므로

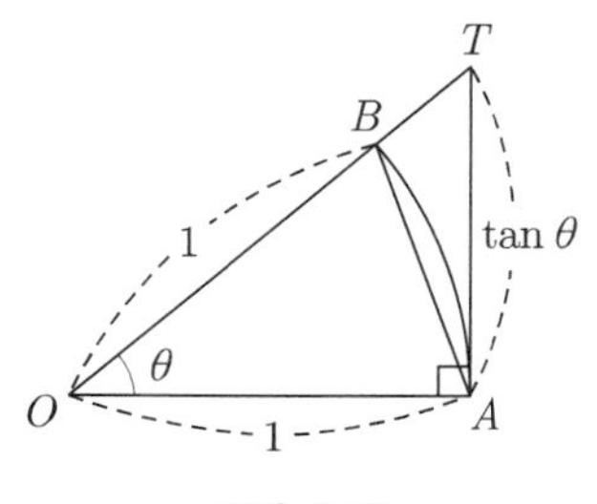

그림 6.19

$$\frac{1}{2}\sin\theta < \frac{1}{2}\theta < \frac{1}{2}\tan\theta$$

임을 알 수 있다. $\theta > 0$이고 0에 가까운 값일 때 $\sin\theta > 0$이므로, 각 변을 $\frac{1}{2}\sin\theta$로 나누면 $1 < \frac{\theta}{\sin\theta} < \frac{1}{\cos\theta}$에서 부등식

$$1 > \frac{\sin\theta}{\theta} > \cos\theta$$

를 얻고, $\theta \to 0$이면 $\cos\theta \to 1$이므로

$$\lim_{\theta \to 0+} \frac{\sin\theta}{\theta} = 1$$

이다.

$\theta \to 0-$일 때는 $-\theta > 0$이므로

$$\lim_{\theta \to 0-} \frac{\sin\theta}{\theta} = \lim_{\theta \to 0-} \frac{-\sin\theta}{-\theta} = \lim_{\theta \to 0-} \frac{\sin(-\theta)}{-\theta} = \lim_{\theta \to 0+} \frac{\sin\theta}{\theta} = 1$$

이고, 따라서

$$\lim_{\theta \to 0} \frac{\sin\theta}{\theta} = 1$$

을 얻는다. ■

예제 6.3.4

다음 극한값을 구하여라.

(a) $\lim_{\theta \to 0} \frac{\tan\theta}{\theta}$　　(b) $\lim_{\theta \to 0} \frac{\sin 5\theta}{\sin 2\theta}$

풀이 먼저 (a)를 계산하면

$$\lim_{\theta\to 0}\frac{\tan\theta}{\theta}=\lim_{\theta\to 0}\frac{\sin\theta}{\theta\cos\theta}=\lim_{\theta\to 0}\frac{\sin\theta}{\theta}\cdot\frac{1}{\cos\theta}$$
$$=\lim_{\theta\to 0}\frac{\sin\theta}{\theta}\lim_{\theta\to 0}\frac{1}{\cos\theta}=1\cdot 1=1$$

이다. 마찬가지로,

$$\lim_{\theta\to 0}\frac{\sin 5\theta}{\sin 2\theta}=\lim_{\theta\to 0}\frac{\sin 5\theta}{5\theta}\cdot\frac{2\theta}{\sin 2\theta}\cdot\frac{5}{2}$$
$$=\frac{5}{2}\lim_{\theta\to 0}\frac{\sin 5\theta}{5\theta}\lim_{\theta\to 0}\frac{2\theta}{\sin 2\theta}=\frac{5}{2}$$

이다. ■

예제 6.3.5

다음 극한값을 구하여라.

(a) $\lim_{x\to 0}\frac{1-\cos x}{x^2}$　　(b) $\lim_{x\to 0}\frac{\cos 3x-\cos x}{x\sin x}$

풀이 (a)부터 계산하면

$$\lim_{x\to 0}\frac{1-\cos x}{x^2}=\lim_{x\to 0}\frac{(1-\cos x)(1+\cos x)}{x^2(1+\cos x)}$$
$$=\lim_{x\to 0}\frac{\sin^2 x}{x^2(1+\cos x)}$$
$$=\lim_{x\to 0}\left(\frac{\sin x}{x}\right)^2\lim_{x\to 0}\frac{1}{1+\cos x}$$
$$=1\cdot\frac{1}{2}=\frac{1}{2}$$

이고, (b)를 계산하면

$$\lim_{x\to 0}\frac{\cos 3x-\cos x}{x\sin x}=\lim_{x\to 0}\frac{-2\sin 2x\sin x}{x\sin x}\qquad\text{(정리 6.4)}$$
$$=\lim_{x\to 0}(-4)\cdot\frac{\sin 2x}{2x}=-4$$

이다. ■

예제 6.3.6

다음 극한값을 구하여라.

(a) $\lim_{\theta \to 0} \frac{\theta^2}{\sin\theta}$ (b) $\lim_{\theta \to 0} (\frac{\sin 2\theta}{\theta})^3$

(c) $\lim_{\theta \to 0} \frac{\sin a\theta}{\sin b\theta}$ (d) $\lim_{\theta \to \pi} \frac{\sin 2\theta}{\theta - \pi}$

풀이 (a) $\lim_{\theta \to 0} \frac{\theta^2}{\sin\theta} = \lim_{\theta \to 0} \frac{\theta}{\sin\theta} \lim_{\theta \to 0} \theta = 1 \cdot 0 = 0$

(b) $\lim_{\theta \to 0} (\frac{\sin 2\theta}{\theta})^3 = (\lim_{\theta \to 0} \frac{\sin 2\theta}{\theta})^3 = (2\lim_{\theta \to 0} \frac{\sin 2\theta}{2\theta})^3$

$$= 8(\lim_{\theta \to 0} \frac{\sin 2\theta}{2\theta})^3 = 8 \cdot 1^3 = 8$$

(c) $\lim_{\theta \to 0} \frac{\sin a\theta}{\sin b\theta} = \frac{a}{b} \frac{\lim_{\theta \to 0} \frac{\sin a\theta}{a\theta}}{\lim_{\theta \to 0} \frac{\sin b\theta}{b\theta}} = \frac{a}{b}$

(d) $\lim_{\theta \to \pi} \frac{\sin 2\theta}{\theta - \pi} = \lim_{t \to 0} \frac{\sin 2(t+\pi)}{t} = \lim_{t \to 0} \frac{2\sin(t+\pi)\cos(t+\pi)}{t}$

$$= \lim_{t \to 0} \frac{2\sin t \cos t}{t} = 2\lim_{t \to 0} \frac{\sin t}{t} \lim_{t \to 0} \cos t$$

$$= 2 \cdot 1 \cdot 1 = 2$$

■

예제 6.3.7

극한값 $\lim_{h \to 0} \frac{\sin(\frac{3\pi}{2} + h) + 1}{h}$ 을 구하여라.

풀이 $\sin(\frac{3\pi}{2} + h) = -\cos h$ 이고 $1 - \cos h = 2\sin^2 \frac{h}{2}$ (배각공식)이므로 다음과 같이 계산된다.

$$\lim_{h \to 0} \frac{\sin(\frac{3\pi}{2} + h) + 1}{h} = \lim_{h \to 0} \frac{-\cos h + 1}{h} = \lim_{h \to 0} \frac{2\sin^2 \frac{h}{2}}{h}$$

$$= \lim_{h \to 0} \frac{\sin^2 \frac{h}{2}}{\frac{h}{2}} = \lim_{h \to 0} \sin \frac{h}{2} \lim_{h \to 0} \frac{\sin \frac{h}{2}}{\frac{h}{2}}$$

$$= 0 \cdot 1 = 0$$

■

예제 6.3.8

극한값 $\lim_{x \to 0} \frac{\tan^3(2x)}{x^3}$을 구하여라.

풀이

$$\lim_{x \to 0} \frac{\tan^3(2x)}{x^3} = (\lim_{x \to 0} \frac{\tan(2x)}{x})^3 = (2 \lim_{x \to 0} \frac{\tan(2x)}{2x})^3$$

$$= 2^3 \cdot (\lim_{x \to 0} \frac{\tan(2x)}{2x})^3 = 8 \cdot 1^3 = 8$$

■

6.3 연습문제

01 함수 $f(x)=\sqrt{3}\sin x+\cos x$의 최댓값과 최솟값을 구하고 그 때의 x 값을 구하시오.

02 함수 $f(x)=3\sin x+4\cos x$ 의 최댓값과 최솟값을 구하시오.

03 다음 극한을 구하시오.

(1) $\displaystyle\lim_{x\to 0}\frac{\sin 4x}{3x}$　　(2) $\displaystyle\lim_{x\to 0}\frac{\tan 3x}{x}$　　(3) $\displaystyle\lim_{\theta\to 0}\frac{\sin^2\theta}{\theta}$

CHAPTER

07

지수함수와 로그함수

7.1 지수함수의 정의와 성질

두 실수 a와 x에 대하여 a^x를 생각하여 보자.

(i) x가 자연수($x=n$)이면, a^n은 a를 n번 곱한 값이다.

(ii) x가 음의 정수($x=-n,\ n>0$)이면, a^x는 다음과 같은 값을 갖는다: $a^{-n}=\dfrac{1}{a^n}$

(iii) x가 유리수 ($x=\dfrac{p}{q}$, $q>0$, p, q는 정수)이고 a가 양수이면, a^x는 다음과 같이 항상 실숫값을 갖는다 : $a^{\frac{p}{q}}=\sqrt[q]{a^p}$

(iv) a가 음수인 경우에는 유리수 $x=\dfrac{p}{q}$에 대해서조차도 a^x가 실수 범위에서 잘 정의되지 않는다. 예를 들어 $(-2)^{\frac{1}{2}}=\sqrt{-2}=2i$는 복소수이다.

예제 7.1.1

다음 값을 구하시오.

(a) $\sqrt[3]{0.008}$ (b) $\sqrt[5]{-32}$

풀이 (a) $(0.2)^3=0.008$ 이므로 $\sqrt[3]{0.008}=0.2$ 이다.

(b) $(-2)^5=-32$ 이므로 $\sqrt[5]{-32}=-2$ 이다. ■

예제 7.1.2

다음 값을 구하시오.

(a) $(\sqrt[3]{2})^4\div 2^{\frac{1}{3}}$ (b) $\sqrt{81^3}\times\sqrt[3]{27}$

풀이 (a) $(\sqrt[3]{2})^4\div 2^{\frac{1}{3}}=2^{\frac{4}{3}-\frac{1}{3}}=2$

(b) $\sqrt{81^3}\times\sqrt[3]{27}=(3^4)^{\frac{3}{2}}\times 3^{\frac{3}{3}}=3^{6+1}=3^7$ ■

a가 음수인 경우에는 모든 실수 x에 대하여 a^x가 잘 정의되지는 않으므로, 양수

a에 대하여 함수 a^x를 생각하여 보기로 하자. 유리수 x에 대해서는 (ii)와 같이 정의된다. [그림 7.1]에서 보듯이, $y=a^x$ (x는 유리수)의 그래프에는 무리수 x에 대응하는 무수히 많은 구멍이 있다.

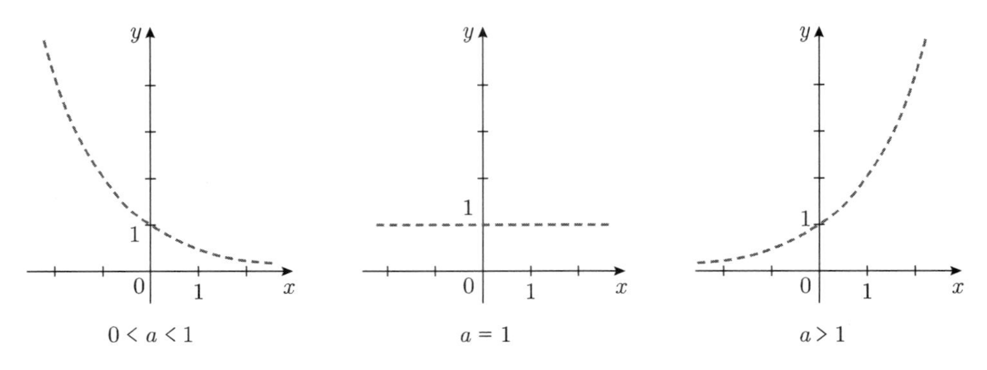

그림 7.1 $y=a^x$ (x는 유리수)의 그래프

무리수 x에 대해서 a^x를 다음과 같이 정의함으로써 이 구멍들이 잘 채워진다 : 임의의 무리수 x에 대하여 이 값으로 수렴하는 유리수 수열 $\{q_n\}$을 찾을 수 있다. 각 q_n에 대하여 a^{q_n}의 값이 잘 정의되고, 수열 $\{a^{q_n}\}$은 극한값을 갖는다. 우리는 a^x의 값을 이 극한값으로 정의한다[11] :

$$a^x = \lim_{n\to\infty} a^{q_n}$$

정의에 의해 다음이 성립한다.

---

11) $a=1$인 경우에는 $a^x=1$이다. $a\neq 1$인 경우에는 수학적으로 엄밀한 증명이 필요하다. 이 경우에도 무리수 x로 수렴하는 임의의 유리수 수열 $\{r^n\}$에 대해서 $\{a^{r_n}\}$이 수렴한다는 사실과, 그 극한값이 항상 일정하다는 사실은 수학적으로 잘 알려져 있다. 직관적으로, 함수 a^x는 정의구역을 유리수 집합에 제한하여 생각할 때 증가함수 ($a>0$, $a\neq 1$일 때)이거나 감소함수 ($a<0$일 때)이다. 그러므로 무리수 x에 수렴하는 증가하는 유리수 수열 $\{r^n\}$의 함숫값의 수열 $\{a^{r_n}\}$도 증가 또는 감소수열이므로 수렴하게 될 것을 짐작할 수 있다.

정리 7.1　지수법칙

a가 양수일 때 임의의 실수 x, y에 대하여 다음이 성립한다.

(i) $a^{x+y} = a^x a^y$, $a^{x-y} = \dfrac{a^x}{a^y}$

(ii) $(a^x)^y = a^{xy}$, $(ab)^x = a^x b^x$

예제 7.1.3

다음을 간단히 하시오.

(a) $2^{\sqrt{3}} \cdot 2^{\sqrt{12}}$　　(b) $(2^{\sqrt{2}})^{\sqrt{8}}$　　(c) $(2^{\sqrt{8}} \div 2^{\sqrt{2}})^{\frac{1}{\sqrt{2}}}$

풀이 (a) $2^{\sqrt{3}} \cdot 2^{\sqrt{12}} = 2^{\sqrt{3}} \cdot 2^{2\sqrt{3}} = 2^{\sqrt{3}+2\sqrt{3}} = 2^{3\sqrt{3}}$

(b) $(2^{\sqrt{2}})^{\sqrt{8}} = 2^{\sqrt{2}\cdot\sqrt{8}} = 2^4 = 16$

(c) $(2^{\sqrt{8}} \div 2^{\sqrt{2}})^{\frac{1}{\sqrt{2}}} = (2^{2\sqrt{2}-\sqrt{2}})^{\frac{1}{\sqrt{2}}} = (2^{\sqrt{2}})^{\frac{1}{\sqrt{2}}} = 2$ ■

이제 주어진 양수 a에 대하여 x에 관한 실함수 $f(x) = a^x$를 생각할 수 있다. 다음은 함수 $f(x)$의 그래프이다.

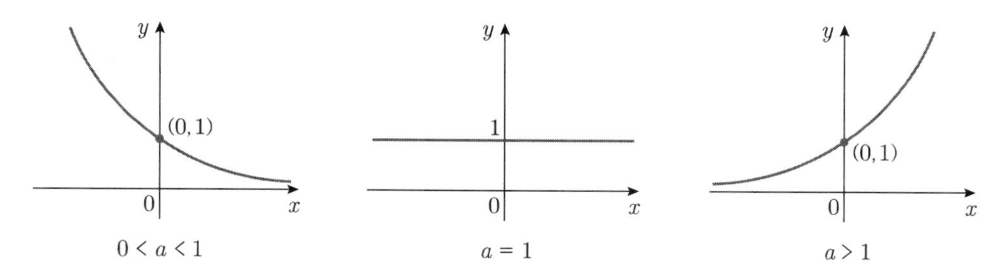

그림 7.2 지수함수 $y = a^x$의 그래프

정의 7.1　지수함수의 정의

임의의 실수 $a > 0$에 대하여 $f(x) = a^x$를 **지수함수**라고 한다. 이 때, a를 **밑**, x를 **지수**라고 한다.

지수함수 $f(x) = a^x$ 는 $0 < a < 1$인 경우에는 감소함수, $a > 1$인 경우에는 증가함수이다. [그림 7.3]은 지수함수의 밑이 변할 때 그 그래프가 어떻게 달라지는지 보여준다.

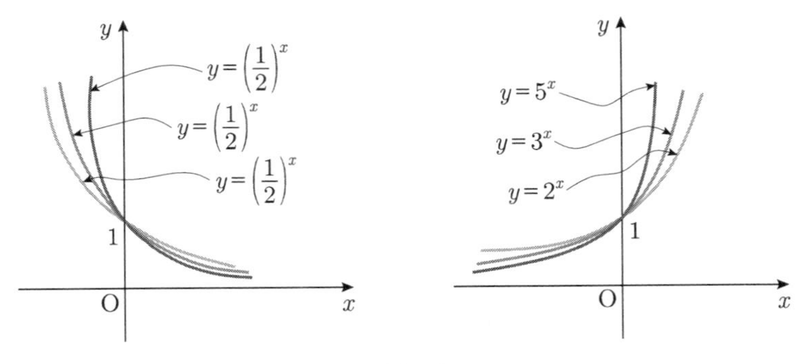

그림 7.3

예제 7.1.4

함수 $y = 2^x$ 의 그래프를 이용하여 함수 $y = 2^{x-1}$ 의 그래프와 함수 $y = -2^x$ 의 그래프를 그려라.

풀이 함수 $y = 2^{x-1}$ 의 그래프는 함수 $y = 2^x$ 의 그래프를 x 축으로 1 만큼 평행이동하여 얻을 수 있으므로 다음 그림과 같다.

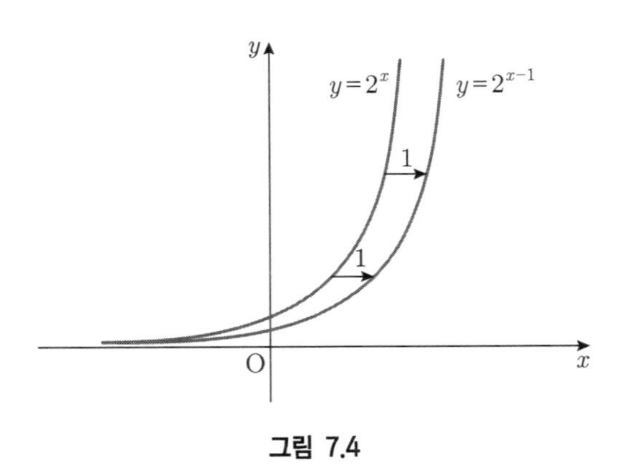

그림 7.4

$y = -2^x$ 의 그래프는 함수 $y = 2^x$ 의 그래프와 x 축에 대하여 대칭이므로 다음 그림과 같다.

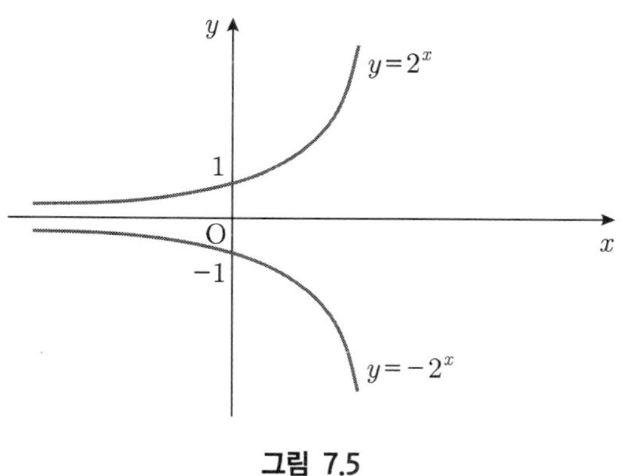

그림 7.5

참고 [예제 7.1.4]에서 $y=2^{x-1}=\frac{1}{2}2^x$ 이므로, $y=2^{x-1}$ 의 그래프는 $y=2^x$ 의 그래프의 높이를 모두 $\frac{1}{2}$ 배하여 구할 수도 있다. 특히 y 절편은 $\frac{1}{2}$ 이다.

예제 7.1.5

다음 지수함수의 그래프를 그리시오.

(a) $y=2^{x+1}$ (b) $y=(\frac{1}{3})^{x+1}$ (c) $y=5^{x-3}-1$

풀이 (a) 함수 $y=2^{x+1}$ 의 그래프는 함수 $y=2^x$ 의 그래프를 x 축으로 -1 만큼 평행이동하여 얻을 수 있다. 또는 $y=2^{x+1}=2\cdot 2^x$ 로 생각할 수 있다. 그래프는 다음과 같다.

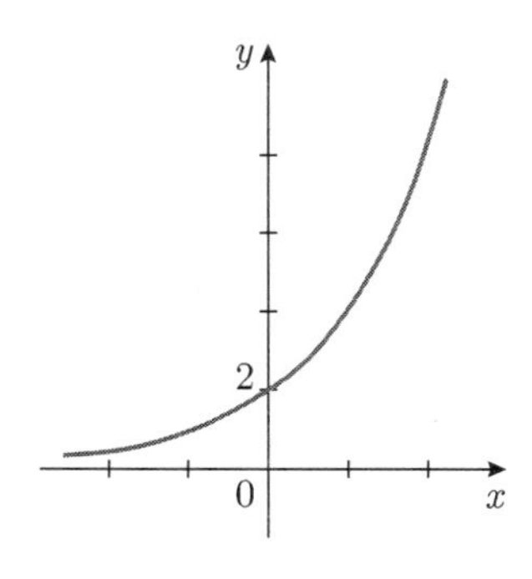

그림 7.6 $y=2^{x+1}$의 그래프

(b) 함수 $y=(\frac{1}{3})^{x+1}$의 그래프는 함수 $y=(\frac{1}{3})^{x}$의 그래프를 x축으로 -1만큼 평행이동하여 얻을 수 있다. 또는 $y=(\frac{1}{3})^{x+1}=\frac{1}{3}(\frac{1}{3})^{x}$로 생각할 수 있다. 그래프는 다음과 같다.

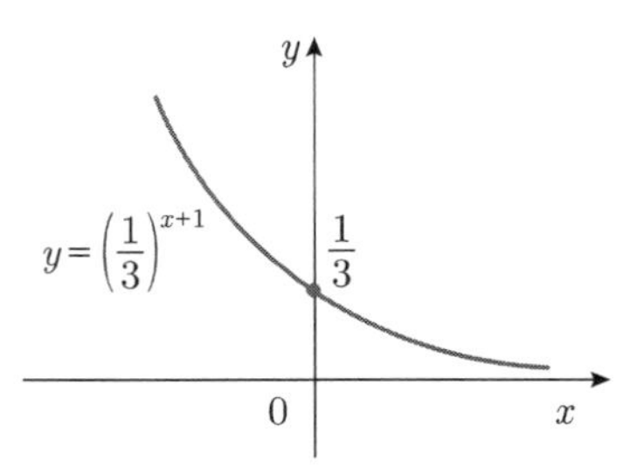

그림 7.7 $y=(\frac{1}{3})^{x+1}$의 그래프

(c) 함수 $y=5^{x-3}-1$의 그래프는 함수 $y=5^{x}$의 그래프를 y축으로 -1만큼, x축으로 3만큼 평행이동하여 얻을 수 있다. 또는 $y=5^{x-3}-1=\frac{1}{125}5^{x}-1$로 생각할 수 있다. [그림 7.8]의 왼쪽은 $y=5^{x}$의 그래프를 y축으로 -1만큼 평행이동한 $y=5^{x}-1$의 그래프를 나타내고, 오른쪽은 거기서 x축으로 3만큼 더 평행이동한 $y=5^{x-3}-1$의 그래프를 나타낸다.

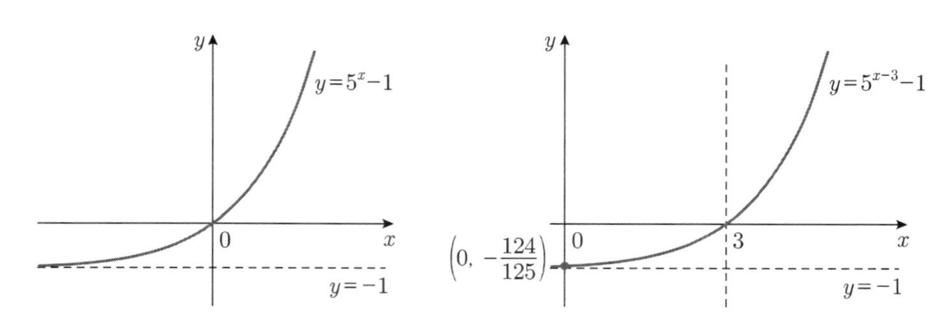

그림 7.8 $y=5^{x}-1$과 $y=5^{x-3}-1$의 그래프 ■

예제 7.1.6

다음 지수방정식을 풀어라.

(1) $4^{x}=0.125$　　(2) $4^{x}-3(2^{x})-4=0$

풀이 (1) $4^x = 0.125$에서 $2^{2x} = 2^{-3}$이다. 따라서 $2x = -3$에서 $x = -\frac{3}{2}$이다.

(2) 주어진 방정식을 변형하면 $(2^x)^2 - 3 \cdot 2^x - 4 = 0$이고 $2^x = X$로 놓으면 $X^2 - 3X - 4 = 0$이므로 $(X+1)(X-4) = 0$ 이다. 그런데 $X > 0$이므로 $X = 4$ 이다. 따라서 $2^x = 4 = 2^2$에서 $x = 2$를 얻는다. ■

예제 7.1.7

다음 지수부등식을 풀어라.

(1) $3^x \geq \sqrt{27}$ (2) $(\frac{1}{3})^{x+1} > (\frac{1}{3})^{2x-1}$

풀이 (1) 주어진 부등식을 변형하면 $3^x \geq 3^{\frac{3}{2}}$이다. 밑 3은 1보다 크므로 $x \geq \frac{3}{2}$이다.

(2) 주어진 부등식에서 밑 $\frac{1}{3}$은 1보다 작으므로 $x+1 < 2x-1$이다. 이 부등식을 풀면 $x > 2$이다. ■

예제 7.1.8

다음 지수부등식을 풀어라.

(1) $2^{2x} - 6 \cdot 2^x + 8 < 0$ (2) $3^{2x} - 6 \cdot 3^x - 27 < 0$

풀이 (1) 주어진 부등식을 변형하면

$$(2^x)^2 - 6 \cdot 2^x + 8 < 0$$

이다. $2^x = X$로 놓으면 $X^2 - 6X + 8 < 0$이므로

$$(X-2)(X-4) < 0$$

에서 $2 < X < 4$이다. 따라서 $2 < 2^x < 2^2$에서 밑 2는 1보다 크므로 $1 < x < 2$ 이다.

(2) $3^x = X$로 놓으면 $X^2 - 6X - 27 < 0$이므로

$$(X+3)(X-9) < 0$$

에서 $-3 < X < 9$이다. 그런데 $X = 3^x > 0$이므로 $0 < X < 9$이다. 따라서 $0 < 3^x < 3^2$이므로 $x < 2$이다. ■

지수함수의 밑 중에서 가장 유용하게 쓰이는 값이 **자연상수**라고 불리는 무리수 e 이다. 자연상수 e 는 다음과 같이 수열의 극한값으로 정의된다.

$$e = \lim_{n \to \infty} (1 + \frac{1}{n})^n$$

이 무리수를 밑으로 갖는 지수함수 e^x 는 $\exp(x)$ 로 표기하기도 한다. 자연상수 e 는 $2 < e < 3$ 인 무리수이므로

$$2^x < e^x < 3^x, \ x > 0$$

와

$$2^x > e^x > 3^x, \ x < 0$$

이 성립한다. ([그림 7.9] 참조.)

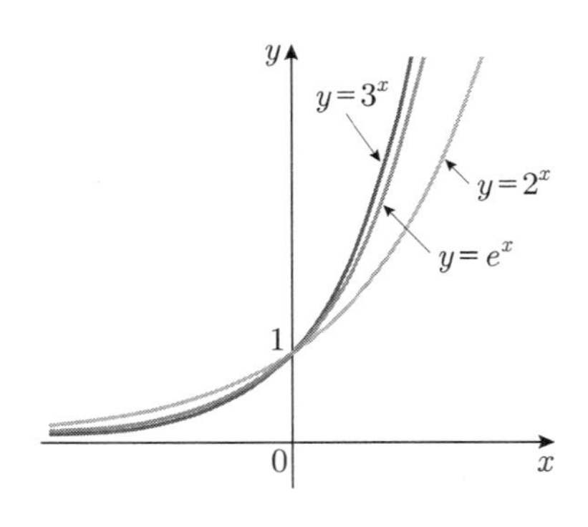

그림 7.9 $y = e^x$의 그래프

예제 7.1.9

다음 지수방정식을 풀어라.

(1) $2^x = 8$ (2) $3^x = \frac{1}{9}$ (3) $(\frac{1}{2})^x = 8$

풀이 (1) $2^x = 8 = 2^3$이므로 $x = 3$이다.

(2) $3^x = \frac{1}{9} = 3^{-2}$이므로 $x = -2$ 이다.

(3) $2^{-x} = 8 = 2^3$이므로 $x = -3$ 이다. ■

7.1 연습문제

01 $\sqrt[3]{2\sqrt{2}} \times \sqrt[6]{8}$ 을 간단히 하시오.

02 다음 지수방정식을 풀어라.

(1) $2 \cdot 7^x = 98$

(2) $3^x - 3\sqrt{3} = 0$

(3) $3^{x-2} = 243$

(4) $3^{2x} - 10 \cdot 3^x + 9 = 0$

(5) $4^x = 8$

(6) $5^{2x} + 1 = 626$

03 다음 지수부등식을 풀어라.

(1) $10^x < 1000$

(2) $0.1^x < 0.001$

(3) $3^{2-x} > 27$

(4) $(\frac{1}{2})^{x+3} > \frac{1}{16}$

(5) $4^x \le 8$

(6) $5^{2x+1} \ge 625$

(7) $4^x - 2^{x+1} - 8 < 0$

(8) $3^{2x+1} - 28 \cdot 3^x + 9 > 0$

(9) $5^{2x} - 5^{x+1} \ge 0$

(10) $5^{2x} - 10 \cdot 5^x + 25 \le 0$

(11) $2 \cdot 3^{2x} - 5 \cdot 3^x - 3 \ge 0$

(12) $2^{2x} - 10 \cdot 2^x + 16 \le 0$

04 지수함수 $y = 3^x$ 및 $y = (\frac{1}{3})^x$ 의 그래프를 이용하여 다음 함수의 그래프를 그려라.

(1) $y = 3^{x-1}$

(2) $y = 3^x + 2$

(3) $y = 3^{-x}$

(4) $y = -3^x$

05 다음 함수의 주어진 구간에서 최댓값과 최솟값을 구하여라.

$$f(x) = 2^x,\ [-1, 2]$$

7.2 로그함수의 정의와 성질

지수함수 $y = a^x \ (a > 0, a \neq 1)$ 은 정의역이 실수의 집합이고 치역이 양의 실수인 전단사함수이므로 역함수가 존재한다. 이 역함수를 우리는 $y = \log_a x$ 로 표기하고 **로그함수**라고 부른다. 즉,

$$x = a^y \Leftrightarrow y = \log_a x$$

이다.

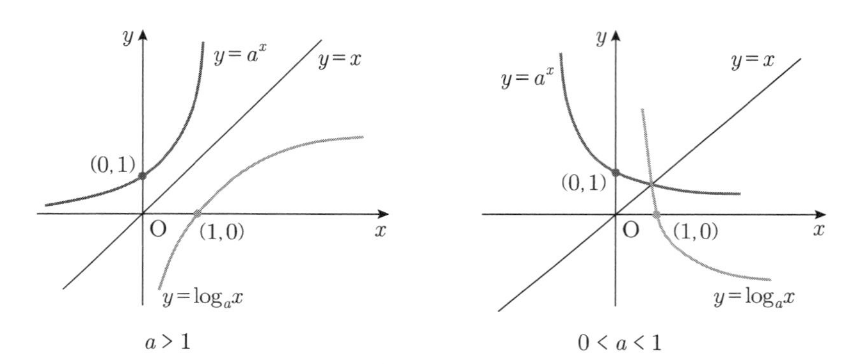

그림 7.10 $y = \log_a x$의 그래프

로그를 사용한 표현을 살펴보면, 예를 들어 $8^{\frac{2}{3}} = 4$ 은 $\frac{2}{3} = \log_8 4$, $2^5 = 32$ 은 $\log_2 32 = 5$ 로 나타낼 수 있다.

예제 7.2.1

[예제 7.1.9]에서 보았듯이, $2^3 = 8$, $3^{-2} = \frac{1}{9}$, $(\frac{1}{2})^{-3} = 8$ 이다. 이 식을 로그를 사용하여 표현하시오.

풀이 로그의 정의에 의하여 차례로 $\log_2 8 = 3$, $\log_3 \frac{1}{9} = -2$, $\log_{\frac{1}{2}} 8 = -3$ 이다. ■

정의 7.2 **로그함수의 정의**

지수함수 $y = a^x$ $(a > 0,\ a \neq 1)$ 의 역함수를 로그함수 $y = \log_a x$ 라 한다.

로그함수 $f(x) = \log_a x$는 지수함수와 마찬가지로 $0 < a < 1$인 경우에는 감소함수, $a > 1$인 경우에는 증가함수이다. [그림 7.11]은 로그함수의 밑이 변할 때 그 그래프가 어떻게 달라지는지 $a > 1$인 경우에 대하여 보여준다.

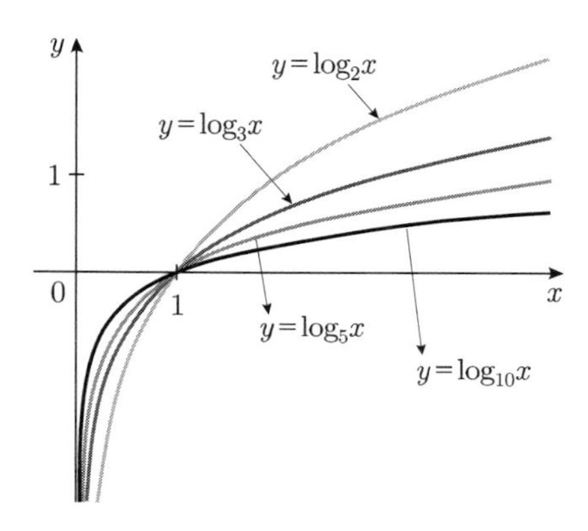

그림 7.11 $y = \log_a x\,(a > 1)$의 그래프

정리 7.2 **로그함수의 성질**

모든 실수 $a > 0$ $(a \neq 1)$ 와 $x > 0,\ y > 0$ 에 대하여

(i) 로그함수 $y = \log_a x$ 는 정의되며, $\log_a 1 = 0$ 이다.

(ii) $\log_a (xy) = \log_a x + \log_a y$

(iii) $\log_a (\frac{x}{y}) = \log_a x - \log_a y$

(iv) $\log_a (x^y) = y \log_a x$

(v) $\log_{a^b} (x) = \frac{1}{b} \log_a x$

증명 (i) $a^0 = 1$이므로 로그의 정의에 의하여 $\log_a 1 = 0$ 이다.

(ii) $\log_a x = r_1$, $\log_a y = r_2$라 하면, 로그의 정의에 의하여

$$x = a^{r_1}, \quad y = a^{r_2}$$

이다. 그러므로

$$xy = a^{r_1 + r_2}$$

가 성립하며, 이는 $r_1 + r_2 = \log_a(xy)$를 의미하므로

$$\log_a(xy) = \log_a x + \log_a y$$

이다.

(iii) $x = a^{r_1}$, $y = a^{r_2}$일 때 $\frac{x}{y} = \frac{a^{r_1}}{a^{r_2}} = a^{r_1 - r_2}$가 성립하며, 이는 $r_1 - r_2 = \log_a(\frac{x}{y})$를 의미하므로

$$\log_a(\frac{x}{y}) = \log_a x - \log_a y$$

이다.

(iv) $\log_a x = p$라 하면, $x = a^p$이고 양변을 y제곱하면

$$x^y = a^{py}$$

이므로 $yp = \log_a(x^y)$이다. 그러므로

$$y\log_a x = \log_a(x^y)$$

이다.

(v) $\log_a x = p$라 하면 $x = a^p = (a^b)^{\frac{p}{b}}$이므로

$$\log_{a^b}(x) = \frac{p}{b} = \frac{1}{b}\log_a x$$

이다. ■

예제 7.2.2

다음 식을 간단히 하시오.

$$\log_5 45 + 2\log_5 \frac{5}{3}$$

풀이

$$\begin{aligned}\log_5 45 + 2\log_5 \frac{5}{3} &= \log_5(5\times 3^2) + 2(\log_5 5 - \log_5 3)\\ &= 1 + 2\log_5 3 + 2 - 2\log_5 3\\ &= 3\end{aligned}$$

■

정리 7.3 밑변환 공식

$a,\ b,\ c > 0\ (a \neq 1,\ c \neq 1)$ 일 때 다음이 성립한다.

$$\log_a b = \frac{\log_c b}{\log_c a}$$

증명 $\log_a b = x,\ \log_c a = y$라 하면, 로그의 정의에 의하여

$$b = a^x, \quad a = c^y$$

이다. 지수의 성질에 의하여

$$b = a^x = (c^y)^x = c^{xy}$$

이므로 $xy = \log_c b$이다. 즉,

$$\log_a b \cdot \log_c a = \log_c b$$

이다. 따라서

$$\log_a b = \frac{\log_c b}{\log_c a}$$

이 성립한다. ■

밑변환 공식에 의하여 우리는 1이 아닌 임의의 양수 a, b에 대하여

$$\log_a b = \frac{1}{\log_b a}$$

임을 알 수 있다. ($c = b$ 대입)

예제 7.2.3

다음을 간단히 하여라.

$$\log_3 4 \cdot \log_4 7 \cdot \log_7 9$$

풀이 $\log_3 4 \cdot \log_4 7 \cdot \log_7 9 = \dfrac{\log_2 4}{\log_2 3} \cdot \dfrac{\log_2 7}{\log_2 4} \cdot \dfrac{\log_2 9}{\log_2 7}$

$$= \frac{\log_2 9}{\log_2 3} = \frac{2\log_2 3}{\log_2 3} = 2$$

■

우리는 십진법을 많이 사용하기 때문에 $\log_a b$에서 밑 a를 10으로 하는 것을 자연스럽게 느낀다. 이러한 이유로 밑을 10으로 하는 로그가 종종 사용된다. 이를 **상용로그**라고 부르며, 이 때 밑 10은 보통 생략된다.

정의 7.3 상용로그의 정의

> 로그함수 $y = \log_a x$ 의 밑 a 가 유리수 10일 때 $y = \log x$ 로 쓰고 **상용로그함수**라 부른다. 즉, 상용로그함수는 지수함수 $y = 10^x$ 의 역함수이며, $y = \log_{10} x = \log x$ 이다.

예제 7.2.4

다음 값을 구하여라.

(1) $\log 100$ (2) $\log 0.0001$

풀이 (1) $\log 100 = \log_{10} 10^2 = 2\log_{10} 10 = 2$

(2) $\log 0.0001 = \log_{10} 10^{-4} = -4\log_{10} 10 = -4$

■

로그함수 $y = \log_a x$ 의 모든 가능한 밑 a 중에서 특히 a가 자연상수 e일 때 가장 편리하다. 아직은 어떤 점이 편리한지 잘 알 수 없겠으나, 미적분학을 학습하면서 차차 알게 될 것이다.

정의 7.4 **자연로그함수의 정의**

로그함수 $y=\log_a x$ 의 밑 a가 무리수 e 일 때 $y=\ln x$ 로 쓰고 **자연로그함수**라 부른다. 즉, 자연로그함수는 지수함수 $y=e^x$ 의 역함수이며, $y=\log_e x=\ln x$ 이다.

지금까지 로그함수에 대하여 학습한 내용을 자연로그함수 $y=\ln x$ 에 대해서 다시 정리해 보자. 먼저 정의로부터 다음이 성립함을 바로 알 수 있다.

- $y=\ln x \Leftrightarrow e^y=x$
- $e^{\ln x}=x\ (x>0)$
- $\ln(e^x)=x$
- $\ln e=1$ ($\ln(e^x)=x$ 에서 $x=1$인 경우)
- $\log_a b=\dfrac{\ln b}{\ln a}$ ([정리 7.3]에서 c가 자연상수 e인 경우)

그리고 $2<e<3$이므로 $y=\ln x$의 그래프는 [그림 7.12]와 같다.

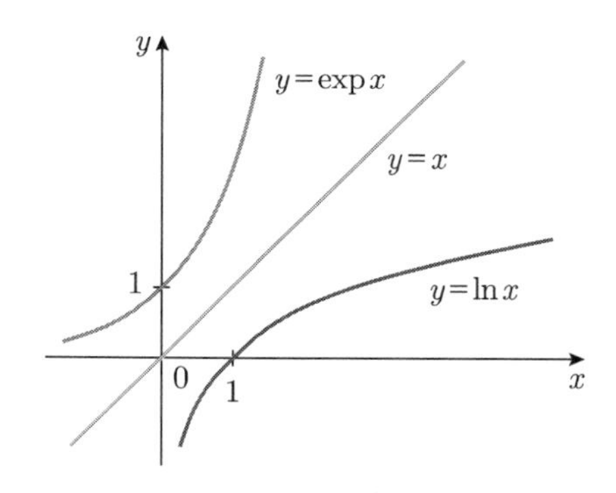

그림 7.12 $y=\ln x$의 그래프

$y=\ln x$는 증가함수이며, $x\to\infty$ 에 따라 $\ln x\to\infty$ 임을 알 수 있다. 즉,

$$\lim_{x\to\infty}\ln x=\infty,\quad \lim_{x\to 0+}\ln x=-\infty$$

이다. 그러나 $\ln x$는 사실 매우 느리게 증가한다. [그림 7.13]은 $y=\ln x$와 $y=\sqrt{x}=x^{\frac{1}{2}}$의 그래프를 비교한 것이다. 왼쪽은 $0<x<5$인 구간에서의 그래프, 오른쪽은 $0<x<1100$인 구간에서의 그래프를 그린 것이다.

두 함수는 처음에는 비교적 비슷한 비율로 증가하나 x가 커짐에 따라 $\sqrt{x}$의 값이 $\ln x$ 보다 훨씬 커지며 그 격차가 벌어짐을 알 수 있다. 일반적으로 다음이 성립함을 미적분학에서 학습하게 될 것이다.

$$\lim_{x\to\infty}\frac{\ln x}{x^p}=0,\quad p>0$$

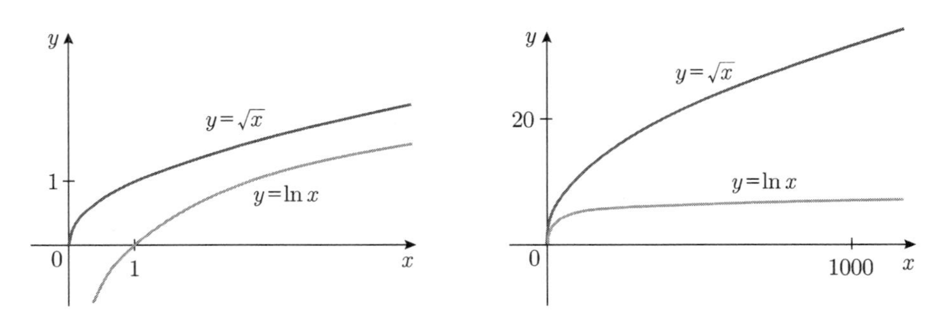

그림 7.13 $y=\ln x$와 $y=\sqrt{x}$의 그래프

예제 7.2.5

함수 $y=\log_2 x$의 그래프를 이용하여 함수 $y=\log_2(x-1)$과 $y=-\log_2 x$의 그래프를 그려라.

풀이 함수 $y=\log_2(x-1)$의 그래프는 함수 $y=\log_2 x$의 그래프를 x축으로 1만큼 평행이동한 것이다. 또 함수 $y=-\log_2 x$의 그래프는 함수 $y=\log_2 x$의 그래프를 x축에 대하여 대칭 이동한 것이다. 그러므로 두 함수 $y=\log_2(x-1)$과 $y=-\log_2 x$의 그래프는 각각 [그림 7.14]와 같다. y축이 $y=\log_2 x$의 수직점근선이므로, $y=\log_2(x-1)$의 수직점근선은 직선 $x=1$임에 유의하자.

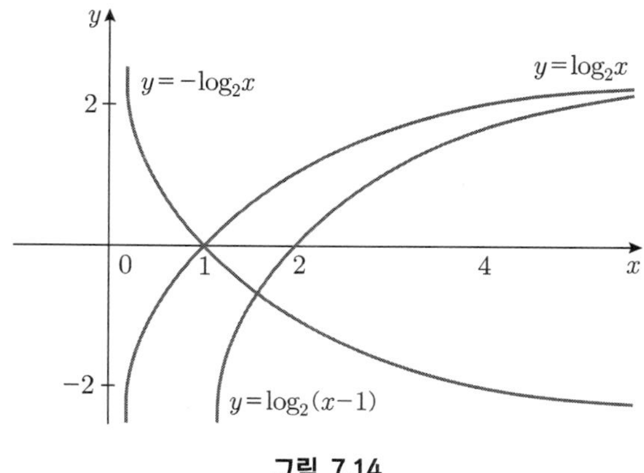

그림 7.14

예제 7.2.6

다음 함수들의 최댓값과 최솟값을 구하시오.

(1) $f(x) = \log_{\frac{1}{2}}(-x^2+4x)$

(2) $g(x) = \log_2(x^2-4x+8)$, $0 \le x \le 3$

풀이 (1) 로그함수 $y = \log_{\frac{1}{2}} x$는 밑이 1보다 작으므로 감소함수이다. 그러므로 $f(x)$는 $-x^2+4x$가 최대일 때 함수 $f(x)$는 최솟값을, $-x^2+4x$가 최소일 때 최댓값을 갖는다. 그런데 $-x^2+4x=-(x-2)^2+4$ 는 $x=2$일 때 최댓값 4를 갖고 최소는 존재하지 않으므로, 함수 $f(x)$는 최솟값 $f(2)=\log_{\frac{1}{2}} 4$를 갖고 최댓값은 존재하지 않는다.

(2) 로그함수 $y=\log_2 x$는 밑이 1보다 크므로 증가함수이다. 그러므로 $g(x)$는 x^2-4x+8이 최소일 때 최솟값을, 최대일 때 최댓값을 갖는다. 그런데 $0 \le x \le 3$에서

$$x^2-4x+8=(x-2)^2+4$$

는 $x=2$에서 최솟값 4를 $x=0$에서 최댓값 8을 가지므로, 함수 $g(x)$의 최솟값은 $g(2)=\log_2 4=2$이고 최댓값은 $g(0)=\log_2 8=3$이다. ■

예제 7.2.7

다음 방정식의 근을 구하시오.

(1) $\log_2(x+1) = \log_2 x + 1$　　　　(2) $(\log_3 x)^2 - \log_3 x^3 - 10 = 0$

풀이 (1) $\log_2 x + 1 = \log_2 x + \log_2 2 = \log_2(2x)$ 이므로 주어진 방정식은

$$\log_2(x+1) = \log_2(2x)$$

와 같다. 그러므로 $x+1 = 2x$, 즉 $x = 1$이다.

(2) $(\log_3 x)^2 - \log_3 x^3 - 10 = (\log_3 x)^2 - 3\log_3 x - 10$ 이므로, $\log_3 x = t$ 라 하면 주어진 방정식은 $t^2 - 3t - 10 = 0$이다. 그런데 $t^2 - 3t - 10 = (t+2)(t-5)$이므로 $t = -2$ 또는 $t = 5$ 이다. 따라서 $\log_3 x = -2$ 또는 $\log_3 x = 5$ 이므로, 주어진 방정식의 근은 $x = 3^{-2} = \dfrac{1}{9}$ 또는 $x = 3^5 = 243$이다. ■

예제 7.2.8

다음 각 방정식의 해를 구하시오.

(1) $\ln x = 3$　　　　(2) $e^{4-3x} = 4$

풀이 (1) 로그함수의 정의에 의하여 $x = e^3$이다.

(2) 자연로그함수의 정의에 의하여 $4 - 3x = \ln 4$이다. 또는 양변에 자연로그를 취하면

$$\ln e^{4-3x} = \ln 4$$

이고, $\ln e^{4-3x} = (4-3x)\ln e = 4 - 3x$ 이므로 $4 - 3x = \ln 4$이다. 그런데

$$\ln 4 = \ln 2^2 = 2\ln 2$$

이므로 다음을 얻는다.

$$x = \frac{1}{3}(4 - \ln 4) = \frac{2}{3}(2 - \ln 2)$$

■

예제 7.2.9

로그방정식 $\log_2(2x-1) = 3$을 풀어라.

풀이 로그의 정의에 의하여 $2x-1=2^3$이므로 $2x-1=8$에서 $x=\frac{9}{2}$이다. 이것은 진수의 조건 $2x-1>0$, 즉 $x>\frac{1}{2}$을 만족한다. 따라서 구하는 해는 $x=\frac{9}{2}$이다. ■

예제 7.2.10

다음 로그방정식을 풀어라.

(1) $\log_{x+1}3=2$

(2) $(\log_3 x)^2=\log_3 x^2+8$

풀이 (1) 로그의 정의에 의하면 $(x+1)^2=3$이므로 x는

$$x+1=\pm\sqrt{3}$$

을 만족한다. 즉, $x=-1+\sqrt{3}$ 또는 $x=-1-\sqrt{3}$ 이다. 그런데 밑의 조건으로부터

$$x+1>0,\ x+1\neq 1$$

을 만족해야 하므로 $x=-1+\sqrt{3}$ 이다.

(2) $\log_3 x^2=2\log_3 x$이므로 $\log_3 x=X$로 놓으면 방정식 $(\log_3 x)^2=\log_3 x^2+8$은

$$X^2-2X-8=0$$

이다. 이 방정식의 해는

$$X=-2 \text{ 또는 } X=4$$

이므로 $\log_3 x=-2$ 또는 $\log_3 x=4$이다. 따라서 $x=3^{-2}$ 또는 $x=3^4$, 즉

$$x=\frac{1}{9} \text{ 또는 } x=81$$

이다. 그런데 이들은 모두 진수의 조건 $x>0$을 만족하므로 해가 된다. ■

예제 7.2.11

다음 로그부등식을 풀어라.

(1) $\log_{10}x>2$

(2) $2\log_{\frac{1}{3}}(x-5)>\log_{\frac{1}{3}}(x-3)$

풀이 (1) 로그의 진수는 양수이므로 $x > 0$이고 주어진 부등식을 변형하면

$$\log_{10}x > \log_{10}100$$

이고, 로그의 밑 10은 1보다 크므로 $x > 100$이다. 따라서 구하는 해는

$$x > 100$$

이다.

(2) 로그의 진수는 양수이므로 $x-5>0$과 $x-3>0$을 동시에 만족시켜야 하므로

$$x > 5 \tag{7.1}$$

이다. 로그의 성질을 사용하여 주어진 부등식을 변형하면

$$\log_{\frac{1}{3}}(x-5)^2 > \log_{\frac{1}{3}}(x-3)$$

이고, 로그의 밑 $\frac{1}{3}$은 1보다 작으므로 $(x-5)^2 < x-3$이어야 한다. 이 부등식은

$$x^2 - 11x + 28 < 0$$

이고

$$x^2 - 11x + 28 = (x-4)(x-7)$$

이므로

$$4 < x < 7 \tag{7.2}$$

이다. 따라서 주어진 부등식의 해 x는 (7.1)과 (7.2)를 동시에 만족시키는 다음 구간이다.

$$5 < x < 7$$

■

예제 7.2.12

$\log_{10}x = 1 - 3\log_{10}2 + \frac{1}{2}\log_{10}5$를 만족시키는 x를 구하여라.

풀이 로그의 성질을 이용하면

$$\begin{aligned} 1 - 3\log_{10}2 + \frac{1}{2}\log_{10}5 &= \log_{10}10 - \log_{10}2^3 + \log_{10}5^{\frac{1}{2}} \\ &= \log_{10}10 - \log_{10}8 + \log_{10}\sqrt{5} = \log_{10}\frac{10\sqrt{5}}{8} \end{aligned}$$

이므로, 주어진 방정식은 다음과 같이 변형된다.

$$\log_{10}x = \log_{10}\frac{10\sqrt{5}}{8}$$

그러므로 $x = \frac{5\sqrt{5}}{4}$ 이다. ■

예제 7.2.13

$y = a^x - a^{-x}$일 때 x를 y에 관하여 표시하여라. (단, a는 1이 아닌 양수)

풀이 양변에 a^x를 곱하여 정리하면

$$(a^x)^2 - ya^x - 1 = 0$$

이므로 근의 공식을 이용하여 풀면

$$a^x = \frac{y \pm \sqrt{y^2+4}}{2}$$

이다. 그런데 a^x는 양수이므로 $a^x = \frac{y+\sqrt{y^2+4}}{2}$ 이다. 따라서

$$x = \log_a \frac{y+\sqrt{y^2+4}}{2}$$

이다. ■

7.2 연습문제

01 다음을 간단히 하시오.

(1) $(\log_3 27)\times 8^{\frac{1}{3}}$ (2) $e^{2\ln x}$ (3) $e^{\ln 2+3\ln x}$

02 양의 유리수 a, b, c에 대하여 $\log_3 a+2\log_9 b+2\log_3\sqrt{c}=1$일 때 $((2^a)^b)^c$의 값을 구하시오.

03 지수함수 $y=3^x$ 및 $y=(\frac{1}{3})^x$의 그래프를 이용하여 다음 함수의 그래프를 그려라.

(1) $y=\log_3 x$ (2) $y=\log_{\frac{1}{3}} x$

04 다음 로그함수의 그래프를 그려라.

(1) $y=\log x$ (2) $y=\log_5 x$

(3) $y=\log_{0.1} x$ (4) $y=-\log_3 x$

(5) $y=\log_{\frac{1}{2}}(\frac{x}{2})$ (6) $y=\log_{\frac{1}{3}}\frac{x-2}{9}$

05 함수 $y=\log_3 x$의 그래프를 이용하여 다음 로그함수의 그래프를 그려라,

(1) $y=\log_3(x+2)$ (2) $y=\log_3 x+1$

(3) $y=\log_3(-x)$ (4) $y=-\log_3 x$

06 다음 로그방정식을 풀어라.

(1) $\log_4 x=2$ (2) $3\log_2 x=2$

(3) $\log_3 4x=2$ (4) $\log_5(x+1)=2\log_5 7$

(5) $\log_x 2=-1$ (6) $\log_{x-1} 9=2$

(7) $\log x+\log(x-3)=1$ (8) $(\log_2 x)^2=\log_2 x^3+10$

07 다음 로그부등식을 풀어라.

(1) $\log_4(x-1)<1$

(2) $\log_{0.1}x>2$

(3) $2\log_4(x+1)\le\log_4(2x+5)$

(4) $\log_{\frac{1}{2}}(2x-1)>\log_{\frac{1}{2}}(3x-2)$

(5) $(\log x)^2-\log x^2\ge 3$

(6) $(\log_3 x)^2-\log_3 x^2-8<0$

08 다음 방정식을 풀어라.

(1) $\log_4 x=-\frac{3}{2}$

(2) $\log x=2-\log 2$

(3) $3^{x+1}=5^x$

(4) $2^x=4^{x-2}$

(5) $\ln x=1+2\ln 2$

(6) $e^x-5e^{-x}=4$

(7) $2^x+4^x=8^x$

(8) $9^x-3^{x+1}=54$

09 다음 각 식에서 x를 y에 관하여 표시하여라.

(1) $y=10^{5x}$

(2) $y=\log_3 x$

(3) $y=\frac{e^x+e^{-x}}{2}$

(4) $y=e^{3x}-3e^{2x}+3e^x$

(5) $y=\ln x+\ln(x-2)$

10 다음 함수의 주어진 구간에서 최댓값과 최솟값을 구하여라.

$$f(x)=\log_3 x,\ [1,\ 3]$$

연습문제 정답

1장 연습문제 정답

연습문제 1.1

01 (1) $xy^2+x^2y=xy(x+y)=3\times2=6$

(2) $x^2+y^2=(x+y)^2-2xy=3^2-2\times2=9-4=5$

(3) $x^3+y^3=(x+y)^3-3xy(x+y)=3^3-3\times2\times3=27-18=9$

(4) $x^4+y^4=(x^2+y^2)^2-2x^2y^2=5^2-2\times2^2=25-8=17$

(5) $x^5+y^5=(x^2+y^2)(x^3+y^3)-x^2y^2(x+y)=5\times9-2^2\times3=45-12=33$

(6) $x^6+y^6=(x^3+y^3)^2-2x^3y^3=9^2-2\times2^3=81-16=65$

02 나머지 정리에 의하여 다항식을 $x-2$로 나눈 나머지는 x에 2를 대입한 값과 같으므로 나머지는 각각 다음과 같다.

(1) $f(2)=3\times2-5=6-5=1$

(2) $g(2)=2^2+1=4+1=5$

(3) $h(2)=2^3+2^2-2+1=8+4-2+1=11$

03 나머지 정리에 의하여 다항식을 $2x-1$로 나눈 나머지는 x에 $\frac{1}{2}$를 대입한 값과 같으므로 나머지는 각각 다음과 같다.

(1) $f(\frac{1}{2})=3\times\frac{1}{2}-5=\frac{3}{2}-5=-\frac{7}{2}$

(2) $g(\frac{1}{2})=(\frac{1}{2})^2+1=\frac{1}{4}+1=\frac{5}{4}$

(3) $h(\frac{1}{2})=(\frac{1}{2})^3+(\frac{1}{2})^2-\frac{1}{2}+1=\frac{1}{8}+\frac{1}{4}-\frac{1}{2}+1=\frac{7}{8}$

04 (1) $f(-1)=-1+1-1+1-1+1=0$

(2) $f(x)=x^5+x^4+x^3+x^2+x+1=(x+1)(x^4+x^2+1)$ (인수정리: 정리 1.3)

$=(x+1)(x^2+x+1)(x^2-x+1)$ (정리 1.1의 (9))

05 $f(x)=2x^4+5x^3-5x-2=(x-1)(x+1)(2x+1)(x+2)$

[풀이1] [정수 계수 다항식의 인수정리]에 의하여 $f(x)=0$의 근이 될 수 있는 유리수는 $\pm 1,\ \pm 2,\ \pm\frac{1}{2}$이다. $f(1)=0,\ f(-1)=0$이므로 $f(x)$는 $(x-1)(x+1)$로 나누어떨어진다. 나눗셈에 의하여

$$f(x)=(x-1)(x+1)(2x^2+5x+2)$$

임을 알 수 있다. 그런데 $2x^2+5x+2=(2x+1)(x+2)$이므로

$$f(x)=(x-1)(x+1)(2x+1)(x+2)$$

이다.

[풀이2] [정수 계수 다항식의 인수정리]에 의하여 $f(x)=0$의 근이 될 수 있는 유리수는 $\pm 1, \pm 2, \pm\frac{1}{2}$ 이다. $f(1)=0=f(-1)=f(-2)=f(-\frac{1}{2})=0$이므로 $f(x)$는

$$(x-1)(x+1)(2x+1)(x+2)$$

로 나누어떨어진다. $f(x)$는 4차다항식이므로

$$f(x)=A(x-1)(x+1)(2x+1)(x+2)$$

이고, 계수 비교에 의하여 $A=1$임을 알 수 있다.

06 $f(x)=6x^3+13x^2-4=(x+2)(2x-1)(3x+2)$

[풀이1] [정수 계수 다항식의 인수정리]에 의하여 $f(x)=0$의 근이 될 수 있는 유리수는 $\pm\frac{4\text{의 약수}}{6\text{의 약수}}$이다. 이 중에서 우선 -2가 f의 근이 되므로, 즉 $f(-2)=0$이므로 $f(x)$는 $x+2$로 나누어떨어진다. 나눗셈에 의하여

$$f(x)=6x^3+13x^2-4=(x+2)(6x^2+x-2)$$

이고

$$6x^2+x-2=(2x-1)(3x+2)$$

이므로, $f(x)=(x+2)(6x^2+x-2)=(x+2)(2x-1)(3x+2)$이다.

[풀이2] $f(-2)=f(-\frac{2}{3})=f(\frac{1}{2})=0$이므로 $f(x)$는

$$(x+2)(2x-1)(3x+2)$$

로 나누어떨어진다. $f(x)$는 3차다항식이므로

$$f(x) = A(x+2)(2x-1)(3x+2)$$

이고, 계수 비교에 의하여 $A = 1$임을 알 수 있다.

연습문제 1.2

01 (1) $x \geq 3$일 때와 $x < 3$일 때로 나누어 해를 구해보자.

① $x \geq 3$인 경우:
$|x-3| = x-3$이므로 방정식 $|x-3| = 2x-1$는 $x-3 = 2x-1$와 같다.
그러므로 $x = -2$ 이다. 그런데 $-2 < 3$이므로 해가 아니다.

② $x < 3$인 경우:
$|x-3| = -x+3$ 이므로 방정식 $|x-3| = 2x-1$는 $-x+3 = 2x-1$와 같다.
그러므로 $x = \frac{4}{3}$이다. $\frac{4}{3} < 3$이므로 방정식의 해가 된다.

①과 ②에 의하여 방정식 $|x-3| = 2x-1$의 해는 $x = \frac{4}{3}$이다.

(2) $x^2 + x - 2 = (x-1)(x+2) = 0$이므로 주어진 방정식의 근은 $x = 1, -2$ 이다.

(3) 방정식 $x^2 + 4x - 3 = 0$은 $x^2 + 4x + 4 = 7$와 같고, 이는 $(x+2)^2 = 7$이므로 $x + 2 = \pm\sqrt{7}$ 이다. 따라서 주어진 방정식의 근은 $x = -2 + \sqrt{7}$ 또는 $x = -2 - \sqrt{7}$ 이다.

(4) 방정식 $4x^2 - 8x + 5 = 0$은 $4(x-1)^2 = -1$ 이므로 $2(x-1) = \pm i$이다. 따라서 주어진 방정식의 근은 $x = 1 + \frac{1}{2}i$ 또는 $x = 1 - \frac{1}{2}i$이다.

참고로, (2),(3),(4)는 근의 공식을 사용하여 구할 수도 있다.

02 (1), (4)는 항등식이다.

(2)는 $\sqrt{x^2+2x+1} = \sqrt{(x+1)^2} = |x+1|$이다. 예를 들어 $x = -2$ 인 경우, $\sqrt{(x+1)^2} = \sqrt{(-1)^2} = 1$이지만, $x+1 = -2+1 = -1$ 이다. 그러므로 $\sqrt{x^2+2x+1} = x+1$은 항등식이 아니다.

(3)는 $x > 0$일 때는 $\frac{x}{|x|} = \frac{x}{x} = 1$이지만, $x < 0$일 때 $\frac{x}{|x|} = \frac{x}{-x} = -1$이다.

그러므로 $\frac{x}{|x|}=1$은 항등식이 아니다.

03 $x<-3$, $-3\le x<2$, $x\ge 2$ 세 경우로 나누어 해를 구해보자.

① $x<-3$ 인 경우

$|x+3|+|x-2|=-(x+3)-(x-2)=-2x-1$ 이므로, 주어진 방정식은 $-2x-1=10$과 같다. 그러므로 $x=-\frac{11}{2}$ 이다.

② $-3\le x<2$인 경우

$|x+3|+|x-2|=(x+3)-(x-2)=5$ 이므로, 주어진 방정식의 해는 존재하지 않는다.

③ $x\ge 2$인 경우

$|x+3|+|x-2|=(x+3)+(x-2)=2x+1$이므로, 주어진 방정식은 $2x+1=10$과 같다. 그러므로 $x=\frac{9}{2}$이다.

①, ②, ③에 의하여 방정식 $|x+3|+|x-2|=10$의 해는 $x=\frac{9}{2}$, $\frac{11}{2}$이다.

연습문제 1.3

01 (1) $2x+1>0 \iff x>-\frac{1}{2}$

(2) $x^2+2x+1>0 \iff (x+1)^2>0 \iff x\ne -1$ 인 모든 실수

(3) $x^2+2x+1\ge 0 \iff (x+1)^2\ge 0$: 절대부등식, 즉 모든 실수에 대해서 성립.

(4) $x^2+2x+1\le 0 \iff (x+1)^2\le 0$: $x=-1$ 에 대해서만 성립.

02 (1) $|x-1|<3 \iff -3<x-1<3 \iff -2<x<4$

(2) $|2-3x|\ge 3 \iff 2-3x\le -3$ 또는 $2-3x\ge 3$

$\iff -3x\le -5$ 또는 $-3x\ge 1$

$\iff x\ge \frac{5}{3}$ 또는 $x\le -\frac{1}{3}$

(3) $|\frac{x}{3}-1|\le 2 \iff -2\le \frac{x}{3}-1\le 2 \iff -1\le \frac{x}{3}\le 3$

$\iff -3\le x\le 9$

(4) $|2x+3| > 3 \iff 2x+3 < -3$ 또는 $2x+3 > 3$

$\iff 2x < -6$ 또는 $2x > 0$

$\iff x < -3$ 또는 $x > 0$

03 ① $x < -3$일 때:

이 경우에는 $|x+3|+|x-2| = -x-3-x+2 = -2x-1$이다. 그러므로

$|x+3|+|x-2| \le 10 \Rightarrow -2x-1 \le 10 \iff -2x \le 11 \iff x \ge -\frac{11}{2}$이므로, $-\frac{11}{2} \le x < -3$인 모든 x가 해이다.

② $-3 \le x < 2$일 때:

이 경우에는 $|x+3|+|x-2| = x+3-x+2 = 5$이다. $5 \le 10$이므로

$|x+3|+|x-2| \le 10$은 $-3 \le x < 2$인 모든 x에 대하여 성립한다.

③ $x \ge 2$일 때:

이 경우에는 $|x+3|+|x-2| = x+3+x-2 = 2x+1$이다. 그러므로

$$|x+3|+|x-2| \le 10 \quad \Rightarrow \quad 2x+1 \le 10 \quad \iff \quad 2x \le 9 \quad \iff \quad x \le \frac{9}{2}$$

이므로 $2 \le x \le \frac{9}{2}$인 모든 x가 해이다.

①, ②, ③에 의하여 $-\frac{11}{2} \le x \le \frac{9}{2}$는 주어진 부등식의 해이다.

04 (1), (3), (4)는 절대부등식이고, (2)는 절대부등식이 아니다.

(1) $x^2+4x+5 = (x+2)^2+1 > 0$

(2) $x=0$이면 $|2x|=0$이므로, $x=0$에 대해서는 $|2x|>0$은 성립하지 않는다.
즉, $|2x|>0$은 절대부등식이 아니다.

(3) 모든 실수 x에 대하여 $-|x| \le x \le |x|$이다

(4) $|x| + \frac{1}{|x|+1} - 1 = \frac{|x|^2}{|x|+1} \ge 0$

연습문제 1.4

01 산술평균과 기하평균의 관계에 의하여 각각 다음과 같이 증명된다.

(1) $x+\frac{1}{x} \geq 2\sqrt{x \times \frac{1}{x}}=2$

(2) $\frac{y}{x}+\frac{x}{y} \geq 2\sqrt{\frac{y}{x} \times \frac{x}{y}}=2$

(3) $(x+y)(\frac{1}{x}+\frac{1}{y}) \geq (2\sqrt{xy})(2\sqrt{\frac{1}{x} \times \frac{1}{y}})=4$

02 산술평균과 기하평균의 관계에 의하여

$$\sqrt{6xy} \leq \frac{2x+3y}{2}=\frac{10}{2}=5$$

이므로 $\sqrt{6xy}$의 최댓값은 5이다.

03 2번에서 구한 부등식 $\sqrt{6xy} \leq 5$의 양변을 제곱하면 $|6xy|=6xy \leq 25$이므로 $xy \leq \frac{25}{6}$이다. 그러므로 xy의 최댓값은 $\frac{25}{6}$이다.

2장 연습문제 정답

연습문제 2.1

01 (1) $\mathbb{R}$

(2) $\mathbb{R}$

(3) $\{x \in \mathbb{R} \mid x \neq 3\}$

(4) $\{x \in \mathbb{R} \mid x > 3\}$

(5) $\{x \in \mathbb{R} \mid x \geq 0,\ x \neq 9\}$

(6) $\{x \in \mathbb{R} \mid x \geq 2,\ \ x \leq -2\}$

02 (1) $f(x) = x^2,\ \ x \in [-1, 3]$

(2) $f(x) = x^2 - 2x - 1$

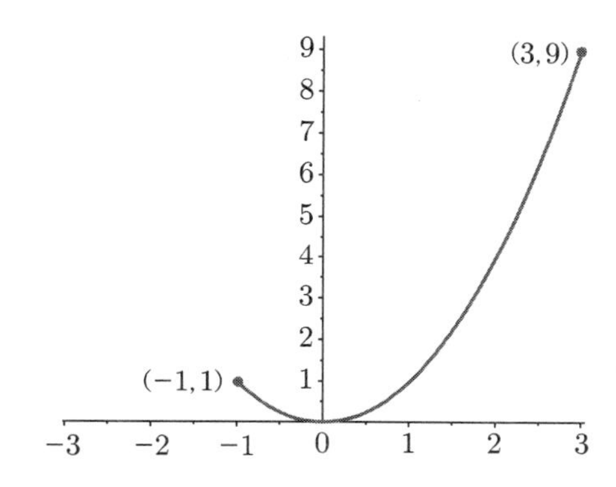

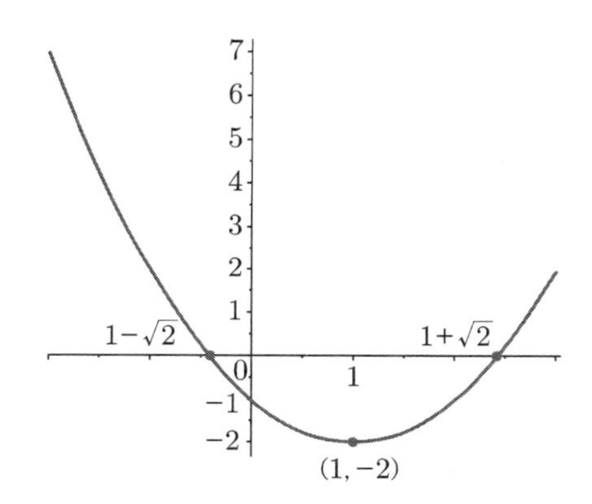

03 (1) $(f+g)(x) = 1 - x + \dfrac{1}{x^2+1}$

(2) $(f-g)(x) = 1 - x - \dfrac{1}{x^2+1}$

(3) $(fg)(x) = (1-x)(\dfrac{1}{x^2+1}) = \dfrac{1-x}{x^2+1}$

(4) $(f \circ g)(x) = f(g(x)) = f(\dfrac{1}{x^2+1}) = 1 - \dfrac{1}{x^2+1} = \dfrac{x^2}{x^2+1}$

(5) $(g \circ f)(x) = g(f(x)) = g(1-x) = \dfrac{1}{(1-x)^2+1} = \dfrac{1}{x^2-2x+2}$

(6) $(f \circ f)(x) = f(f(x)) = f(1-x) = 1-(1-x) = x$

04 (1) $\dfrac{1}{3}x^3 + 2 = 0 \quad \Leftrightarrow \quad \dfrac{1}{3}x^3 = -2 \quad \Leftrightarrow \quad x^3 = -6 \quad \Leftrightarrow \quad x = -\sqrt[3]{6}$

(2) f의 정의역과 치역 모두 $\mathbb{R}$이다. (그림 참조)

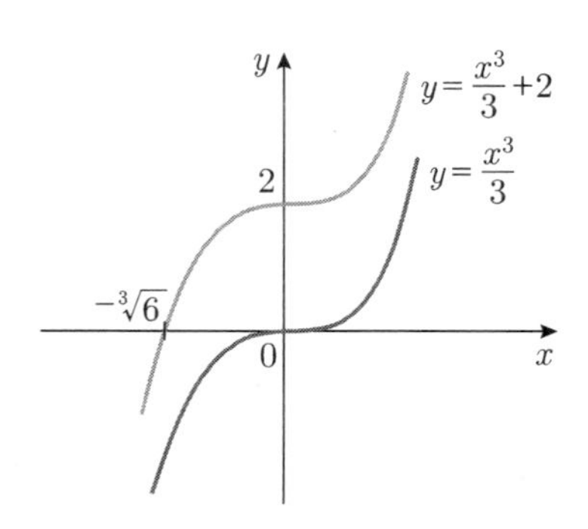

05 (1) 일대일 함수이다.

(2) 일대일 함수가 아니다. 예를 들어, $f(1)=1=f(-1)$이다.

(3) 일대일 함수이다.

06 (1) f의 정의역은 $\{x\in\mathbb{R}\,|\,x\neq 0\}$이고, $f(x)=0$의 해는 $x=1$이므로, $S_f=\{x\in\mathbb{R}\,|\,x\neq 0, 1\}$이다.

(2) f는 모든 실수에 대해서 정의되고, $f(x)=0$의 해는 $x=0$이므로, $S_f=\{x\in\mathbb{R}\,|\,x\neq 0\}$이다.

07 (1) $x=f(f^{-1}(x))=f^{-1}(x)+2$이므로 $f^{-1}(x)=x-2$이다.

(2) $x=f(f^{-1}(x))=(f^{-1}(x))^3-2$이므로 $f^{-1}(x)=\sqrt[3]{x+2}$ 이다.

(3) $x=f(f^{-1}(x))=\dfrac{f^{-1}(x)+1}{f^{-1}(x)-1}$ 이므로, $(x-1)f^{-1}(x)=x+1$ 이다.

따라서 $f^{-1}(x)=\dfrac{x+1}{x-1}$ 이다.

(4) $x=f(f^{-1}(x))=\sqrt{f^{-1}(x)+1}$ 이므로

$$f^{-1}(x)+1=x^2,\ x\geq 0$$

이다. 따라서 $f^{-1}(x)=x^2-1$ 이고 정의역은 $\{x\in\mathbb{R}\,|\,x\geq 0\}$이다.

08 (1) $f(-x)=(-x)^2=x^2=f(x)$이므로 f는 우함수이다.

(2) $f(-x)=(-x)^3=-x^3=-f(x)$ 이므로 f는 기함수이다.

(3) $f(-x)=(-x)|-x|=-x|x|=-f(x)$이므로 f는 기함수이다.

(4) $f(-x)=(-x)^2+(-x)^3=x^2-x^3$이므로 f는 우함수도 기함수도 아니다.

09 (1) $f(1)=2-1+8=9$

(2) $g(k+1)=\dfrac{2(k+1)-1}{(k+1)+3}=\dfrac{2k+1}{k+4}$

(3) $h(0.49)=[0.98]=0$

(4) $f(f(2))=f(14)=2\times 14^2-14+8=386$

(5) $g(h(2))=g([4])=g(4)=\dfrac{8-1}{4+3}=1$

(6) $h(g(2))=h(\dfrac{3}{5})=[\dfrac{6}{5}]=1$

연습문제 2.2

01 (1) $y=x^2+2x-3=(x+1)^2-4$이므로 최솟값은 -4이고 최댓값은 존재하지 않는다.

(2) $y=-x^2+2x+5=-(x-1)^2+6$이므로 최댓값은 6이고 최솟값은 존재하지 않는다.

(3) $y=x^2-x+1=(x-\dfrac{1}{2})^2+\dfrac{3}{4}$이므로 최솟값은 $\dfrac{3}{4}$이고 최댓값은 존재하지 않는다.

(4) $y=2x^2-3x+4=2(x-\dfrac{3}{4})^2+\dfrac{23}{8}$이므로 최솟값은 $\dfrac{23}{8}$이고 최댓값은 존재하지 않는다.

02 주어진 각 함수를 $f(x)$라 두자.

(1) $f(x)=x^2-6x+4=(x-3)^2-5$ 이고, $f(0)=4, f(3)=-5, f(4)=-4$ 이므로, 최솟값은 -5이고 최댓값은 4이다.

(2) $f(x)=-2x^2+4$ 의 꼭짓점의 x좌표 0은 $[1,2]$ 밖에 있고, $f(1)=2, f(2)=-4$ 이므로, 최솟값은 -4, 최댓값은 2이다.

(3) $f(x)=-x^2+10x+1=-(x-5)^2+26$이고, $f(4)=25$, $f(5)=26$, $f(7)=22$이므로, 최솟값은 22, 최댓값은 26이다.

(4) $f(x)=2x^2-3x+4=2(x-\dfrac{3}{4})^2+\dfrac{23}{8}$이고, $f(0)=4$, $f(\dfrac{3}{4})=\dfrac{23}{8}$,

$f(4)=24$이므로, 최솟값은 $\frac{23}{8}$, 최댓값은 24이다.

03 (1) $D=(-2)^2-4\cdot3\cdot2=-20<0$이므로 만나지 않는다.

(2) $D=(-1)^2-4\cdot2\cdot(-2)=17>0$이므로 서로 다른 두 점에서 만난다.

(3) $D=3^2-4(-1)\cdot1=9+4=13>0$이므로 서로 다른 두 점에서 만난다.

(4) $D=6^2-4(-1)(-9)=0$이므로 한 점에서 만난다.

04 (1) $2x^2-x-1=(2x+1)(x-1)$이므로, $2x^2-x-1>0$의 해는 $x<-\frac{1}{2}$ 또는 $x>1$이다.

(2) $-x^2+2x+3=-(x+1)(x-3)$ 이므로, $-x^2+2x+3>0$의 해는 $-1<x<3$ 이다.

(3) $x^2-4x+3=(x-1)(x-3)$이므로, $x^2-4x+3\le0$의 해는 $1\le x\le3$이다.

(4) $-x^2+2x+8=-(x+2)(x-4)$ 이므로, $-x^2+2x+8\le0$의 해는 $x\ge-2$ or $x\le 4$이다.

05 $D=4k^2-16\le0$이 성립해야 하므로, $-2\le k\le2$이다.

06 판별식 $D=4m^2-4m=4m(m-1)$의 부호에 따라 다음과 같이 결정된다.

(i) $m>1$이거나 $m<0$이면 $D>0$이므로 두 점에서 만난다.

(ii) $m=0$이거나 $m=1$ 이면 $D=0$이므로 한 점에서 만난다.

(iii) $0<m<1$이면 $D<0$이므로 만나지 않는다.

연습문제 2.3

01 (1) $f(x)=\dfrac{x-12}{2x+1}=\dfrac{1}{2}-\dfrac{\frac{25}{2}}{2(x+\frac{1}{2})}$이므로 $f(x)$의 정의역은 $\left\{x\in\mathbb{R}\,|\,x\neq-\frac{1}{2}\right\}$이고 치역은 $\left\{x\in\mathbb{R}\,|\,x\neq\frac{1}{2}\right\}$이다.

(2) $f(x)=3-\dfrac{1}{2x}$의 정의역은 $\{x\in\mathbb{R}\,|\,x\neq0\}$이고 치역은 $\{x\in\mathbb{R}\,|\,x\neq3\}$이다.

02 그래프는 아래와 같고, 점근선은 $x=1$, $y=-2$이다.

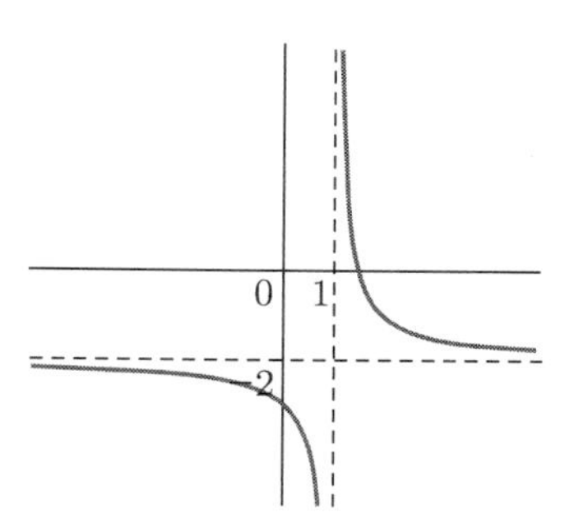

03 (1) $y=\frac{ax+b}{x+2}=a+\frac{b-2a}{x+2} \quad \Leftrightarrow \quad y-a=\frac{b-2a}{x+2} \quad \Leftrightarrow \quad x+2=\frac{b-2a}{y-a}$

$$\Leftrightarrow \quad x=-2+\frac{b-2a}{y-a}$$

이므로, $f(x)=a+\frac{b-2a}{x+2}$의 역함수는 $f^{-1}(x)=-2+\frac{b-2a}{x-a}$ 이다.

(2) $f^{-1}(x)=f(x)$ 이므로, $a=-2$ 이다. 그리고 $f(x)=\frac{ax+b}{x+2}$의 그래프가

$(1,1)$을 지나므로 $f(1)=\frac{a+b}{3}=1$이다. 즉, $b=3-a$이다.

그런데 $a=-2$ 이므로 $b=3-a=3-(-2)=5$이다.

04 $(f\circ g)(x)=f(1-x)=\frac{1}{1-x}$이고, $(g\circ f)(x)=g(\frac{1}{x})=1-\frac{1}{x}$이므로,

$$(f\circ g-g\circ f)(x)=(f\circ g)(x)-(g\circ f)(x)$$

$$=\frac{1}{1-x}-(1-\frac{1}{x})=\frac{1}{1-x}-1+\frac{1}{x}=\frac{x-x(1-x)+1-x}{x(1-x)}=\frac{x^2-x+1}{x(1-x)}$$

(2) $(f\circ g\circ f)(x)=f(g((f(x)))=f(g(\frac{x-1}{x+1})))=f(\frac{x+1}{x-1})$

$$=\frac{\frac{x+1}{x-1}-1}{\frac{x+1}{x-1}+1}=\frac{\frac{2}{x-1}}{\frac{2x}{x-1}}=\frac{x-1}{x(x-1)}$$

05 (1) $\frac{A}{x}+\frac{B}{x-3}$

(2) $\frac{A}{4x-3}+\frac{B}{2x+5}$

(3) $\frac{A}{x}+\frac{B}{x^2}+\frac{C}{5-2x}$

(4) $\frac{A}{x}+\frac{B}{x^2}+\frac{C}{x^3}+\frac{Dx+E}{x^2+4}$

(5) $\frac{A}{x+3}+\frac{B}{(x+3)^2}+\frac{C}{x-3}+\frac{D}{(x-3)^2}$

(6) $x^4+4x^2+16+\frac{A}{x+2}+\frac{B}{x-2}$

(7) $\frac{Ax+B}{x^2-x+1}+\frac{Cx+D}{x^2+2}+\frac{Ex+F}{(x^2+2)^2}$

(8) $x+\frac{A}{x}+\frac{B}{x+1}$

06 (1) $\frac{4x^2-7x-12}{x(x+2)(x-3)}=\frac{A}{x}+\frac{B}{x+2}+\frac{C}{x-3}$로 두고 풀면 $A=2$, $B=\frac{9}{5}$, $C=\frac{1}{5}$을 얻는다. 그러므로 $\frac{4x^2-7x-12}{x(x+2)(x-3)}=\frac{2}{x}+\frac{\frac{9}{5}}{x+2}+\frac{\frac{1}{5}}{x-3}$이다.

(2) $\frac{2x+3}{x^2-3x}=\frac{2x+3}{x(x-3)}$이므로 $\frac{2x+3}{x^2-3x}=\frac{A}{x}+\frac{B}{x-3}$로 두고 풀면 $A=-1$, $B=3$이다. 그러므로 $\frac{2x+3}{x^2-3x}=\frac{-1}{x}+\frac{3}{x-3}$이다.

(3) $\frac{10}{(x-1)(x^2+9)}=\frac{A}{x-1}+\frac{Bx+C}{x^2+9}$로 두고 풀면 $A=1$, $B=-1$, $C=-1$을 얻는다. 그러므로 $\frac{10}{(x-1)(x^2+9)}=\frac{1}{x-1}-\frac{x+1}{x^2+9}$이다.

(4) $\frac{x^3-2x^2-4}{x^3-2x^2}=1-\frac{4}{x^3-2x^2}$이고, $\frac{4}{x^3-2x^2}=\frac{4}{x^2(x-2)}$이므로 $\frac{4}{x^3-2x^2}=\frac{4}{x^2(x-2)}=\frac{A}{x}+\frac{B}{x^2}+\frac{C}{x-2}$로 두고 풀면 $A=-1$, $B=-2$, $C=1$이다. 그러므로 $\frac{x^3-2x^2-4}{x^3-2x^2}=1-\frac{4}{x^3-2x^2}=1+\frac{1}{x}+\frac{2}{x^2}-\frac{1}{x-2}$이다.

(5) $\frac{x^3+4}{x^2+4}=x-\frac{4x-4}{x^2+4}$

(6) $\dfrac{1}{x(x^2+4)^2}=\dfrac{A}{x}+\dfrac{Bx+C}{x^2+4}+\dfrac{Dx+E}{(x^2+4)^2}$로 두고 풀면 $A=\dfrac{1}{16}$, $B=-\dfrac{1}{16}$, $C=0$, $D=-\dfrac{1}{4}$, $E=0$이다. 그러므로

$$\frac{1}{x(x^2+4)^2}=\frac{\frac{1}{16}}{x}-\frac{\frac{1}{16}x}{x^2+4}-\frac{\frac{1}{4}x}{(x^2+4)^2}$$

이다.

연습문제 2.4

01 (1) 정의역: $\left\{x\in\mathbb{R}\,|\,x\geq\dfrac{3}{2}\right\}$, 치역: $\{y\in\mathbb{R}\,|\,y\geq 0\}$

(2) 정의역: $\{x\in\mathbb{R}\,|\,x\geq -3\}$, 치역: $\{y\in\mathbb{R}\,|\,y\leq 0\}$

(3) 정의역: $\{x\in\mathbb{R}\,|\,x\geq -1\}$, 치역: $\{y\in\mathbb{R}\,|\,y\leq 2\}$

(4) 정의역: $\mathbb{R}$, 치역: $\{y\in\mathbb{R}\,|\,y\geq 5+\sqrt[3]{4}\}$

02 두 함수를 연립해서 풀어보면 $x=-1$과 $x=3$이 해가 된다. 즉, $(-1,0)$과 $(3,2)$가 두 그래프의 교점이다. 그러므로 두 그래프의 교점의 개수는 2이다.

03 $y=-\sqrt{6-2x}$ 의 최대정의역은 $(-\infty,\ 3]$이고 그래프는 다음과 같다.

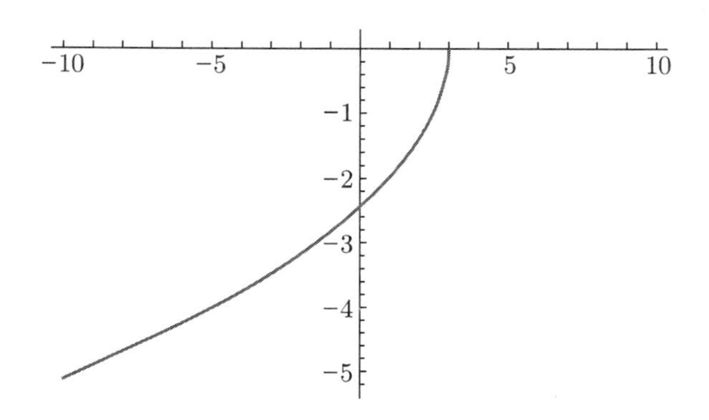

그러므로 이 함수의 정의역을 $\{x|0\leq x\leq 3\}$에 제한시키면 다음과 같이 제4사분면에만 그 그래프가 나타난다.

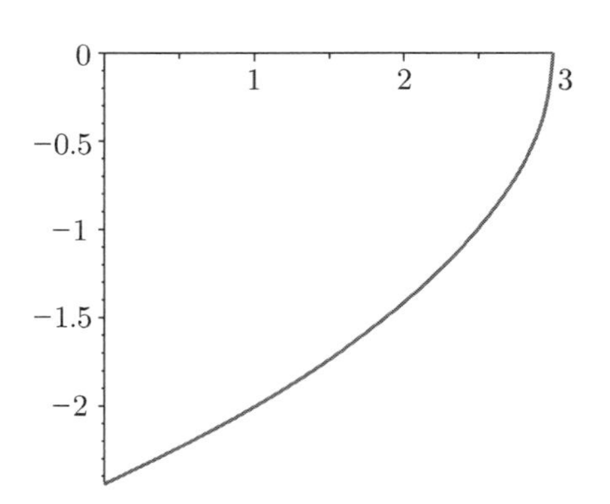

04 $f(x) = \sqrt{-2x+4}+5 = \sqrt{-2(x-2)}+5 = g(x-2)+5$이므로 $m=2,\ n=5$이다. 그러므로 $m+n=2+5=7$이다.

05 $f(x) = a\sqrt{x+b}+c$의 정의역은 $[-b, \infty)$이고 $f(-b)=c$이다. 그러므로

$$-b = -4,\ c = -2$$

이다. 또한 그래프가 $(0,4)$를 지나므로

$$4 = f(0) = a\sqrt{b}+c = a\sqrt{4}-2 = 2a-2$$

이다. 따라서 $a=3, b=4, c=-2$ 이다.

연습문제 2.5

01 (1) 대수함수　(2) 대수함수　(3) 초월함수
(4) 대수함수　(5) 초월함수　(6) 대수함수

3장 연습문제 정답

연습문제 3.1

01 공차는 $d = \frac{a_3 - a_1}{2} = \frac{8-2}{2} = 3$이고 초항이 2인 등차수열이므로 일반항은 다음과 같다.

$$a_n = 2 + 3(n-1) = 3n - 1$$

02 (1) 공비를 r이라 두면, $-16 = a_4 = a_1 r^3 = 2r^3$이므로 $r = -2$ 이다. 그러므로 일반항은 $a_n = 2(-2)^{n-1} = -(-2)^n$ 이다.

(2) 공비를 r이라 두면, $12 = a_3 = a_1 r^2 = 2r^2$이므로 $r = \sqrt{6}$ or $-\sqrt{6}$ 이다. 그런데 $r > 0$이므로 일반항은 $a_n = 2\sqrt{6}^{\,n-1} = 2 \cdot 6^{\frac{n-1}{2}}$ 이다.

03 주어진 수열을 $\{a_n\}$, 계차수열을 $\{b_n\}$이라 두면, $\{b_n\}$은 초항이 $b_1 = a_2 - a_1 = 4 - 3 = 1$이고 공비가 2인 등비수열이다. [정리 3.5]에 의하여 등비수열 $\{b_n\}$의 부분합 S_n은

$$S_n = \sum_{i=1}^{n} b_i = \frac{1(1-2^n)}{1-2} = 2^n - 1$$

이다. 그러므로 수열 $\{a_n\}$의 일반항은 다음과 같다.

$$a_n = a_1 + \sum_{i=1}^{n-1} b_i = a_1 + S_{n-1} = 3 + (2^{n-1} - 1) = 2^{n-1} + 2$$

04 아래로 내려가면서 점 하나에 두 개씩 생기므로, n째 줄에 있는 점의 개수를 a_n이라 하면

$$a_1 = 1 = 2^0,\ a_2 = 2 = 2^1,\quad a_3 = 4 = 2^2,\quad a_4 = 8 = 2^3$$

이다. 그러므로 7번째 줄에는 $a_7 = 2^6 = 64$개의 점이 있다. 그리고 7번째 줄까지 찍힌 점들의 총 개수는 다음과 같다.

$$a_1 + a_2 + a_3 + \cdots + a_7 = \frac{1 \cdot (1-2^7)}{1-2} = 2^7 - 1 = 127$$

05 [정리 3.2]에 의하여 $S_{10}=\frac{10}{2}(2\times 3+(10-1)(-2))=5(6-18)=-60$ 이다.

06 [정리 3.5]에 의하여 $S_{10}=\frac{3(1-(-2)^{10})}{1-(-2)}=\frac{3(1-2^{10})}{3}=1-2^{10}=-1023$ 이다.

07 [예제 3.1.10]에 의하여 원리합계는 $S_{10}=\frac{500000(1+0.07)((1+0.07)^{10}-1)}{0.07}$ 이다. 계산하면 다음과 같다.

$$S_{10}=\frac{(5\times 107)\times 10^5}{7}(1.07^{10}-1)=\frac{535}{7}\times 10^5\times(1.07^{10}-1)$$

08 [예제 3.1.13]처럼 피보나치 수열의 정의에 따라 구해보면 제10항은 144이다:

$$a_1=2,\ a_2=3$$

$$a_3=a_1+a_2=2+3=5$$

$$a_4=a_2+a_3=3+5=8$$

$$a_5=a_3+a_4=5+8=13$$

$$a_6=a_4+a_5=8+13=21$$

$$a_7=a_5+a_6=13+21=34$$

$$a_8=a_6+a_7=21+34=55$$

$$a_9=a_7+a_8=34+55=89$$

$$a_{10}=a_8+a_9=55+89=144$$

연습문제 3.2

01 (1) $\lim_{n\to\infty}\frac{n-1}{n}=\lim_{n\to\infty}(1-\frac{1}{n})=\lim_{n\to\infty}1-\lim_{n\to\infty}\frac{1}{n}=1-0=1$

(2) $\lim_{n\to\infty}\frac{n}{1+2+\cdots+n}=\lim_{n\to\infty}\frac{n}{\frac{n(n+1)}{2}}=\lim_{n\to\infty}\frac{2n}{n(n+1)}=\lim_{n\to\infty}\frac{2}{n+1}=0$

(3) $\lim_{n\to\infty}\frac{2n+1}{3n-2}=\lim_{n\to\infty}\frac{2+\frac{1}{n}}{3-\frac{2}{n}}=\frac{\lim_{n\to\infty}(2+\frac{1}{n})}{\lim_{n\to\infty}(3-\frac{2}{n})}=\frac{2}{3}$

02 (1) ∞로 발산한다.

$$\lim_{n\to\infty}(n^2-5n)=\lim_{n\to\infty}n(n-5)=\lim_{n\to\infty}n\lim_{n\to\infty}(n-5)=\infty\cdot\infty=\infty$$

(2) $-\frac{6}{5}\leq -1$ 이므로 등비수열 $(-\frac{6}{5})^n$은 진동하며 발산한다.

(3) 0에 수렴한다

$$\lim_{n\to\infty}(\sqrt{n^2-1}-n)=\lim_{n\to\infty}\frac{(\sqrt{n^2-1}-n)(\sqrt{n^2-1}+n)}{\sqrt{n^2-1}+n}$$

$$=\lim_{n\to\infty}\frac{n^2-1-n^2}{\sqrt{n^2-1}+n}=\lim_{n\to\infty}\frac{-1}{\sqrt{n^2-1}+n}$$

$$=\lim_{n\to\infty}\frac{-\frac{1}{n^2}}{\sqrt{1-\frac{1}{n^2}}+1}=\frac{0}{1+1}=0$$

(4) ∞로 발산한다.

$$\lim_{n\to\infty}\frac{2n^3-4}{n^2-2n+3}=\lim_{n\to\infty}\frac{2n-\frac{4}{n^2}}{1-\frac{2}{n}+\frac{3}{n^2}}=\frac{\lim_{n\to\infty}(2n-\frac{4}{n^2})}{\lim_{n\to\infty}(1-\frac{2}{n}+\frac{3}{n^2})}=\infty$$

(5) 1에 수렴한다.

$$\lim_{n\to\infty}\frac{n-3}{\sqrt{n^2+n+1}}=\lim_{n\to\infty}\frac{1-\frac{3}{n}}{\sqrt{1+\frac{1}{n}+\frac{1}{n^2}}}=\frac{\lim_{n\to\infty}(1-\frac{3}{n})}{\lim_{n\to\infty}\sqrt{1+\frac{1}{n}+\frac{1}{n^2}}}=\frac{1}{1}=1$$

(6) -2에 수렴한다.

$$\lim_{n\to\infty}\frac{0.2^n-4}{2-0.1^n}=\frac{\lim_{n\to\infty}(0.2^n-4)}{\lim_{n\to\infty}(2-0.1^n)}=\frac{-4}{2}=-2$$

03 (1) $\lim_{n\to\infty}(\sqrt{n^2+n}-n)=\lim_{n\to\infty}\frac{(\sqrt{n^2+n}-n)(\sqrt{n^2+n}+n)}{\sqrt{n^2+n}+n}$

$$=\lim_{n\to\infty}\frac{n^2+n-n^2}{\sqrt{n^2+n}+n}=\lim_{n\to\infty}\frac{n}{\sqrt{n^2+n}+n}$$

$$=\lim_{n\to\infty}\frac{1}{\sqrt{1+\frac{1}{n}}+1}=\frac{\lim_{n\to\infty}1}{\lim_{n\to\infty}\sqrt{1+\frac{1}{n}}+\lim_{n\to\infty}1}$$

$$=\frac{1}{1+1}=\frac{1}{2}$$

(2) $\lim_{n\to\infty}(\sqrt{n^2-n-1}-n)=\lim_{n\to\infty}\frac{(\sqrt{n^2-n-1}-n)(\sqrt{n^2-n-1}+n)}{\sqrt{n^2-n-1}+n}$

$$=\lim_{n\to\infty}\frac{n^2-n-1-n^2}{\sqrt{n^2-n-1}+n}=\lim_{n\to\infty}\frac{-n-1}{\sqrt{n^2-n-1}+n}$$

$$=\lim_{n\to\infty}\frac{-1-\frac{1}{n}}{\sqrt{1-\frac{1}{n}-\frac{1}{n^2}}+1}$$

$$=\frac{-\lim_{n\to\infty}1-\lim_{n\to\infty}\frac{1}{n}}{\lim_{n\to\infty}\sqrt{1-\frac{1}{n}-\frac{1}{n^2}}+\lim_{n\to\infty}1}$$

$$=\frac{-1}{1+1}=-\frac{1}{2}$$

(3) $\lim_{n\to\infty}\frac{(n-3)(5n+1)}{(4n+1)(6n-5)}=\lim_{n\to\infty}\frac{(1-\frac{3}{n})(5+\frac{1}{n})}{(4+\frac{1}{n})(6-\frac{5}{n})}$

$$=\frac{\lim_{n\to\infty}(1-\frac{3}{n})\lim_{n\to\infty}(5+\frac{1}{n})}{\lim_{n\to\infty}(4+\frac{1}{n})\lim_{n\to\infty}(6-\frac{5}{n})}=\frac{1\times 5}{4\times 6}=\frac{5}{24}$$

(4) $\lim_{n\to\infty}\frac{\sqrt{n+2}-\sqrt{n+1}}{\sqrt{n+1}-\sqrt{n}}$

$$=\lim_{n\to\infty}\frac{(\sqrt{n+2}-\sqrt{n+1})(\sqrt{n+2}+\sqrt{n+1})(\sqrt{n+1}+\sqrt{n})}{(\sqrt{n+1}-\sqrt{n})(\sqrt{n+1}+\sqrt{n})(\sqrt{n+2}+\sqrt{n+1})}$$

$$= \lim_{n\to\infty} \frac{\sqrt{n+1}+\sqrt{n}}{\sqrt{n+2}+\sqrt{n+1}} = \lim_{n\to\infty} \frac{\sqrt{1+\frac{1}{n}}+1}{\sqrt{1+\frac{2}{n}}+\sqrt{1+\frac{1}{n}}}$$

$$= \frac{1+1}{1+1} = 1$$

(5) $\lim_{n\to\infty} \frac{2^n}{5^n-3} = \lim_{n\to\infty} \frac{(\frac{2}{5})^n}{1-(\frac{3}{5})^n} = \frac{0}{1-0} = 0$

(6) $\lim_{n\to\infty} \frac{4^n-4}{4^{n+1}-4^n} = \lim_{n\to\infty} \frac{1-\frac{4}{4^n}}{4-1} = \frac{1}{3}$

04 (i) $|r|>1$일 때: $\lim_{n\to\infty} \frac{r^n}{1+r^n} = \lim_{n\to\infty} \frac{1}{(\frac{1}{r})^n+1} = \frac{\lim_{n\to\infty} 1}{\lim_{n\to\infty}(\frac{1}{r})^n + \lim_{n\to\infty} 1} = \frac{1}{0+1} = 1$

(ii) $r=1$일 때: $\lim_{n\to\infty} \frac{r^n}{1+r^n} = \lim_{n\to\infty} \frac{1}{1+1} = \lim_{n\to\infty} \frac{1}{2} = \frac{1}{2}$

(iii) $|r|<1$일 때: $\lim_{n\to\infty} \frac{r^n}{1+r^n} = \frac{\lim_{n\to\infty} r^n}{\lim_{n\to\infty} 1 + \lim_{n\to\infty} r^n} = \frac{0}{1+0} = 0$

05 $\lim_{n\to\infty} a_n = a$이라 두면,

(i) $a_n > 0$이므로 $a > 0$이다.

(ii) $a_{n+1} = \frac{1}{1+a_n}$로부터 $\lim_{n\to\infty} a_n = \lim_{n\to\infty} a_{n+1} = \lim_{n\to\infty} \frac{1}{1+a_n} = \frac{1}{1+\lim_{n\to\infty} a_n}$

이므로 $a = \frac{1}{1+a}$이다.

(iii) 방정식 $a^2+a-1=0$의 해는 $\frac{-1\pm\sqrt{5}}{2}$ 이다.

(i), (ii), (iii)으로부터 $a = \frac{-1\pm\sqrt{5}}{2}$이고 $a>0$이므로, $a = \frac{-1+\sqrt{5}}{2}$이다.

따라서 $\lim_{n\to\infty} a_n = \frac{-1+\sqrt{5}}{2}$이다.

연습문제 3.3

01 (1) $\lim_{n\to\infty}(2n-1)\neq 0$ 이므로, [정리 3.9]에 의하여 $\sum_{n=1}^{\infty} 2n-1$은 발산한다.

(2) $$\begin{aligned} S_n &= \sum_{i=1}^{n}(\sqrt{i}-\sqrt{i-1}) \\ &= (\sqrt{1}-\sqrt{0})+(\sqrt{2}-\sqrt{1})+(\sqrt{3}-\sqrt{2})+\cdots+(\sqrt{n}-\sqrt{n-1}) \\ &= \sqrt{n} \end{aligned}$$

이므로, $\lim_{n\to\infty} S_n = \lim_{n\to\infty}\sqrt{n}=\infty$ 이다. 그러므로 $\sum_{n=1}^{\infty}(\sqrt{n}-\sqrt{n-1})=\infty$ 이다. 즉, 주어진 급수는 발산한다.

(3) 수열 $\frac{2^{n-1}}{3^n}$은 초항이 $a=\frac{1}{3}$이고 공비가 $r=\frac{2}{3}$인 등비수열이다.

그러므로 [정리 3.10]에 의하여 $\sum_{n=1}^{\infty}\frac{2^{n-1}}{3^n}=\frac{\frac{1}{3}}{1-\frac{2}{3}}=1$이다.

(4) $\frac{2^n+3^n}{4^n}=(\frac{1}{2})^n+(\frac{3}{4})^n$이므로 이 수열에 의한 급수는 다음과 같이 수렴한다.

$$\sum_{n=1}^{\infty}\frac{2^n+3^n}{4^n}=\sum_{n=1}^{\infty}(\frac{1}{2})^n+\sum_{n=1}^{\infty}(\frac{3}{4})^n=\frac{\frac{1}{2}}{1-\frac{1}{2}}+\frac{\frac{3}{4}}{1-\frac{3}{4}}=1+3=4$$

02 $S=\frac{1}{1-\frac{1}{7}}=\frac{7}{6}$ 이고 $S_n=\frac{1\cdot(1-\frac{1}{7^n})}{1-\frac{1}{7}}=\frac{7}{6}-\frac{1}{6\cdot 7^{n-1}}$이고,

$$|S-S_n|\le 0.001 \quad\Rightarrow\quad \frac{1}{6\cdot 7^{n-1}}\le 0.001 \quad\Rightarrow\quad 7^{n-1}\ge\frac{1000}{6}=166.\dot{6}$$

이다. 그런데 $7^2=49$, $7^3=343$이므로 $n-1>2$이다. 그러므로 $n=4$일 때 처음으로 S와 부분합 S_n의 차가 0.001이하가 된다.

03 주어진 조건에 의하여 $a_2=a_1r=4$, $\frac{a_1}{1-r}=16$이다. 즉,

$$a_1r=4,\ \ a_1=16-16r$$

이므로, $a_1 = 8$, $r = \frac{1}{2}$이다.

04 첫째항이 1이고 공비가 r인 무한등비급수의 합 $\frac{1}{1-r}$이 $\frac{4}{3}$이므로, $r = \frac{1}{4}$이다.

그러므로 첫째항이 2이고 공비가 $r^2 = \frac{1}{16}$인 무한등비급수의 합은

$\frac{2}{1-\frac{1}{16}} = \frac{2}{\frac{15}{16}} = \frac{32}{15}$이다.

05 (1) $\lim_{n\to\infty} \frac{\frac{(n+1)^2}{(n+1)!}}{\frac{n^2}{n!}} = \lim_{n\to\infty} \frac{1}{n+1} \frac{(n+1)^2}{n^2} = \lim_{n\to\infty} \frac{1}{n+1}(1+\frac{1}{n})^2 = 0 < 1$이므로

[비율판정법 II]에 의하여 급수 $\sum_{n=1}^{\infty} \frac{n^2}{n!}$은 수렴한다.

(2) $\lim_{n\to\infty} \frac{\frac{2^{n+1}}{(n+1)^2}}{\frac{2^n}{n^2}} = \lim_{n\to\infty} (2 \cdot \frac{n^2}{(n+1)^2}) = \lim_{n\to\infty} 2(1-\frac{1}{n+1})^2 = 2 > 1$이므로 [비율판정법 II]에 의하여 급수 $\sum_{n=1}^{\infty} \frac{2^n}{n^2}$은 발산한다.

4장 연습문제 정답

연습문제 4.1

01 (1) 7　(2) π　(3) -6　(4) $-\infty$　(5) 0　(6) -1

02 (1) 1.5　(2) 1.5　(3) 1.5　(4) 3　(5) 1.5　(6) 존재하지 않는다.
(7) 3　(8) 3　(9) 3　(10) 0.7　(11) 4　(12) 존재하지 않는다.
(13) $-\infty$　(14) 3　(15) 존재하지 않는다.　(16) 0

03 (1) $\lim_{x\to 2}\frac{x^3-8}{x-2}=\lim_{x\to 2}\frac{(x-2)(x^2+2x+4)}{x-2}=\lim_{x\to 2}(x^2+2x+4)=12$

(2) $\lim_{x\to 2}\frac{2x^2-x-6}{3x^2-2x-8}=\lim_{x\to 2}\frac{(x-2)(2x+3)}{(x-2)(3x+4)}=\lim_{x\to 2}\frac{2x+3}{3x+4}=\frac{7}{10}$

(3) $$\lim_{x\to 0}\frac{\sqrt{9+x}-3}{x}=\lim_{x\to 0}\frac{(\sqrt{9+x}-3)(\sqrt{9+x}+3)}{x(\sqrt{9+x}+3)}$$
$$=\lim_{x\to 0}\frac{x}{x(\sqrt{9+x}+3)}=\lim_{x\to 0}\frac{1}{\sqrt{9+x}+3}=\frac{1}{3+3}=\frac{1}{6}$$

(4) $$\lim_{x\to 1}\frac{x-1}{\sqrt{x+8}-3}=\lim_{x\to 1}\frac{(x-1)(\sqrt{x+8}+3)}{(\sqrt{x+8}-3)(\sqrt{x+8}+3)}$$
$$=\lim_{x\to 1}\frac{(x-1)(\sqrt{x+8}+3)}{x-1}=\lim_{x\to 1}(\sqrt{x+8}+3)=6$$

(5) $$\lim_{x\to 0}\frac{\sqrt{3+x}-\sqrt{3}}{x}=\lim_{x\to 0}\frac{(\sqrt{3+x}-\sqrt{3})(\sqrt{3+x}+\sqrt{3})}{x(\sqrt{3+x}+\sqrt{3})}$$
$$=\lim_{x\to 0}\frac{x}{x(\sqrt{3+x}+\sqrt{3})}=\lim_{x\to 0}\frac{1}{\sqrt{3+x}+\sqrt{3}}$$
$$=\frac{1}{2\sqrt{3}}=\frac{\sqrt{3}}{6}$$

연습문제 4.2

01 (1) $$\lim_{x\to 5}(\sqrt{x^3}-3x-1)=\lim_{x\to 5}\sqrt{x^3}-\lim_{x\to 5}3x-\lim_{x\to 5}1$$
$$=\sqrt{125}-15-1=\sqrt{125}-16$$

(2) $\lim_{x\to 0}(x^4+12x^3-17x+2)=\lim_{x\to 0}x^4+12\lim_{x\to 0}x^3-17\lim_{x\to 0}x+\lim_{x\to 0}2$

$$=0+0+0+2=2$$

(3) $\lim_{y\to -1}(y^6-12y+1)=\lim_{y\to -1}y^6-12\lim_{y\to -1}y+\lim_{y\to -1}1=1+12+1=14$

(4) $\lim_{x\to 3}\frac{x^2-2x}{x+1}=\frac{\lim_{x\to 3}(x^2-2x)}{\lim_{x\to 3}(x+1)}=\frac{9-6}{3+1}=\frac{3}{4}$

(5) $\lim_{y\to 2+}\frac{(y-1)(y-2)}{y+1}=\frac{\lim_{y\to 2+}(y-1)(y-2)}{\lim_{y\to 2+}(y+1)}=\frac{0}{3}=0$

(6) $\lim_{t\to -2}\frac{t^3+8}{t+2}=\lim_{t\to -2}\frac{(t+2)(t^2-2t+4)}{t+2}=\lim_{t\to -2}(t^2-2t+4)=4+4+4=12$

(7) $\lim_{x\to 4}\frac{x^2-16}{x-4}=\lim_{x\to 4}\frac{(x-4)(x+4)}{x-4}=\lim_{x\to 4}(x+4)=4+4=8$

(8) $\lim_{x\to \infty}\frac{3x+1}{2x-5}=\lim_{x\to \infty}\frac{3+\frac{1}{x}}{2-\frac{5}{x}}=\frac{3}{2}$

(9) $\lim_{x\to \infty}\frac{\sqrt{5x^2-2}}{x+3}=\lim_{x\to \infty}\frac{\sqrt{5-\frac{2}{x^2}}}{1+\frac{3}{x}}=\frac{\sqrt{5}}{1}=\sqrt{5}$

(10) $\lim_{x\to -\infty}\frac{\sqrt{5x^2-2}}{x+3}=\lim_{t\to \infty}\frac{\sqrt{5t^2-2}}{-t+3}=\lim_{t\to \infty}\frac{\sqrt{5-\frac{2}{t^2}}}{-1+\frac{3}{t}}=\frac{\sqrt{5}}{-1}=-\sqrt{5}$

(11) $\lim_{x\to \infty}\frac{5x^2+7}{3x^2-x}=\lim_{x\to +\infty}\frac{5+\frac{7}{x^2}}{3-\frac{1}{x}}=\frac{5}{3}$

(12) $\lim_{x\to \infty}\frac{\sqrt{5x^2-2}}{x+3}=\lim_{x\to +\infty}\frac{\sqrt{5-\frac{2}{x^2}}}{1+\frac{3}{x}}=\frac{\sqrt{5}}{1}=\sqrt{5}$

(13) $\lim_{x\to 9}\frac{x-9}{\sqrt{x}-3}=\lim_{x\to 9}\frac{(x-9)(\sqrt{x}+3)}{(\sqrt{x}-3)(\sqrt{x}+3)}=\lim_{x\to 9}\frac{(x-9)(\sqrt{x}+3)}{x-9}$

$$=\lim_{x\to 9}(\sqrt{x}+3)=3+3=6$$

(14) $\lim_{y\to4}\frac{4-y}{2-\sqrt{y}}=\lim_{y\to4}\frac{(4-y)(2+\sqrt{y})}{(2-\sqrt{y})(2+\sqrt{y})}=\lim_{y\to4}\frac{(4-y)(2+\sqrt{y})}{4-y}$

$=\lim_{y\to4}(2+\sqrt{y})=2+2=4$

02 (1) $\lim_{x\to3-}f(x)=\lim_{x\to3-}(x-1)=3-1=2$

(2) $\lim_{x\to3+}f(x)=\lim_{x\to3+}(3x-7)=9-7=2$

(3) $\lim_{x\to3+}f(x)=2=\lim_{x\to3-}f(x)$이므로 $\lim_{x\to3}f(x)=2$이다.

03 (1) $\lim_{t\to0-}g(t)=\lim_{t\to0-}(t-2)=0-2=-2$

(2) $\lim_{t\to0+}g(t)=\lim_{t\to0+}t^2=0$

(3) $\lim_{t\to0+}g(t)=0\neq-2=\lim_{t\to0-}g(t)$이므로 $\lim_{t\to0}g(t)$은 존재하지 않는다.

04 $\lim_{x\to3}h(x)=\lim_{x\to3}(x^2-2x+1)=9-6+1=4$

5장 연습문제 정답

연습문제 5.1

01 (1) $\lim_{x\to 2} 3x+7=6+7=13=f(2)$이므로 $f(x)$는 $x=2$에서 연속이다.

(2) $\lim_{x\to 2-}(x^2+4)=4+4=8$이고 $\lim_{x\to 2+} x^3=8$이므로, $\lim_{x\to 2} f(x)=8$이다. 그런데 $f(2)=8$이므로 $\lim_{x\to 2} f(x)=f(2)$이다. 따라서 $f(x)$는 $x=2$에서 연속이다.

(3) $\lim_{x\to -1} f(x)=\lim_{x\to -1}\frac{x^2-1}{x+1}=\lim_{x\to -1}\frac{(x-1)(x+1)}{x+1}=\lim_{x\to -1}(x-1)=-2$이고 $f(-1)=-3$이므로 $\lim_{x\to -1} f(x)\neq f(-1)$이다. 따라서 $f(x)$는 $x=-1$에서 불연속이다.

02 (1) $f(x)$는 $x=1$을 제외한 모든 점에서는 연속임이 명백하므로, $f(x)$가 $x=1$에서 연속이 되도록 k를 정하면 된다. 그런데

$$\lim_{x\to 1} f(x)=\lim_{x\to 1}\frac{x^2+3x-4}{x-1}=\lim_{x\to 1}\frac{(x-1)(x+4)}{x-1}=\lim_{x\to 1}(x+4)=5$$

이고 $f(1)=k$이므로, $\lim_{x\to 1} f(x)=f(1)$이 참이 되기 위해서는 $k=5$이어야 한다.

(2) $f(x)$는 $x=0$을 제외한 모든 점에서는 연속임이 명백하므로, $f(x)$가 $x=0$에서 연속이 되도록 k를 정하면 된다. 그런데 $f(0)=k$이고

$$\begin{aligned}\lim_{x\to 0} f(x)&=\lim_{x\to 0}\frac{x^3+2x^2+3x}{x}=\lim_{x\to 0}\frac{x(x^2+2x+3)}{x}\\&=\lim_{x\to 0}(x^2+2x+3)=3\end{aligned}$$

이므로, $k=3$으로 두면 $f(x)$는 $x=0$에서 연속이 된다.

(3) $f(x)$는 $x=1$을 제외한 모든 점에서는 연속임이 명백하므로, $f(x)$가 $x=1$에서 연속이 되도록 k를 정하면 된다. 그런데

$$\lim_{x\to 1-} f(x)=\lim_{x\to 1-}(7x-2)=7-2=5$$

이고

$$\lim_{x \to 1+} f(x) = \lim_{x \to 1+} kx^2 = k$$

이므로, $k=5$인 경우에만 $\lim_{x \to 1-} f(x) = \lim_{x \to 1+} f(x)$이 되어 $\lim_{x \to 1} f(x)$이 존재한다. 그리고 $f(1)=k$이므로 $k=5$로 정하면 $\lim_{x \to 1} f(x) = f(1)$을 만족하여 $f(x)$는 $x=1$에서 연속이 된다.

(4) $f(x)$는 $x=1$을 제외한 모든 점에서는 연속임이 명백하므로, $f(x)$가 $x=1$에서 연속이 되도록 k를 정하면 된다. 그런데 $f(1)=k$이고,

$$\lim_{x \to 1-} f(x) = \lim_{x \to 1-} (x^2-1) = 1-1 = 0$$

$$\lim_{x \to 1+} f(x) = \lim_{x \to 1+} (x-1) = 1-1 = 0$$

이므로 $k=0$인 경우에만 $\lim_{x \to 1} f(x) = f(1)$을 만족하여 $f(x)$는 $x=1$에서 연속이 된다.

03 (1) $f(1)=1$

(2) $\lim_{x \to 1-} f(x) = 2$, $\lim_{x \to 1+} f(x) = 2$이므로, $\lim_{x \to 1} f(x) = 2$이다.

(3) $f(1) = 1 \neq 2 = \lim_{x \to 1} f(x)$

(4) $f(1) \neq \lim_{x \to 1} f(x)$이므로 $f(x)$는 $x=1$에서 불연속이다.

(5) $f(1)$을 2로 바꿔서 정의하면 $\lim_{x \to 1} f(x) = f(1)$이 되므로 $f(x)$는 $x=1$에서 연속이 된다.

(6) $f(1) \neq \lim_{x \to 1-} f(x)$이므로 $f(x)$는 $x=1$에서 왼쪽으로부터 연속이 아니다.

(7) $f(1) \neq \lim_{x \to 1+} f(x)$이므로 $f(x)$는 $x=1$에서 오른쪽으로부터 연속이 아니다.

04 (1) $x^2+1>0$이므로, 유리함수 $f(x) = \dfrac{x+1}{x^2+1}$는 모든 실수에서 정의된다. 즉 최대정의역은 $\mathbb{R}$이다. 유리함수는 정의역의 모든 점에서 연속이므로, 연속인 최대정의역은 $\mathbb{R}$이다.

(2) x^2-1은 x가 1 또는 -1일 때만 0이므로, 유리함수 $f(x)=\dfrac{x-1}{x^2-1}$는 $x\neq 1,\ -1$인 모든 실수에서 정의된다. 그러므로 f가 연속인 최대정의역은 $\mathbb{R}\setminus\{-1,1\}$이다.

(3) x^2-16은 x가 4 또는 -4일 때만 0이므로, 유리함수 $f(x)=\dfrac{x+4}{x^2-16}$는 $x\neq 4, -4$인 모든 실수에서 정의된다. 그러므로 f가 연속인 최대정의역은 $\mathbb{R}\setminus\{-4, 4\}$이다.

(4) $x^2+7x-2=0$의 해는 $\dfrac{-7+\sqrt{57}}{2}$ 또는 $\dfrac{-7-\sqrt{57}}{2}$이므로, 유리함수 $f(x)=\dfrac{3x+1}{x^2+7x-2}$는 $x\neq\dfrac{-7+\sqrt{57}}{2}, \dfrac{-7-\sqrt{57}}{2}$인 모든 실수에서 정의된다. 그러므로 f가 연속인 최대정의역은 $\mathbb{R}\setminus\left\{\dfrac{-7+\sqrt{57}}{2}, \dfrac{-7-\sqrt{57}}{2}\right\}$이다.

(5) $x^2+1>0$이므로 무리함수 $f(x)=\sqrt{x^2+1}$는 모든 실수에서 정의되고 연속이다. 즉 연속인 최대정의역은 $\mathbb{R}$이다.

(6) 부등식 $x+1\geq 0$의 해는 $[-1,\infty)$이므로, $f(x)=\sqrt{x+1}$는 $[-1,\infty)$에서 정의되고 연속이다. 즉 연속인 최대정의역은 $[-1,\infty)$이다.

05 우선 $\{x\in\mathbb{R}\,|\,x\geq -1, x\neq 0\}$의 모든 점 x에서 $f(x)=\dfrac{\sqrt{x+1}-1}{x}$는 연속이다.

$$\lim_{x\to 0}f(x)=\lim_{x\to 0}\frac{\sqrt{x+1}-1}{x}=\lim_{x\to 0}\frac{(\sqrt{x+1}-1)(\sqrt{x+1}+1)}{x(\sqrt{x+1}+1)}$$
$$=\lim_{x\to 0}\frac{x}{x(\sqrt{x+1}+1)}=\lim_{x\to 0}\frac{1}{\sqrt{x+1}+1}=\frac{1}{1+1}=\frac{1}{2}$$

이므로, $f(0)=\dfrac{1}{2}$로 정의하면 $f(x)$는 $x=0$에서도 연속이 된다.

06 $\lim\limits_{x\to 0}f(x)=\lim\limits_{x\to 0}x\sin\dfrac{1}{x}=0$이고 $f(0)=0$이므로 $\lim\limits_{x\to 0}f(x)=f(0)$이다. 그러므로 $f(x)$는 $x=0$에서 연속이다.

07 $\lim\limits_{x\to 1-}f(x)=0\neq f(1)$이고, $f(1)=1=\lim\limits_{x\to 1+}f(x)$이므로, $f(x)$는 $x=1$에서 오른쪽으로부터 연속이고 왼쪽으로부터 연속은 아니다. 따라서 $f(x)$는 $x=1$에서 불연속이다. 즉, (1)과 (2)는 거짓이고 (3)은 참이다.

연습문제 5.2

01 (1) $f(x) = -x^2 + 3x - 2 = -(x - \frac{3}{2})^2 + \frac{1}{4}$ 이고, $0 < \frac{3}{2} < 2$이므로 $x = 0,\ \frac{3}{2},\ 2$ 만 조사하면 된다. 그런데

$$f(0) = -2,\ f(\frac{3}{2}) = \frac{1}{4},\ f(2) = 0$$

이므로, 최솟값은 -2이고 최댓값 $\frac{1}{4}$이다.

(2) $f(x) = \frac{1}{x+1}$는 $x > -1$ 에 대해서 감소함수이므로, [0,2] 구간에서의 최댓값은 $f(0) = 1$, 최솟값은 $f(2) = \frac{1}{3}$이다.

(3) $0 \le x \le 2\pi$이면 $0 \le \frac{x}{2} \le \pi$이므로 $0 \le \sin\frac{x}{2} \le 1$이다.

그러므로 $f(x) = 2\sin\frac{x}{2}$는 $0 \le x \le 2\pi$에서 최솟값 0, 최댓값 2를 가진다.

(4) $f(x) = \sqrt{x+2}$는 증가함수이므로, $f(x)$는 $0 \le x \le 1$에서 최솟값 $f(0) = \sqrt{2}$, 최댓값 $f(1) = \sqrt{3}$을 가진다.

02 $f(x) = x^3 + 3x - 2$이라 두면 $f(0) = -2 < 0, f(1) = 2 > 0$ 이므로, 중간값 정리에 의하여 0과 1 사이에 적어도 하나의 실근을 갖는다.

03 $f(0) = 0 < 10, f(3) = 21 > 10$이므로, 중간값 정리에 의하여 0과 3 사이에 $f(c) = 10$인 c가 존재한다.

04 $f(x) = x^2 - 2$라 두면 $f(0) = -2 < 0$이고 $f(2) = 2 > 0$이므로, 중간값 정리에 의하여 $f(c) = c^2 - 2 = 0$이 되는 실수 c가 0과 2 사이에 존재한다.

05 $f(x) = 3x^3 - 6x^2 + 3x - 2$라 두면 $f(1) = -2 < 0$이고 $f(2) = 4 > 0$이므로, 중간값 정리에 의하여 $f(c) = 0$이 되는 실수 c가 1과 2 사이에 존재한다.

06 (1), (2)

6장 연습문제 정답

연습문제 6.1

01 $\sin(\pi)=0$, $\sin(\frac{3}{2}\pi)=-1$, $\sin(2\pi)=0$

$\cos(\pi)=-1$, $\cos(\frac{3}{2}\pi)=0$, $\cos(2\pi)=1$

$\tan(\pi)=0$, $\tan(2\pi)=0$, $\tan(\frac{3}{2}\pi)$는 정의되지 않음

02 $\mathrm{cosec}(\frac{\pi}{6})=2$, $\mathrm{cosec}(\frac{\pi}{4})=\sqrt{2}$, $\mathrm{cosec}(\frac{\pi}{3})=\frac{2}{\sqrt{3}}$, $\mathrm{cosec}(\frac{\pi}{2})=1$,

$\mathrm{cosec}0$은 정의되지 않음

$\sec(0)=1$, $\sec(\frac{\pi}{6})=\frac{2}{\sqrt{3}}$, $\sec(\frac{\pi}{4})=\sqrt{2}$, $\sec(\frac{\pi}{3})=2$, $\sec(\frac{\pi}{2})$는 정의되지 않음

$\cot(\frac{\pi}{6})=\sqrt{3}$, $\cot(\frac{\pi}{4})=1$, $\cot(\frac{\pi}{3})=\frac{1}{\sqrt{3}}$, $\cot(\frac{\pi}{2})=0$, $\cot 0$은 정의되지 않음

03 $\sin(\frac{5}{4}\pi)=\frac{-1}{\sqrt{2}}$, $\cos(\frac{5}{4}\pi)=\frac{-1}{\sqrt{2}}$, $\tan(\frac{5}{4}\pi)=1$

$\sin(-\frac{7}{4}\pi)=\frac{1}{\sqrt{2}}$, $\cos(\frac{-7}{4}\pi)=\frac{1}{\sqrt{2}}$, $\tan(\frac{-7}{4}\pi)=1$

04 $\cos^2\theta=1-\sin^2\theta=1-\frac{16}{25}=\frac{9}{25}$이므로 $\cos\theta$는 $\frac{3}{5}$ 또는 $-\frac{3}{5}$이다. 그런데 θ가 3사분면의 각이므로 $\cos\theta=-\frac{3}{5}$이고 $\tan\theta=\frac{\sin\theta}{\cos\theta}=\frac{4}{3}$이다.

05 $\cos(\frac{\pi}{2}+\theta)=-\sin\theta$, $\cos(\pi+\theta)=-\cos\theta$, $\cos(\frac{3}{2}\pi+\theta)=\sin\theta$이므로

$$\cos\theta+\cos(\frac{\pi}{2}+\theta)+\cos(\pi+\theta)+\cos(\frac{3}{2}\pi+\theta)$$
$$=\cos\theta-\sin\theta-\cos\theta+\sin\theta=0$$

06 (1) $\sin x = \dfrac{1}{\sqrt{2}}$인 x는 오른 쪽 그림에서 빨간색 각과 파란색 각이 될 때이다. 그런데 빨간색 각은 $2n\pi + \dfrac{\pi}{4}$이고 파란색 각은 $2n\pi + \dfrac{3\pi}{4}$이므로, 주어진 방정식의 해는 아래와 같다.

$$x = 2n\pi + \frac{\pi}{4} \text{ or } 2n\pi + \frac{3\pi}{4}$$

(2) $\cos x = -\dfrac{\sqrt{3}}{2}$인 x는 오른 쪽 그림에서 빨간색 각과 파란색 각이 될 때이다. 그런데 빨간색 각은 $2n\pi + \dfrac{5}{6}\pi$이고 파란색 각은 $2n\pi + \dfrac{7}{6}\pi$이므로, 주어진 방정식의 해는 아래와 같다.

$$x = 2n\pi + \frac{5}{6}\pi \text{ or } 2n\pi + \frac{7}{6}\pi$$

(3) $\tan x = \dfrac{1}{\sqrt{3}}$인 x는 오른 쪽 그림에서 빨간색 각과 파란색 각이 될 때이다. 그런데 빨간색 각은 $2n\pi + \dfrac{1}{6}\pi$이고 파란색 각은 $2n\pi + \dfrac{7}{6}\pi = (2n+1)\pi + \dfrac{1}{6}\pi$이므로, 주어진 방정식의 해는 아래와 같다.

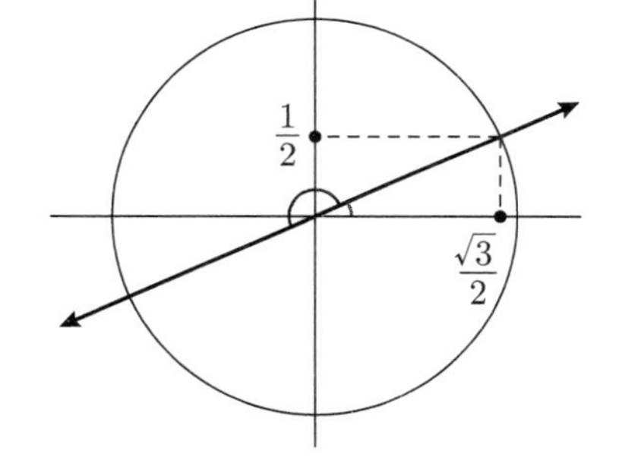

$$x = n\pi + \frac{1}{6}\pi$$

07 주기는 4π이고 그래프는 아래와 같다.

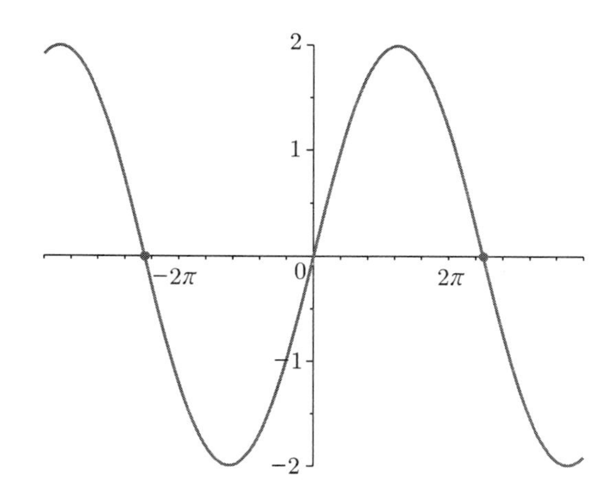

08 주기는 $\frac{\pi}{2}$이고 그래프는 아래와 같다.

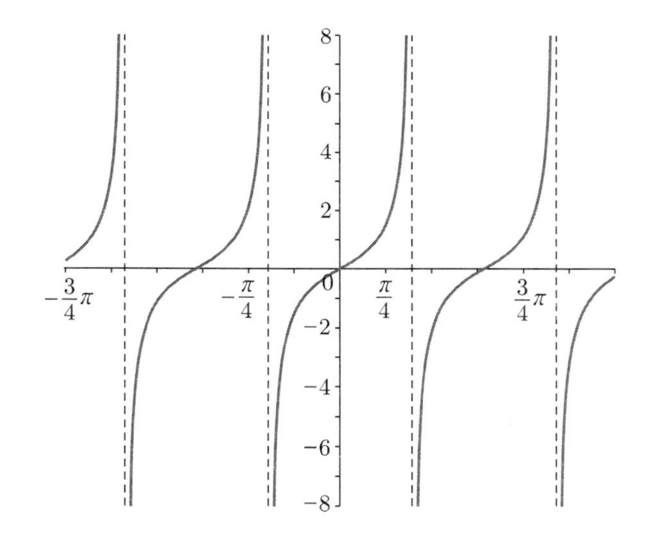

09 주기는 2π이고 그래프는 아래와 같다.

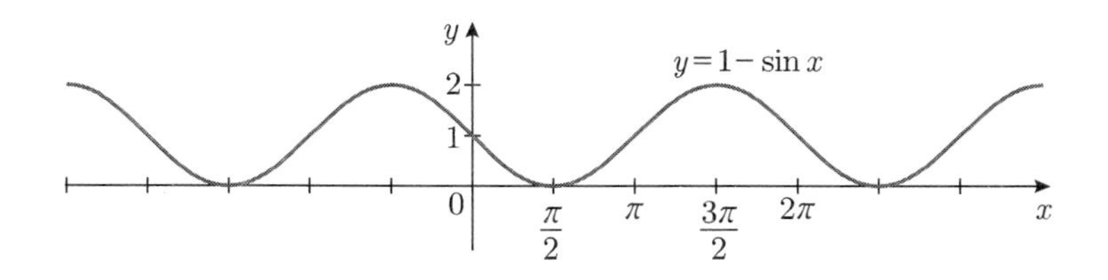

10 주어진 방정식은 $2(1-\cos^2 x)+\cos x-1=0$이고, $\cos x$를 A라 두면 $2(1-A^2)+A-1=0$이다. 이 방정식은 $2A^2-A-1=0$이고, $2A^2-A-1=(2A+1)(A-1)$이므로, $A=1$ 또는 $A=-\frac{1}{2}$이 되어야 한다. $A=1$인 경우는 $\cos x=1$이므로 $x=0$ 또는 2π이고, $A=-\frac{1}{2}$인 경우는 $\cos x=-\frac{1}{2}$이므로 $x=\frac{2\pi}{3}$ 또는 $\frac{4\pi}{3}$이다. 그러므로 주어진 방정식의 해는 $0, \frac{2\pi}{3}, \frac{4\pi}{3}, 2\pi$이다.

연습문제 6.2

01 (1)
$$\sin\frac{5}{12}\pi=\sin\left(\frac{\pi}{4}+\frac{\pi}{6}\right)=\sin\frac{\pi}{4}\cos\frac{\pi}{6}+\cos\frac{\pi}{4}\sin\frac{\pi}{6}$$
$$=\frac{\sqrt{2}}{2}\times\frac{\sqrt{3}}{2}+\frac{\sqrt{2}}{2}\times\frac{1}{2}=\frac{\sqrt{2}+\sqrt{6}}{4}$$

(2)
$$\cos\frac{5}{12}\pi=\cos\left(\frac{\pi}{4}+\frac{\pi}{6}\right)=\cos\frac{\pi}{4}\cos\frac{\pi}{6}-\sin\frac{\pi}{4}\sin\frac{\pi}{6}$$
$$=\frac{\sqrt{2}}{2}\times\frac{\sqrt{3}}{2}-\frac{\sqrt{2}}{2}\times\frac{1}{2}=\frac{\sqrt{6}-\sqrt{2}}{4}$$

(3)
$$\sin\frac{7}{12}\pi=\sin\left(\pi-\frac{5}{12}\pi\right)=\sin\frac{5}{12}\pi=\frac{\sqrt{2}+\sqrt{6}}{4}$$

(4)
$$\cos\frac{7}{12}\pi=\cos\left(\pi-\frac{5}{12}\pi\right)=-\cos\frac{5}{12}\pi=\frac{\sqrt{2}-\sqrt{6}}{4}$$

(5)
$$\sin\frac{\pi}{12}=\sin\left(\frac{\pi}{4}-\frac{\pi}{6}\right)=\sin\frac{\pi}{4}\cos\frac{\pi}{6}-\cos\frac{\pi}{4}\sin\frac{\pi}{6}$$
$$=\frac{\sqrt{2}}{2}\times\frac{\sqrt{3}}{2}-\frac{\sqrt{2}}{2}\times\frac{1}{2}=\frac{\sqrt{6}-\sqrt{2}}{4}$$

$$\cos\frac{\pi}{12}=\cos\left(\frac{\pi}{4}-\frac{\pi}{6}\right)=\cos\frac{\pi}{4}\cos\frac{\pi}{6}+\sin\frac{\pi}{4}\sin\frac{\pi}{6}$$
$$=\frac{\sqrt{2}}{2}\times\frac{\sqrt{3}}{2}+\frac{\sqrt{2}}{2}\times\frac{1}{2}=\frac{\sqrt{2}+\sqrt{6}}{4}$$

$$\tan\frac{\pi}{12}=\frac{\sin\frac{\pi}{12}}{\cos\frac{\pi}{12}}=\frac{\sqrt{6}-\sqrt{2}}{\sqrt{2}+\sqrt{6}}=2-\sqrt{3}$$

(6) $\tan\frac{7\pi}{12}=\frac{\sin\frac{7\pi}{12}}{\cos\frac{7\pi}{12}}=\frac{\sqrt{2}+\sqrt{6}}{\sqrt{2}-\sqrt{6}}=-2-\sqrt{3}$

참고 (3), (4), (5), (6)의 경우, $\frac{7}{12}\pi=\frac{\pi}{3}+\frac{\pi}{4}$와 $\frac{\pi}{12}=\frac{\pi}{3}-\frac{\pi}{4}=\frac{\pi}{4}-\frac{\pi}{6}$를 덧셈정리에 적용하여 구할 수도 있다. 예를 들어,

$$\tan\frac{\pi}{12}=\tan\left(\frac{\pi}{3}-\frac{\pi}{4}\right)=\frac{\tan\frac{\pi}{3}-\tan\frac{\pi}{4}}{1+\tan\frac{\pi}{3}\tan\frac{\pi}{4}}=\frac{\sqrt{3}-1}{1+\sqrt{3}\cdot 1}=2-\sqrt{3}$$

02 먼저 [예제 6.2.3], [예제 6.2.6]과 같은 방법으로 $\cos\alpha=-\frac{4}{5}$, $\sin\beta=\frac{12}{13}$를 구한다.

(1) $\sin(\alpha-\beta)=\sin\alpha\cos\beta-\cos\alpha\sin\beta$

$$=\frac{3}{5}\times\frac{5}{13}-\left(-\frac{4}{5}\right)\times\frac{12}{13}=\frac{15+48}{65}=\frac{63}{65}$$

(2) $\cos(\alpha+\beta)=\cos\alpha\cos\beta-\sin\alpha\sin\beta$

$$=\left(-\frac{4}{5}\right)\times\frac{5}{13}-\frac{3}{5}\times\frac{12}{13}=-\frac{20+36}{65}=-\frac{56}{65}$$

03 직선 $y=-\frac{1}{3}(x+1)$과 직선 $y=-2x-1$이 x축과 이루는 각을 각각 a, b라 할 때 $\tan a=-\frac{1}{3}$, $\tan b=-2$이다. 두 직선이 이루는 각 θ는 $a-b$ 또는 $b-a$이다.

그런데 $\tan(a-b)=\frac{\tan a-\tan b}{1+\tan a\times\tan b}=\frac{-\frac{1}{3}+2}{1+\frac{2}{3}}=\frac{-1+6}{3+2}=1$이고

$\tan(b-a)=\frac{-(\tan a-\tan b)}{1+\tan a\times\tan b}=-1$이므로 $a-b$가 두 직선이 이루는 각 θ임을 알 수 있다. 그러므로 $\tan\theta=\tan(a-b)=1$이다. (따라서 두 직선이 이루는 각은 $\frac{\pi}{4}$이다.)

04 $\cos^2\alpha=1-\sin^2\alpha=\frac{1}{10}$이다. 그런데 $0<\alpha<\frac{\pi}{2}$이므로 $\cos\alpha=\frac{1}{\sqrt{10}}$이다.

그러므로 $\cos 2\alpha$, $\sin 2\alpha$, $\tan 2\alpha$는 다음과 같다.

$$\cos 2\alpha = \cos^2\alpha - \sin^2\alpha = \left(\frac{1}{\sqrt{10}}\right)^2 - \left(\frac{3}{\sqrt{10}}\right)^2 = \frac{1}{10} - \frac{9}{10} = -\frac{8}{10} = -\frac{4}{5}$$

$$\sin 2\alpha = 2\sin\alpha\cos\alpha = 2\times\frac{3}{\sqrt{10}}\times\frac{1}{\sqrt{10}} = \frac{6}{10} = \frac{3}{5}$$

$$\tan 2\alpha = \frac{\sin 2\alpha}{\cos 2\alpha} = -\frac{3}{4}.$$

05 $\sin^2\frac{\theta}{2} = \frac{1-\cos\theta}{2}$이므로 $\sin^2\frac{\pi}{12} = \frac{1-\cos\frac{\pi}{6}}{2} = \frac{1-\frac{\sqrt{3}}{2}}{2} = \frac{2-\sqrt{3}}{4}$ 이다.

06 먼저 $\cos\alpha$의 값을 구해 보자.

$\cos^2\alpha = 1-\sin^2\alpha = 1-\frac{16}{25} = \frac{9}{25}$이므로 $\cos\alpha$는 $\frac{3}{5}$ 또는 $-\frac{3}{5}$이다.

그런데 $\frac{\pi}{2} < \alpha < \pi$이므로 $\cos\alpha = -\frac{3}{5}$이다. 이제 $\tan\frac{\alpha}{2}$를 구하자.

$$\tan^2\frac{\alpha}{2} = \frac{\sin^2\frac{\alpha}{2}}{\cos^2\frac{\alpha}{2}} = \frac{\frac{1-\cos\alpha}{2}}{\frac{1+\cos\alpha}{2}} = \frac{1-\cos\alpha}{1+\cos\alpha} = \frac{1+\frac{3}{5}}{1-\frac{3}{5}} = 4$$

이므로 $\tan\frac{\alpha}{2}$는 2 또는 -2이다. 그런데 $\frac{\pi}{2} < \alpha < \pi$이므로 $\frac{\pi}{4} < \frac{\alpha}{2} < \frac{\pi}{2}$이고,

따라서 $\tan\frac{\alpha}{2} = 2$이다.

07 (1) **[풀이1]** 곱을 합 또는 차로 바꾸는 공식 이용

$$\begin{aligned}\sin\frac{5}{12}\pi\cdot\cos\frac{\pi}{12} &= \frac{1}{2}\left(\sin\left(\frac{5}{12}\pi+\frac{1}{12}\pi\right)+\sin\left(\frac{5}{12}\pi-\frac{1}{12}\pi\right)\right)\\ &= \frac{1}{2}\left(\sin\frac{1}{2}\pi+\sin\frac{\pi}{3}\right) = \frac{1}{2}\left(1+\frac{\sqrt{3}}{2}\right) = \frac{2+\sqrt{3}}{4}\end{aligned}$$

[풀이2] 덧셈정리를 직접 이용

$$\begin{aligned}\sin\frac{5}{12}\pi &= \sin\left(\frac{\pi}{4}+\frac{\pi}{6}\right) = \sin\frac{\pi}{4}\cos\frac{\pi}{6}+\cos\frac{\pi}{4}\sin\frac{\pi}{6}\\ &= \frac{\sqrt{2}}{2}\times\frac{\sqrt{3}}{2}+\frac{1}{2}\times\frac{\sqrt{2}}{2} = \frac{\sqrt{2}+\sqrt{6}}{4}\end{aligned}$$

$$\cos\frac{\pi}{12} = \cos\left(\frac{\pi}{4} - \frac{\pi}{6}\right) = \cos\frac{\pi}{4}\cos\frac{\pi}{6} + \sin\frac{\pi}{4}\sin\frac{\pi}{6}$$

$$= \frac{\sqrt{2}}{2} \times \frac{\sqrt{3}}{2} + \frac{\sqrt{2}}{2} \times \frac{1}{2} = \frac{\sqrt{2} + \sqrt{6}}{4}$$

$$\Rightarrow \quad \sin\frac{5}{12}\pi \cdot \cos\frac{\pi}{12} = \left(\frac{\sqrt{2} + \sqrt{6}}{4}\right)^2 = \frac{2 + \sqrt{3}}{4}$$

(2) **[풀이1]** 합 또는 차를 곱으로 바꾸는 공식 이용

$$\sin\frac{5}{18}\pi + \sin\frac{1}{18}\pi = \sin\frac{\frac{5}{18}\pi + \frac{1}{18}\pi}{2}\cos\frac{\frac{5}{18}\pi - \frac{1}{18}\pi}{2}$$

$$= 2\sin\frac{\pi}{6}\cos\frac{2}{18}\pi$$

$$\cos\frac{5}{18}\pi + \cos\frac{1}{18}\pi = \cos\frac{\frac{5}{18}\pi + \frac{1}{18}\pi}{2}\cos\frac{\frac{5}{18}\pi - \frac{1}{18}\pi}{2}$$

$$= 2\cos\frac{\pi}{6}\cos\frac{2}{18}\pi$$

$$\Rightarrow \quad \frac{\sin\frac{5}{18}\pi + \sin\frac{1}{18}\pi}{\cos\frac{5}{18}\pi + \cos\frac{1}{18}\pi} = \frac{2\sin\frac{\pi}{6}\cos\frac{2}{18}\pi}{2\cos\frac{\pi}{6}\cos\frac{2}{18}\pi}$$

$$= \frac{\sin\frac{\pi}{6}}{\cos\frac{\pi}{6}} = \frac{\frac{1}{2}}{\frac{\sqrt{3}}{2}} = \frac{1}{\sqrt{3}}$$

[풀이2] 덧셈정리를 직접 이용

$$\sin\frac{5\pi}{18} = \sin\left(\frac{3\pi}{18} + \frac{2\pi}{18}\right) = \sin\frac{3\pi}{18}\cos\frac{2\pi}{18} + \cos\frac{3\pi}{18}\sin\frac{2\pi}{18}$$

$$\sin\frac{\pi}{18} = \sin\left(\frac{3\pi}{18} - \frac{2\pi}{18}\right) = \sin\frac{3\pi}{18}\cos\frac{2\pi}{18} - \cos\frac{3\pi}{18}\sin\frac{2\pi}{18}$$

$$\cos\frac{5\pi}{18} = \cos\left(\frac{3\pi}{18} + \frac{2\pi}{18}\right) = \cos\frac{3\pi}{18}\cos\frac{2\pi}{18} - \sin\frac{3\pi}{18}\sin\frac{2\pi}{18}$$

$$\cos\frac{\pi}{18} = \cos\left(\frac{3\pi}{18} - \frac{2\pi}{18}\right) = \cos\frac{3\pi}{18}\cos\frac{2\pi}{18} + \sin\frac{3\pi}{18}\sin\frac{2\pi}{18}$$

$$\Rightarrow \frac{\sin\frac{5}{18}\pi+\sin\frac{1}{18}\pi}{\cos\frac{5}{18}\pi+\cos\frac{1}{18}\pi}=\frac{2\sin\frac{3\pi}{18}\cos\frac{2\pi}{18}}{2\cos\frac{3\pi}{18}\cos\frac{2\pi}{18}}=\frac{\sin\frac{3\pi}{18}}{\cos\frac{3\pi}{18}}$$

$$=\frac{\sin\frac{\pi}{6}}{\cos\frac{\pi}{6}}=\frac{\frac{1}{2}}{\frac{\sqrt{3}}{2}}=\frac{1}{\sqrt{3}}$$

08 **[풀이1]** 합 또는 차를 곱으로 바꾸는 공식 이용

$$\sin\frac{5}{12}\pi+\sin\frac{\pi}{12}=2\sin\frac{\frac{5}{12}\pi+\frac{\pi}{12}}{2}\cos\frac{\frac{5}{12}\pi+\frac{\pi}{12}}{2}$$

$$=2\sin\frac{\pi}{4}\cos\frac{\pi}{6}=2\frac{\sqrt{2}}{2}\frac{\sqrt{3}}{2}=\frac{\sqrt{6}}{2}$$

[풀이2] 덧셈정리를 직접 이용

$$\sin\frac{5}{12}\pi+\sin\frac{\pi}{12}=\sin\left(\frac{\pi}{4}+\frac{\pi}{6}\right)+\sin\left(\frac{\pi}{4}-\frac{\pi}{6}\right)$$

$$=\left(\sin\frac{\pi}{4}\cos\frac{\pi}{6}+\cos\frac{\pi}{4}\sin\frac{\pi}{6}\right)+\left(\sin\frac{\pi}{4}\cos\frac{\pi}{6}-\cos\frac{\pi}{4}\sin\frac{\pi}{6}\right)$$

$$=2\sin\frac{\pi}{4}\cos\frac{\pi}{6}=2\frac{\sqrt{2}}{2}\frac{\sqrt{3}}{2}=\frac{\sqrt{6}}{2}$$

연습문제 6.3

01 $f(x)$를 변형하여 다음과 같이 표현할 수 있다.

$$f(x)=\sqrt{3}\sin x+\cos x=2\left(\frac{\sqrt{3}}{2}\sin x+\frac{1}{2}\cos x\right)$$

$$=2\left(\cos\frac{\pi}{6}\sin x+\sin\frac{\pi}{6}\cos x\right)=2\sin\left(x+\frac{\pi}{6}\right)$$

함수 $f(x)$의 그래프는 $2\sin x$의 그래프를 x축 방향으로 $-\frac{\pi}{6}$만큼 평행이동한 것이다. 그러므로 최댓값은 2이고 최솟값은 -2이다.

최댓값 2를 함숫값으로 갖는 x는 방정식 $2\sin\left(x+\frac{\pi}{6}\right)=2$의 해이므로 $x=2n\pi+\frac{\pi}{3}$

이고, 최솟값 -2를 함숫값으로 갖는 x는 방정식 $2\sin(x+\frac{\pi}{6})=-2$ 의 해이므로 $x=2n\pi+\frac{4}{3}\pi=(2n+1)\pi+\frac{\pi}{3}$ 이다.

02 $f(x)=3\sin x+4\cos x=5(\frac{3}{5}\sin x+\frac{4}{5}\cos x)$ 이므로, $\cos\theta=\frac{3}{5}$, $\sin\theta=\frac{4}{5}$ 인 θ에 대하여

$$f(x)=5(\cos\theta\sin x+\sin\theta\cos x)=5\sin(x+\theta)$$

이다. 그러므로 $f(x)$의 최댓값과 최솟값은 각각 5와 -5이다.

03 (1) $\lim_{x\to0}\frac{\sin 4x}{3x}=\frac{4}{3}\lim_{x\to0}\frac{\sin 4x}{4x}=\frac{4}{3}$

(2) $\lim_{x\to0}\frac{\tan 3x}{x}=3\lim_{x\to0}\frac{\tan 3x}{3x}=3$

(3) $\lim_{\theta\to0}\frac{\sin^2\theta}{\theta}=\lim_{\theta\to0}(\frac{\sin\theta}{\theta}\cdot\sin\theta)=\lim_{\theta\to0}\frac{\sin\theta}{\theta}\lim_{\theta\to0}\sin\theta=1\cdot0=0$

7장 연습문제 정답

연습문제 7.1

01 $\sqrt[3]{2\sqrt{2}} \times \sqrt[6]{8} = (2 \times 2^{\frac{1}{2}})^{\frac{1}{3}} \times 8^{\frac{1}{6}} = (2^{\frac{3}{2}})^{\frac{1}{3}} \times (2^3)^{\frac{1}{6}} = 2^{\frac{3}{2} \times \frac{1}{3} + 3 \times \frac{1}{6}} = 2^{\frac{1}{2} + \frac{1}{2}} = 2$

02 (1) $2 \cdot 7^x = 98 \iff 7^x = 49 \iff 7^x = 7^2 \iff x = 2$

(2) $3^x - 3\sqrt{3} = 0 \iff 3^x = 3\sqrt{3} \iff 3^x = 3^{\frac{3}{2}} \iff x = \frac{3}{2}$

(3) $3^{x-2} = 243 \iff 3^{x-2} = 3^5 \iff x - 2 = 5 \iff x = 7$

(4) $3^{2x} - 10 \cdot 3^x + 9 = 0 \iff (3^x - 1)(3^x - 9) = 0 \iff 3^x = 1$ 또는 9

$\iff 3^x = 3^0 \text{ or } 3^2 \iff x = 0$ 또는 2

(5) $4^x = 8 \iff 2^{2x} = 2^3 \iff 2x = 3 \iff x = \frac{3}{2}$

(6) $5^{2x} + 1 = 626 \iff 5^{2x} = 625 = 5^4 \iff 2x = 4 \iff x = 2$

03 (1) $10^x < 1000 = 10^3 \iff x < 3$

(2) $0.1^x < 0.001 = 0.1^3 \iff x > 3$ (Note: $f(x) = 0.1^x$는 감소함수이다.)

(3) $3^{2-x} > 27 = 3^3 \iff 2 - x > 3 \iff x < -1$

(4) $(\frac{1}{2})^{x+3} > \frac{1}{16} = (\frac{1}{2})^4 \iff x + 3 < 4 \iff x < 1$

(Note: $f(x) = (\frac{1}{2})^x$는 감소함수이다.)

(5) $4^x \leq 8 \iff 2^{2x} \leq 2^3 \iff 2x \leq 3 \iff x \leq \frac{3}{2}$

(6) $5^{2x+1} \geq 625 = 5^4 \iff 2x + 1 \geq 4 \iff x \geq \frac{3}{2}$

(7) $4^x - 2^{x+1} - 8 < 0 \iff (2^x + 2)(2^x - 4) < 0 \iff -2 < 2^x < 4 \iff x < 2$

(8) $3^{2x+1} - 28 \cdot 3^x + 9 > 0 \iff 3 \cdot 3^{2x} - 28 \cdot 3^x + 9 > 0$

$\iff (3^x - 9)(3 \cdot 3^x - 1) > 0$

$\iff 3^x < \frac{1}{3}$ 또는 $3^x > 9$

$\iff x < -1$ 또는 $x > 2$

(9) $5^{2x}-5^{x+1}\geq 0 \;\Leftrightarrow\; 5^{2x}\geq 5^{x+1} \;\Leftrightarrow\; 2x\geq x+1 \;\Leftrightarrow\; x\geq 1$

(10) $5^{2x}-10\cdot 5^{x}+25\leq 0 \;\Leftrightarrow\; (5^{x}-5)^{2}\leq 0 \;\Leftrightarrow\; 5^{x}=5 \;\Leftrightarrow\; x=1$

(11) $2\cdot 3^{2x}-5\cdot 3^{x}-3\geq 0 \;\Leftrightarrow\; (3^{x}-3)(2\cdot 3^{x}+1)\geq 0$

$\Leftrightarrow\; 3^{x}\leq -\frac{1}{2}$ 또는 $3^{x}\geq 3 \;\Leftrightarrow\; x\geq 1$

(12) $2^{2x}-10\cdot 2^{x}+16\leq 0 \;\Leftrightarrow\; (2^{x}-2)(2^{x}-8)\leq 0$

$\Leftrightarrow\; 2\leq 2^{x}\leq 8=2^{3} \;\Leftrightarrow\; 1\leq x\leq 3$

04

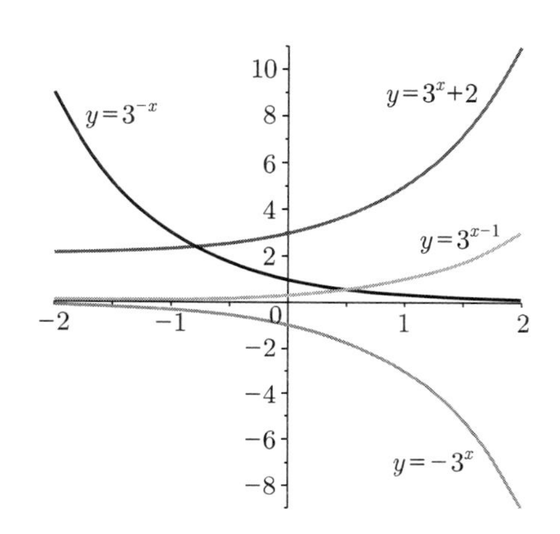

05 $f(x)=2^{x}$는 증가함수이므로 $-1\leq x\leq 2$에서 최솟값 $f(-1)=2^{-1}=\frac{1}{2}$, 최댓값 $f(2)=2^{2}=4$를 갖는다.

연습문제 7.2

01 (1) $(\log_{3}27)\times 8^{\frac{1}{3}}=(\log_{3}3^{3})\times(2^{3})^{\frac{1}{3}}=(3\log_{3}3)\times 2^{1}=3\times 2=6$

(2) $e^{2\ln x}=e^{\ln x^{2}}=x^{2}$

(3) $e^{\ln 2+3\ln x}=e^{\ln 2+\ln x^{3}}=e^{\ln 2x^{3}}=2x^{3}$

02 $\log_{3}a+2\log_{9}b+2\log_{3}\sqrt{c}=\log_{3}a+\log_{3}b+\log_{3}c=\log_{3}abc$이므로

$$\log_{3}a+2\log_{9}b+2\log_{3}\sqrt{c}=1 \;\Leftrightarrow\; \log_{3}abc=1 \;\Leftrightarrow\; abc=3$$

이다. 그러므로 $((2^{a})^{b})^{c}=2^{abc}=2^{3}=8$이다.

03

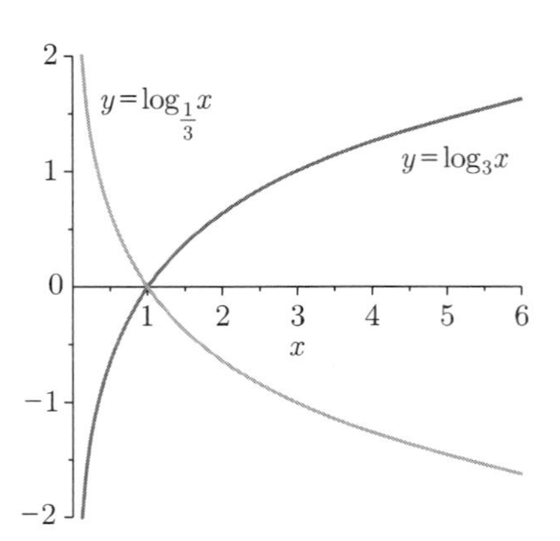

$y=\log_{\frac{1}{3}}x$
$y=\log_3 x$

04

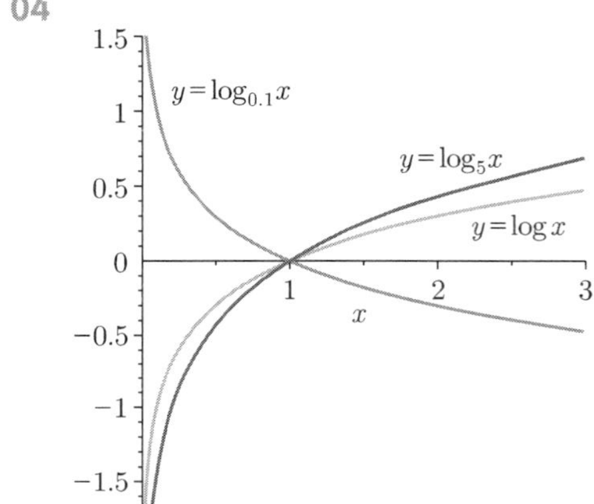

$y=\log_{0.1}x$
$y=\log_5 x$
$y=\log x$

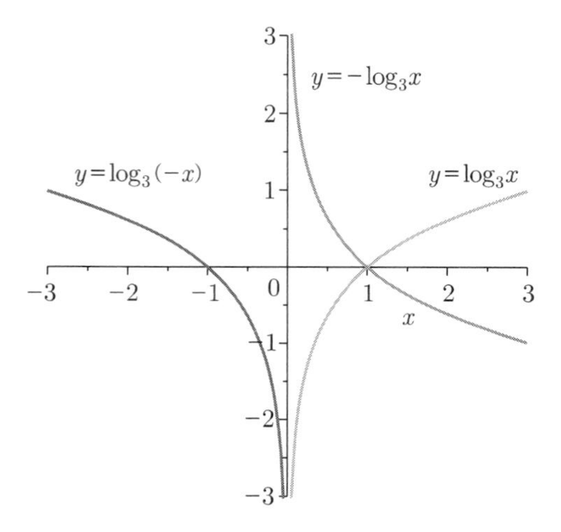

$y=\log_{\frac{1}{3}}\frac{x-2}{9}$
$y=\log_{\frac{1}{2}}\frac{x}{2}$
$y=-\log_3 x$

05

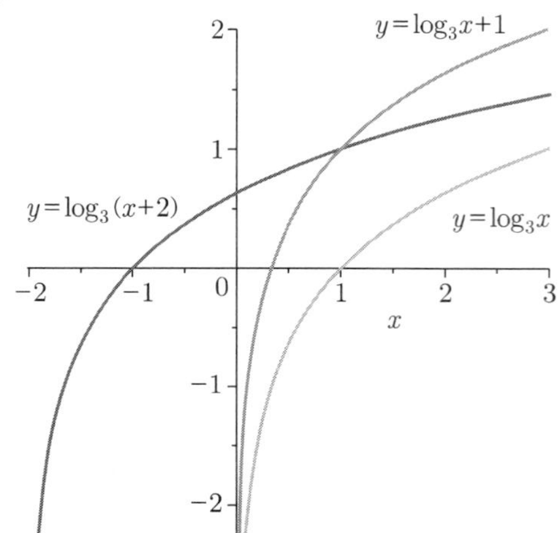

$y=\log_3 x+1$
$y=\log_3(x+2)$
$y=\log_3 x$

06 (1) $\log_4 x = 2 \iff x = 4^2 = 16$

(2) $3\log_2 x = 2 \iff \log_2 x = \frac{2}{3} \iff x = 2^{\frac{2}{3}}$

(3) $\log_3 4x = 2 \iff 4x = 3^2 = 9 \iff x = \frac{9}{4}$

(4) $\log_5(x+1) = 2\log_5 7 \iff \log_5(x+1) = \log_5 7^2 \iff x+1 = 7^2 \iff x = 48$

(5) $\log_x 2 = -1 \iff x^{-1} = 2 \iff x = \frac{1}{2}$

(6) $\log_{x-1} 9 = 2 \iff (x-1)^2 = 9 = 3^2 \iff x-1 = 3 \iff x = 4$

(7) $\log x + \log(x-3) = 1 \iff \log x(x-3) = 1$

$\iff x(x-3) = 10,\ x > 3$

$\iff x^2 - 3x - 10 = 0,\ x > 3$

$\iff (x+2)(x-5) = 0,\ x > 3$

$\iff x = 5$

(8) $(\log_2 x)^2 = \log_2 x^3 + 10 \iff (\log_2 x)^2 = 3\log_2 x + 10$

$\iff (\log_2 x)^2 - 3\log_2 x - 10 = 0$

$\iff (\log_2 x + 2)(\log_2 x - 5) = 0$

$\iff \log_2 x = -2$ 또는 5

$\iff x = 2^{-2} = \frac{1}{4}$ 또는 $x = 2^5 = 32$

07 (1) $\log_4(x-1) < 1 \iff x - 1 < 4 \iff x < 5$

(2) $\log_{0.1} x > 2 \iff x < 0.1^2 = 0.01,\ x > 0 \iff 0 < x < 0.01$

(Note: $f(x) = \log_{0.1} x$는 $x > 0$에 대해서 정의되고 감소함수이다.)

(3) $2\log_4(x+1) \le \log_4(2x+5) \iff \log_4(x+1)^2 \le \log_4(2x+5)$

$\iff (x+1)^2 \le 2x+5,\ x+1 > 0,\ 2x+5 > 0$

$\iff x^2 \le 4,\ x > -1$

$\iff -2 \le x \le 2,\ x > -1$

$\iff -1 < x \le 2$

(4) $\log_{\frac{1}{2}}(2x-1) > \log_{\frac{1}{2}}(3x-2) \iff 2x-1 < 3x-2,\ 2x-1 > 0,\ 3x-2 > 0$

$\iff x > 1$

(5) $(\log x)^2 - \log x^2 \ge 3 \iff (\log x)^2 - 2\log x \ge 3$

$\iff (\log x - 1)^2 \ge 4$

$$\Leftrightarrow \quad \log x - 1 \le -2 \text{ 또는 } \log x - 1 \ge 2$$

$$\Leftrightarrow \quad \log x \le -1 \text{ 또는 } \log x \ge 3$$

$$\Leftrightarrow \quad 0 < x \le \frac{1}{10} \text{ 또는 } x \ge 1000$$

(6) $(\log_3 x)^2 - \log_3 x^2 - 8 < 0 \quad \Leftrightarrow \quad (\log_3 x)^2 - 2\log_3 x - 8 < 0$

$$\Leftrightarrow \quad (\log_3 x + 2)(\log_3 x - 4) < 0$$

$$\Leftrightarrow \quad -2 < \log_3 x < 4$$

$$\Leftrightarrow \quad 3^{-2} < x < 3^4$$

$$\Leftrightarrow \quad \frac{1}{9} < x < 81$$

08 (1) $\log_4 x = -\frac{3}{2} \quad \Leftrightarrow \quad x = 4^{-\frac{3}{2}} = (2^2)^{-\frac{3}{2}} = 2^{-3} = \frac{1}{2^3} = \frac{1}{8}$

(2) $\log x = 2 - \log 2 \quad \Leftrightarrow \quad \log x + \log 2 = 2 \quad \Leftrightarrow \quad \log 2x = 2$

$$\Leftrightarrow \quad 2x = 10^2 = 100 \quad \Leftrightarrow \quad x = 50$$

(3) $3^{x+1} = 5^x \quad \Leftrightarrow \quad (x+1)\ln 3 = x \ln 5 \quad \Leftrightarrow \quad x(\ln 5 - \ln 3) = \ln 3$

$$\Leftrightarrow \quad x = \frac{\ln 3}{\ln 5 - \ln 3}$$

$$\left(\Leftrightarrow \quad x = \frac{\ln 3}{\ln \frac{5}{3}} \quad \Leftrightarrow \quad x = \log_{\frac{5}{3}} 3 \right)$$

(4) $2^x = 4^{x-2} \quad \Leftrightarrow \quad 2^x = (2^2)^{x-2} \quad \Leftrightarrow \quad 2^x = 2^{2x-4} \quad \Leftrightarrow \quad x = 2x - 4 \quad \Leftrightarrow \quad x = 4$

(5) $\ln x = 1 + 2\ln 2 \quad \Leftrightarrow \quad \ln x = 1 + \ln 2^2 \quad \Leftrightarrow \quad \ln x - \ln 2^2 = 1$

$$\Leftrightarrow \quad \ln \frac{x}{4} = 1 \quad \Leftrightarrow \quad \frac{x}{4} = e \quad \Leftrightarrow \quad x = 4e$$

(6) $e^x - 5e^{-x} = 4 \quad \Leftrightarrow \quad e^{2x} - 4e^x - 5 = 0 \quad \Leftrightarrow \quad (e^x + 1)(e^x - 5) = 0$

$$\Leftrightarrow \quad e^x = -1 \text{ 또는 } 5 \quad \Leftrightarrow \quad e^x = 5 \quad \Leftrightarrow \quad x = \ln 5$$

(7) $2^x + 4^x = 8^x \quad \Leftrightarrow \quad 2^x + 2^{2x} = 2^{3x} \quad \Leftrightarrow \quad 2^x(2^{2x} - 2^x - 1) = 0$

$$\Leftrightarrow \quad 2^{2x} - 2^x - 1 = 0 \quad \Leftrightarrow \quad 2^x = \frac{1 \pm \sqrt{5}}{2}$$

$$\Leftrightarrow \quad 2^x = \frac{1 + \sqrt{5}}{2} \quad (\text{Note: } 2^x > 0)$$

$$\Leftrightarrow \quad x = \log_2 \frac{1 + \sqrt{5}}{2}$$

(8) $9^x - 3^{x+1} = 54 \iff 3^{2x} - 3 \cdot 3^x - 54 = 0 \iff (3^x - 9)(3^x + 6) = 0$

$\iff 3^x = 9$ 또는 -6

$\iff 3^x = 9 = 3^2$ (Note: $3^x > 0$)

$\iff x = 2$

09 (1) $y = 10^{5x} \iff 5x = \log y \iff x = \dfrac{\log y}{5}$

(2) $y = \log_3 x \iff x = 3^y$

(3) $y = \dfrac{e^x + e^{-x}}{2} \iff e^x - 2y + e^{-x} = 0 \iff e^{2x} - 2ye^x + 1 = 0$

$\iff (e^x - y)^2 = y^2 - 1 \iff e^x - y = \pm\sqrt{y^2 - 1}$

$\iff e^x = y \pm \sqrt{y^2 - 1} \iff x = \ln(y \pm \sqrt{y^2 - 1})$

(4) $y = e^{3x} - 3e^{2x} + 3e^x \iff y = (e^x - 1)^3 + 1$

$\iff y - 1 = (e^x - 1)^3 \iff (y-1)^{\frac{1}{3}} = e^x - 1$

$\iff e^x = 1 + (y-1)^{\frac{1}{3}} \iff x = \ln(1 + (y-1)^{\frac{1}{3}})$

$\iff x = \ln(1 + \sqrt[3]{y-1})$

(5) $y = \ln x + \ln(x-2) = \ln x(x-2) \iff x(x-2) = e^y \iff (x-1)^2 = e^y + 1$

$\iff x - 1 = \sqrt{1 + e^y}$

($x > 2$이므로 $x - 1 > 0$이다.)

$\iff x = 1 + \sqrt{1 + e^y}$

10 $f(x) = \log_3 x$는 증가함수이므로 $1 \le x \le 3$에서 최솟값 $f(1) = \log_3 1 = 0$, 최댓값 $f(3) = \log_3 3 = 1$을 갖는다.

찾아보기

ㅎ

대학기초수학

초판 인쇄 | 2021년 12월 20일
초판 발행 | 2021년 12월 25일

지은이 | 조 경 희
펴낸이 | 조 승 식
펴낸곳 | (주)도서출판 북스힐

등 록 | 1998년 7월 28일 제 22-457호
주 소 | 서울시 강북구 한천로 153길 17
전 화 | (02) 994-0071
팩 스 | (02) 994-0073

홈페이지 | www.bookshill.com
이메일 | bookshill@bookshill.com

정가 17,000원

ISBN 979-11-5971-406-1

Published by bookshill, Inc. Printed in Korea.